【大学受験】名人の授業シリーズ

田部の生物基礎をはじめからていねいに【改訂版】

東進ハイスクール・東進衛星予備校 講師

田部眞哉（たべ しんや）

東進ブックス

授業のはじめに

こんにちは。田部です。

本書は書名のとおり，高校の『生物基礎』を「はじめから」「ていねいに」勉強する本です。生物が全くわからない人が読んでもわかるように，あらゆる工夫をして，とにかく頑張ってつくりました。

たとえば，見やすくてきれいな図をたくさん載せました。また，中学校の『理科』の知識などが必要な場合は，それらを含めて，ていねいに説明しました。ですから，この本は『生物基礎』をゼロからしっかりと固めるのには最適だよ。

でもね，忘れないでください。この本は受験参考書だということを。本書は「見やすい」だけ，「ていねい」なだけではなく，君たちが，高校の定期試験や共通テストや大学入試で点をとることを応援するための本だということを。

君たちが本書を使って「試験で点をとる」ために，まずは次に示す本書の特長と使い方を授業の前にちゃんと確認してください。

特長❶ 図が巨大で・見やすくて・きれい

この本の最大の特徴は，重要な図や複雑な図をできるだけ大きく，正確に描いてあるという点です。図が小さいと，細かいところが不正確になりやすいし，わかりにくいし，印象が薄くて覚えづらい。

でもね，本書の図は「巨大に，正確に，美しく」をモットーにして作成されています。だから，一つ一つの図をジーッと見て，生物の**複雑な構造・しくみ・経路などを正確に理解してください。**

特長❷ これ以上ないほどていねいな講義

生物は丸暗記では解けません。だから，ただ覚えるべき用語やポイントを羅列しただけの本では，初心者には理解できないんです。本書は，ゼロから理解できるよう，そして応用へと通じる基礎力が完璧に固まるよう，ふつうの参考書の２倍くらいのページをとって，一つ一つていねいに，口語調でわかりやすく説明しています。**必ず理解・納得するまで読んでください。**

特長❸ 新課程の全教科書に対応した，最強の共通テスト対策本

　本書は，令和４年度施行の新課程『生物基礎』の全教科書（出版５社）に対応した，いわば「スーパー教科書ガイド」という側面ももっています。共通テストでは，教科書外の項目や知識は出題されませんから，本書は**最強の共通テスト対策本**であるともいえますよね。暗記すべき重要用語は赤文字にしてありますから，重要用語の理解と記憶の確認に利用してください。また，各テーマの最後に確認テストを，各部の最後にチェックテストをそれぞれ入れておきました。各テーマ，各部ごとに，**理解度と知識の定着度の確認を行ってください**。共通テストまでの時間を考えて，試験で点をとるために，どこを優先的に押さえればいいのかを確認しながら勉強することが大切です。

　勉強は「わかる」と「得意」になります。「得意」になると「好き」になり，どんどん実力がアップして，点がとれるようになるんです。

　そういう意味でも，この本は「試験で点がとれる本」になっています。まずは，この本を楽しみながら読んでください。変に頑張らなくてもいいですが，この本のすべてが「わかる」まで読んでみてください。そうすれば，おのずと入試の生物基礎分野での高得点と志望校合格という結果がついてきます。本書を通して君たちを心から応援しているよ。

　本書の作成にあたり，多くの方々からたくさんの御助力をいただきました。中井邦子さんには原稿のチェックと共に，高校生・受験生の立場に立ったアドバイスをいただきました。針ヶ谷和花子さんにはていねいな校正をしていただきました。小川雄介君には楽しいイラストの原画をたくさん描いていただきました。原田敦史さんにはキレイな線と色のイラストをたくさんたくさん描いていただきました。山本康子さんには，急な依頼をお引き受けいただき，ステキなイラストを描いていただきました。下村良枝さんには長期間にわたり，原稿の受け取りやレイアウトの打ち合わせなどや編集をしていただきました。

　また，和久田希さんには，発刊までのタイトなスケジュールの調整や編集などでご尽力いただきました。さらに，八重樫清隆さんをはじめとする東進ブックスの皆さまには，本書の企画・校正などにおいて，いろいろとお世話になりました。この場を借りて，厚くお礼申し上げます。

田部眞哉

本書の構成

現在の高等学校（高校）では「生物基礎（主に１年生用）」と「生物（主に理系選択の２・３年生用）」という２冊の教科書を用いて生物（学）を学びます。

本書では，「生物基礎」を 12 のテーマ（Theme 01 ～ 12）に分

1 授業

▶田部先生が，ていねいにわかりやすく授業を展開します。Theme・Step に区切って進むので，１つ１つ確実におさえていきましょう。

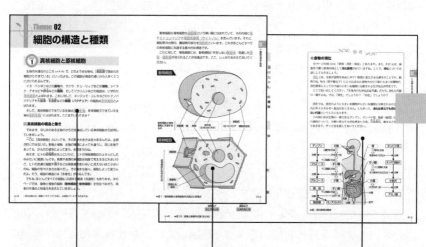

赤文字の用語

▶本文中の赤文字は，多くの教科書に頻出し，入試でもよく問われる（問われるであろう）という重要用語です。赤シートで隠せば消えるので，読んで隠して答えを当てて，１つ１つ確実に覚えていきましょう。

図版

▶大きさ・美しさ・正確さ・見やすさに徹底的にこだわった図版です。

生物では図版の理解が非常に重要なので，しっかり見て覚えましょう。なお，文中の（☞図〇）は，「その図を見て！」の意味です。

参考／発展

▶すべての教科書に掲載されているわけではないが，いくつかの教科書で扱われている（＝入試に出る可能性がある）内容については，「参考」や「発展」として別枠で扱っています。読んでおきましょう。

け，それぞれのテーマについて「授業」⇒「確認テスト」というシンプルな形式で，「はじめからていねいに」進めていきます。生物が全くわからない人でも，ムリなくムダなく理解が進み，最後には「試験で点をとる力」も身につくという構成になっています。

2 確認テスト

▶「授業」で学習したテーマについて，実際の入試問題（過去問）を厳選して収録しました。学習事項の定着を図り，実戦力を養いましょう。

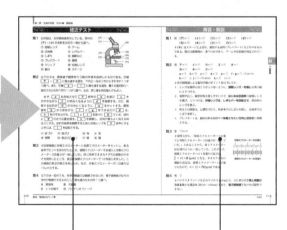

◆チェックテストについて

第1〜4部の各部のおわりに「第○部 CHECK TEST」というコーナーがあります。

答えは各問の（☞ P.○）のページに書いてあるので，左側のチェックボックス（□）も利用しながら，できるようになるまでくり返しましょう！

もし間違えたら，「授業」に戻ってしっかり覚え直すんだぞ！

問題

▶左ページに問題があります。問題は，過去に実際に出題された大学入試問題の良問を厳選（場合により一部改編）して収録しました。

解答・解説

▶右ページに解答・解説があります。赤文字の部分が解答（正解）で，▶の文が解説です。

正解は赤シートで消えるので，赤シートをずらしながら，1問ずつ解くこともできます。

もくじ

夢があるなら結果を出せ

　君たち将来の夢とかあるだろ。でもな，大人は君たちの夢を少し疑っている。なぜかというと，君たちが未熟な子供だから。今まで，ちょっと嘘ついたり，間違ったりしてきただろ。そんな君たちが言っていることを，大人は完全には信じられないんだよ。

　だから，例えば突然，大学に行ってミミズの研究をやりたいとか，美大に行って将来画家になりたいとかいってごらん。お父さんとお母さんはまず猛反対するから。「それでちゃんと食っていけるのか」って。でも，夢に向かって生きていくときは，まわりの大人に信じてもらって，応援してもらわなきゃダメだよな。で，そのためには，君たちが「結果」を出せる人間なんだってことを証明しなきゃダメなんだよ。今の君たちに出せる「結果」の一つが，志望大学に受かることです。

♣ ♣ ♣

　いいか，ここが最初の大勝負だぞ。大学受験は簡単じゃないんだよ。高校までは一部の地域での戦いだったけど，大学受験になると，全国からたくさんの受験生が集まってくる。その中で勝ち抜かなきゃダメなの。

　でもな，そういう大変な大学受験だからこそ，受かったあとは絶大な信頼を獲得するぞ。「あいつは有言実行で結果を出せる」って。

　すると，そのあとが楽だよ。大学にちゃんと受かっておくと，夢に向かって歩き出すときの，最初の障害になるかもしれない大人たちが「この子は結果が出せる子だから，一度信じてみるか」となります。反対されたとしても，「大学受験では結果を出したじゃないか，信じてよ」と正面から反論できる。これが大事なんです。

　受かるために何をすればいいのか。それは，限られた時間内で，必要最低限のことをやり，不必要なこと（ムダ）をできるだけ省くことです。

　そのために，ぜひ本書を使って，「生物基礎」を効率よく学習してください。

　受験する君たちを，夢に向かって歩く君たちを，応援しています。

第 1 部

生物の特徴

CHARACTERISTICS OF LIFE

Theme 01

BASIC BIOLOGY

多様性と共通性

背筋をピンと伸ばしてください。では，始めましょう。

テーマ01，生物の「**多様性と共通性**」からです。生物基礎の教科書では，一番最初にこれを勉強するんです。

「多様性」と「共通性」という言葉の意味は，なんとなくわかるよね？　でも，生物学では，これらの言葉をなんとなく使っているわけではないんだよ。「どうして生物には多様性や共通性が見られるんだろう？」という疑問と，その答えも含めて，これらの正しい意味を理解しておきましょう。

まずは多様性から。多様性とは，辞書的には「**幅広く性質の異なるものが存在すること**」という意味です。田部的には「光源氏の愛した女性たちの**多様性**は高い」などと使うイメージかな。

まあ，とにかく，「多様性」という用語がこれから頻繁に，それも色々なレベルで登場するから，覚えておいてくださいね。

いろんなタイプがいた（多様性が高かった）けど，みんな愛してたよ

▲図1：田部的多様性のイメージ

生物の多様性

地球上にはたくさんの種の生物がいます。「種」ってわかる？　種とは，**生物を分類するときの基本的な単位で，共通する性質や形態をもつ個体の集まり**のこと。同じ種に属する個体どうしは子孫を残すことができるんだよ。

現在，名前（学名）がつけられている種は，**約200万種**もいます。一方，まだ名前がつけられていない，または見つかっていない種はそれよりもはるかに多く，1,000万種から3,000万種もいるそうです。多く見積もると1億種以上になるという人もいます。

私たち人間（ヒト）は，地球上に 80 億人くらいいるけど，国際結婚とかで子孫を残せるので，すべて同じ種（1 種）に属します。ヒト以外にも，地球上にはたくさんの種がいるよね。例えば，日本では，ソメイヨシノ（サクラの一種），イヌ（イエイヌ），タンチョウヅル，ハダカカメガイ（クリオネ），大腸菌（だいちょうきん）などなど。え？ "たくさん感" が出てない？　わかりました。じゃあ，下の一覧を見てください。

【動物】

（哺乳類）（ほにゅうるい）ジャイアントパンダ，ヨーロッパオオカミ，セイウチ，ホッキョクグマ，トド，キンシコウ，ベンガルトラ，カニクイザル，オランウータン，ジャワサイ，アイベックス，ヤマアラシ，ヒトコブラクダ，フェネックギツネ，ストライプハイエナ，チンパンジー，マントヒヒ，マウンテンゴリラ，ライオン，アフリカゾウ，アミメキリン，シロサイ，カバ，ワオキツネザル，コアラ，アカカンガルー，ウォンバット，カモノハシ，ハリモグラ，ミナミゾウアザラシ，シャチ，ザトウクジラ，ラッコ，マッコウクジラ，アラスカヒグマ，ピューマ，プレーリードッグ，アメリカバイソン，イッカク，シマスカンク，アメリカマナティー，スジイルカ，ミツユビナマケモノ，ジャガー，オオアリクイ，アメリカバク，オオアルマジロ，トナカイ

（鳥類）トキ，モモイロペリカン，ツノサイチョウ，インドクジャク，ダチョウ，コウノトリ，ライチョウ，アカカザリフウチョウ，アホウドリ，シチメンチョウ，ハクトウワシ，コンゴウインコ，ダーウィンフィンチ，コウテイペンギン，コスタリカハチドリ

（ハ虫類）コモドオオトカゲ，インドコブラ，サハラツノクサリヘビ，パーソンカメレオン，エリマキトカゲ，メガネカイマン，エメラルドボア，ガラパゴスオカイグアナ，ガラパゴスゾウガメ

（両生類）チュウゴクオオサンショウウオ，コバルトヤドクガエル

（魚類）シーラカンス，ジンベイザメ，ホオジロザメ，オニイトマキエイ（マンタ），バショウカジキ，タツノオトシゴ

（無脊椎動物）（むせきついどうぶつ）アメリカオオキタムラサキウニ，メガネトリバネアゲハ，フラットロックスコーピオン，ヘラクレスオオカブト，タラバガニ，イセエビ，ミジンコ，フツウミミズ，ダイオウイカ，シライトウミウシ，ナミウズムシ，ゾウリムシ

【植物・その他】

アダンソニア・グランディディエリ（バオバブの一種），*Musa spp.*（バナナ），*Hibiscus rosa-sinensis*（ハイビスカス），ラフレシア・アーノルディ，*Tulipa gesneriana*（チューリップ），シベリアトウヒ，サトウカエデ，トウモロコシ，サグアロサボテン，オヒルギ（マングローブ構成樹種），プリンス・オブ・ウェールズ・フェザーズ（シダの一種），シモフリゴケ，ヒラクサ（テングサの一種），マツタケ，イシクラゲ（ネンジュモの一種），*Penicillium roqueforli*（アオカビの一種），*Saccharomyces cerevisiae*（酵母の一種）　などなど

種の "たくさん感" が伝わったでしょうか？　このリストにある生物たちが地球上のどのへんにいるのか，次のページでザッと確認してみましょう。

こんにちは，田部（たべ）クマです。「動物代表」として，時々現れます。本書の赤い字は**教科書で重要な用語**！　赤シートで隠せば消えるから，何度も読んで必ず覚えるんだよ！

　▲図 2：地球上の種の多様性

大腸菌

多様性と共通性の由来

地球上には非常にたくさんの種がいるってわかったよね。

でもね，大昔からこんなに多様な生物がいたわけじゃないんです。地球の長い歴史の中で，生物が**進化**したことで，こんなに多くの種が存在するようになったんです。

さあ，「進化」という言葉が出てきました。この言葉も正確に理解してほしいんだよな。よくテレビで「あのボクサーは，前回の試合と比べて，ずいぶん**進化**してますね」なんていうコメントを聞くことがあるよね。でも生物学的には，このコメントの「進化」の使い方は正しくない。なぜか？　進化とは，「**生物の形質が，長い年月をかけて世代を重ねる間に変化していくこと**」だからです。

いいかえれば，進化とは，ある個体（世代）で生じた形質の変化が，その個体の子・孫・ひ孫…と伝えられ，積み重なることで起こる生物の変化のことです。だから，１人のボクサーの技術や肉体に「進化」は起こらないんだよ。起こるのは「進歩」や「変化」だね。とにかく，進化は生物の世代をこえて起こる現象であって，この**進化の結果，生物の多様性が生じた**と考えられているんです。

現在，地球上に生息する多様な生物のすべてには，いくつかの共通性が見られます。このことから，地球上のすべての種は，**共通の祖先をもっている**と考えられています。つまり，大昔の地球に初めて誕生した生物は，構造の単純な原核生物（☞ P.24）で単細胞生物（☞ P.20）だったけど，この生物の子孫のうちの一部が長い年月の間に，細胞構造の複雑な真核生物（☞ P.24）へ進化したり，多くの細胞をもつ多細胞生物（☞ P.20）へ進化することによって，生物の種や形態・特徴などの多様化が起こったんです。

生物が進化してきた道筋と，それによって示される類縁関係（誰と誰が親戚どうしかという関係）は，系統とよばれ，右ページのように樹木のような形の図として示されます。このような図を，系統樹というんだよ。

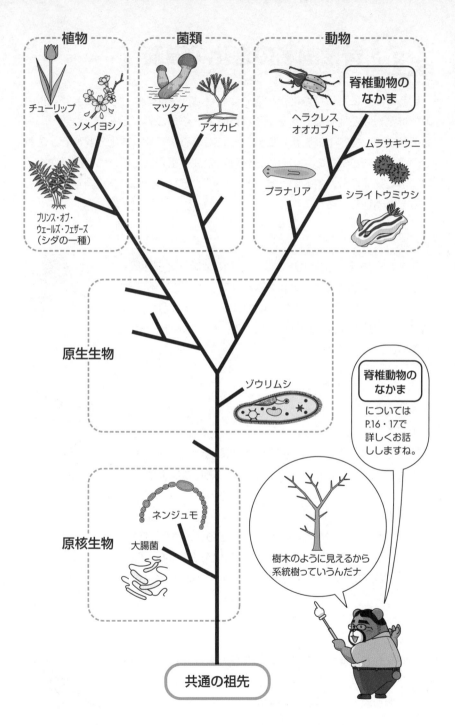

植物

チューリップ

ソメイヨシノ

プリンス・オブ・
ウェールズ・フェザーズ
（シダの一種）

菌類

マツタケ

アオカビ

動物

ヘラクレス
オオカブト

脊椎動物の
なかま

ムラサキウニ

プラナリア

シライトウミウシ

原生生物

ゾウリムシ

脊椎動物の
なかま

については
P.16・17で
詳しくお話
ししますね。

原核生物

ネンジュモ

大腸菌

樹木のように見えるから
系統樹っていうんだナ

共通の祖先

▲図３：系統樹

Step 3　脊椎動物の進化の道筋

　ヒトのように背骨（脊椎骨）をもつ動物は，脊椎動物と呼ばれます。現生の脊椎動物は多種多様ですが，それらは大きく5つのグループ（魚類・両生類・ハ虫類・鳥類・哺乳類）に分けられているんです。進化の過程で，これらのうち最も古いもの，いわば脊椎動物の共通祖先に，新しい特徴が次々と加わって種類が分かれていったんだよ。それぞれのグループに属する動物の特徴を説明していくね。

▼魚類

　四肢をもたず，水中生活をし，えらで呼吸（えら呼吸）します。水中で産卵し，母乳を飲ませて子育てをすること（これを哺乳といいます）はしません。それと，「四肢」の「肢」は「動物のあし（足）」のことで，前足は前肢，後足は後肢というんです。

バショウカジキ

▼両生類

　幼生（カエルのおたまじゃくしなど）は，えら呼吸をして水中で生活します。成体（シャンとしたカエルなど）へ変態した後は四肢をもち，主に肺で呼吸（肺呼吸）し，陸上生活も行います。産卵は水中で行い，哺乳はしません。

幼生
おたまじゃくし

成体
コバルトヤドクガエル

▼ハ虫類

　トカゲやワニのなかまのように四肢をもち，肺呼吸をして陸上生活を行います。産卵も陸上ですが，哺乳はしません。ヘビのなかまは進化の過程で四肢を失ったハ虫類なんだよ。

インドコブラ

▼鳥類

　四肢をもちますが，前肢は翼になり，多くは空中を飛ぶことができます。肺呼吸をし，からだが羽毛で覆われ，陸上で産卵しますが，哺乳はしません。

ダーウィンフィンチ

▼哺乳類

　四肢と体毛をもち，陸上で生活し，肺呼吸をします。多くは，陸上で出産し，哺乳します。クジラのなかまは，進化の過程で四肢がひれに変化し，水中で生活・出産・哺乳するようになりました。コウモリのなかまは，前肢が翼に変化し，空中生活も行います。

ストライプハイエナ

　哺乳類以外のように，卵が母体から外界へ産み出され（産卵され）発生することを卵生といいます。これに対して，哺乳類では，卵が母体内で栄養を供給されながら発育し，母体と同じ形（いわゆる赤ちゃん）となって産み出される（出産される）んだ。これを胎生といいます。

　以上の特徴を表1にまとめたのでしっかり確認しておいてね。

	脊椎	四肢	呼吸	ふえ方		
				産卵・出産		哺乳
魚類	あり	なし（ひれで泳ぐ）	えら	水中で産卵	卵生	しない
両生類	あり	（幼生）なし（ひれ）（成体）あり	（幼生）えら（成体）肺	水中で産卵		しない
ハ虫類	あり	あり（ヘビは退化）	肺	陸上で産卵		しない
鳥類	あり	あり（前肢は翼）	肺	陸上で産卵		しない
哺乳類	あり	あり（クジラはひれ，コウモリは翼）	肺	陸上で出産（クジラは水中）	胎生	する

▲表1：脊椎動物の特徴

　これらの特徴をもとに脊椎動物の系統樹を描くと図4のようになります。

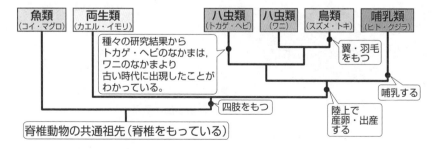

▲図4：脊椎動物の系統樹

Step 4　生物の共通性

　系統樹を見て，生物が共通の祖先から進化した結果，多様性をもつように
なったことがわかったかな？

　生物の共通の祖先としては，「ヒトとサルの共通の祖先」や「バラとサクラ
の共通の祖先」…というレベルよりも，もっともっと大昔の地球に生息してい
た，「**地球上の全生物にとって共通の祖先となるような生物（起源生物）**」が
いるんです。つまり，現在の地球に生息している多様な生物は，たった1種
の生物から進化した，と考えられています。

　このような考え方の根拠になったのが，すべての生物は，P.19に示す【**生
物の特徴**】を共通してもっているという事実です。繰り返すけど，このよう
な共通性は，どのような生物にも見られるんだ。チューリップにもイヌにも
大腸菌にも見られます。これが，地球上の生物は共通の祖先から進化したと
考えられている理由なんです。

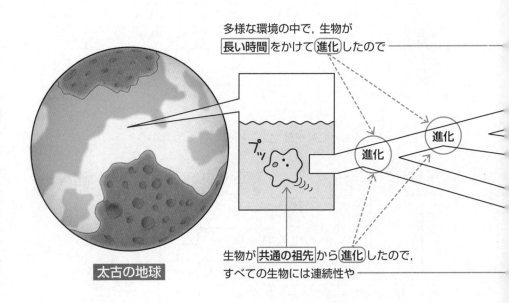

▲図5：生物の進化と多様性・共通性

【生物の特徴（生物の共通性）】

❶ **細胞膜**（☞ P.26）で囲まれた細胞からできている。

❷ **DNA**（☞ P.58）を**遺伝情報**として形質※を子孫に伝える遺伝※※のしくみをもち，自分と同じ特徴をもつ個体をつくることができる。

❸ **エネルギー**を利用して，いろいろな**生命活動**を行っている（☞ P.33）。

❹ **体内環境**（☞ P.102）を一定に保つしくみをもっている。

❺ 外界からの刺激を受け取り反応する。

❻ 進化する。

※形質とは，色・形・大きさ，鳴き声など，個体のもっている特徴のこと。形態＋性質⇒形質。
※※ 遺伝とは，「親の形質が子やそれ以降の世代に現れる現象」のこと。

「生物基礎」では，共通の祖先から進化したことによって得られた生物の多様性と共通性について，色々な観点から勉強していくことになります。上の❶～❻の特徴については，それぞれあとでじっくりやりますからね。そして，高校「生物」では，もっともっとじっくりやるんです。

生物の種，形態，特徴，生活様式，生息環境

→ **多様性** が見られる。

細胞
DNA ─ ATP

細胞
DNA ─ ATP

DNA
ATP ─ 細胞

現在の地球

→ **共通性** が見られる。

生物は，①細胞から成り，②DNAを遺伝情報として子孫を残し，③生命活動にエネルギーを利用し，④体内環境を一定に保ち，❺刺激に反応し，❻進化する。

単細胞生物と多細胞生物

　生物には，ゾウリムシやミドリムシなどのように1つの細胞からできている<u>単細胞生物</u>と，ヒトやヒドラなどのように分業化した多数の細胞からできている<u>多細胞生物</u>がいます。テーマ02で勉強する原核生物・真核生物についてみると，大腸菌などの原核生物はすべて単細胞生物で，真核生物には単細胞生物もいれば，多細胞生物もいるんだ。

1 単細胞生物

　単細胞生物は，1つの細胞だけで生きていかなければいけないので，運動や，細胞内の成分の濃度調節や，栄養分の摂取などを行う特殊な構造が発達していることが多いんだよ。

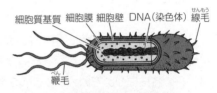

▲図6：単細胞生物（原核生物）の構造

▼ゾウリムシ

　ゾウリムシのからだ（細胞）の表面には，<u>繊毛</u>とよばれるたくさんの短い毛があって，ゾウリムシはこれを使って運動（移動）します。

　また，ゾウリムシの細胞の内部には，細胞に入ってきた水をくみ出して体液の成分の濃度を調節する<u>収縮胞</u>や，<u>細胞口</u>からとり込まれた食物を消化する<u>食胞</u>があります。

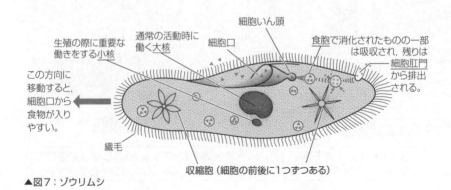

▲図7：ゾウリムシ

2 多細胞生物

　多細胞生物は，様々な種類の細胞がたくさん集まって構成されていますが，それらの細胞はランダムに集まっているわけではありません。

　多細胞生物のからだは，細胞→組織→器官→個体のように段階的（階層的）に並べることができます。このことについて，多細胞生物である動物と植物を例にあげて，もう少し具体的に見ていきましょう。

　図8に示すように，動物のからだや植物のからだでは，同じような働き・特徴をもった細胞どうしが集まって<u>組織</u>になります。さらにいくつかの組織が集まって一定の形をもった<u>器官</u>を形成し，それらの組織や器官ごとに特定の働きを行っています。動物や植物などの多細胞生物は，機能の異なるいくつかの組織や器官などが協調して働くことで，**個体**として機能し，からだに統一的な働きが与えられるんです。

【動物】

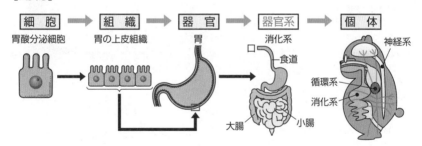

【植物】

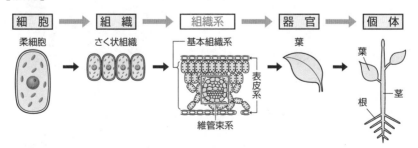

▲図8：多細胞生物のからだのつくり

単細胞生物と多細胞生物の例

●ミドリムシ

　単細胞生物であるミドリムシは，ゾウリムシと違って1本の長い毛を使って運動します。このような，少数の長い毛を**鞭毛**といいます。

　ミドリムシには，この他にゾウリムシには見られない**眼点**と**感光点**という構造があります。また，**葉緑体**をもち，**光合成**（☞ P.38）をします。だから光のある場所に行きたい。**眼点**と感光点は光の受容に関わって，光の方向を知るための構造です。

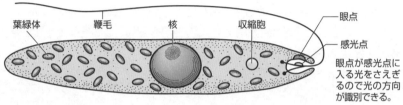

　葉緑体　　　鞭毛　　　　核　　　　収縮胞　　　　　　眼点

　　　　　　　　　　　　　　　　　　　　　　　　　　　感光点

　　　　　　　　　　　　　　　　　　　　　眼点が感光点に
　　　　　　　　　　　　　　　　　　　　　入る光をさえぎ
　　　　　　　　　　　　　　　　　　　　　るので光の方向
　　　　　　　　　　　　　　　　　　　　　が識別できる。

▲図1：ミドリムシ

●細胞群体

　単細胞生物には，細胞分裂したあとで，バラバラにならずにゆるく結合した集合体で1つの個体のように生活しているものがいます。これを**細胞群体**といいます。下図のオオヒゲマワリ＊は，単細胞生物のクラミドモナスに似た細胞が集まった細胞群体です。

　ただし，クラミドモナスとは別の種なので，「クラミドモナスがたくさん集まってオオヒゲマワリになる」んじゃないよ！

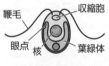

　　　　　　鞭毛　　　収縮胞

　　眼点　核　　葉緑体

　　　クラミドモナス
　　　（約20μm）

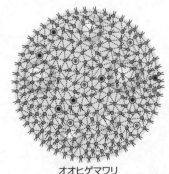

　　　オオヒゲマワリ
　　　（400～800μm）

▲図2：クラミドモナス（単細胞生物）と細胞群体

＊オオヒゲマワリは，細胞群体中に卵や精子などの生殖に関する細胞と，鞭毛をもち，光合成を行う細胞が見られるので，これを細胞の分業化とみなして，オオヒゲマワリを多細胞生物に含めるという考え方もある。

●ヒドラのからだを構成する細胞

　ヒドラっていう動物知ってる？　クラゲやイソギンチャクのなかま（刺胞動物門）に属していて，淡水中で生活している，小型（5 〜 10mm）の動物なんだ。ヒドラは，からだが内外2層の細胞層からできている簡単な構造をした多細胞生物なんです。

　ヒドラのからだは，触れた生物を刺すための**刺細胞**や，消化液を分泌する**腺細胞**，食物を消化する**消化細胞**など多様な細胞から構成されています。この他，これらの細胞をつないでからだを動かすための**筋細胞**や**感覚細胞**，**神経細胞**などもあって，互いに働き合っているんだよ。

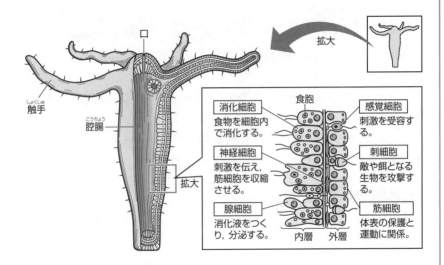

拡大

触手

腔腸

拡大

消化細胞
食物を細胞内で消化する。

食胞

感覚細胞
刺激を受容する。

神経細胞
刺激を伝え，筋細胞を収縮させる。

刺細胞
敵や餌となる生物を攻撃する。

腺細胞
消化液をつくり，分泌する。

筋細胞
体表の保護と運動に関係。

内層　外層

▲図3：ヒドラのからだを構成する細胞

●多細胞生物のからだの階層性

　P.21でも書いたように，多細胞生物のからだが，細胞→組織→器官→個体のように段階的（階層的）に並べられることを，生物のからだの**階層性**といいます。

　多細胞生物のからだが階層性をもつことは多細胞生物の共通性の一つであるといえるけど，それぞれの組織や器官を構成する細胞の構造や働きが動物や植物によって違っていることは多様性の一つであるともいえるね。

Theme 02

細胞の構造と種類

Step 1 真核細胞と原核細胞

　生物の共通性のところ（☞ P.19）で，どのような生物も，「細胞膜で囲まれた細胞からできている」といったよね。この細胞は構造の違いから大きく2つに分けられるんです。

　イヌ・ペンギンなどの**動物**や，サクラ・チューリップなどの**植物**，シイタケ・アオカビや酵母などの**菌類**，そしてゾウリムシなどの細胞は，いずれも<u>真核細胞</u>とよばれます。これに対して，ネンジュモ・ユレモなどのシアノバクテリアや大腸菌・乳酸菌などの**細菌（バクテリア）**の細胞は<u>原核細胞</u>とよばれます。

　そして，真核細胞でできている生物は<u>真核生物</u>，原核細胞でできている生物は<u>原核生物</u>＊とよばれます。ここまでいいですか？

■1 真核細胞の構造と働き

　ではまず，なじみのある生物のからだを構成している真核細胞から説明していきましょう。

　一口に「真核細胞」といっても，その形や大きさは色々あるんだよ。全部が同じではないの。動物と植物，生物の種類によっても違うし，同じ生物であっても，からだの場所によって違う。全然違うのね。

　例えば，ヒトの卵細胞は丸っこいけど，ヒトの神経細胞はひょろっとした糸みたいに細長いんです。魚類や鳥類の卵細胞は肉眼で見えるほど大きいけど，ヒトの皮膚の細胞や精子などは顕微鏡を使わないと見えないほど小さいのね。細胞の形や大きさは様々だし，その働きも様々。細胞によって違うんだよ。そう，細胞の構造には「多様性」があるんです。

　でもね，ほとんどすべての細胞に共通する構造（共通性）もあります。次のページでは，動物と植物の細胞（**動物細胞**と**植物細胞**）を見比べながら，両者の共通点と相違点をおさえていきましょう。

＊原核生物には，細菌（バクテリア）の他に，古細菌（アーキア）も含まれる。

動物細胞も植物細胞も細胞膜という薄い膜に包まれていて，その内側に核とミトコンドリアと細胞質基質（サイトゾル）を含んでいます。それと，細胞膜の内側の，核以外の部分を細胞質といいます。これがほとんどすべての真核細胞に共通する基本的な構造です。

　これに対して，植物細胞には，動物細胞に存在しない葉緑体・発達した液胞・細胞壁が見られることが相違点です。ここ，しっかりおさえておいてください。

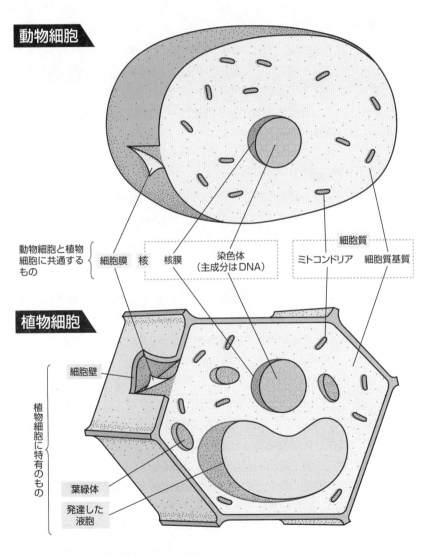

動物細胞

植物細胞

動物細胞と植物細胞に共通するもの

細胞膜　核　核膜　染色体（主成分はDNA）

細胞質

ミトコンドリア　細胞質基質

細胞壁

植物細胞に特有のもの

葉緑体

発達した液胞

▲図1：動物細胞と植物細胞の共通点と相違点

真核細胞を構成する細胞膜・核・ミトコンドリア・葉緑体・液胞・細胞壁・細胞質基質の働きや特徴についてお話ししましょう。ミトコンドリアと葉緑体は，あとのテーマ 03 でもやるので，ここではサラッといきます。

▼細胞膜

細胞膜は，細胞と外界を仕切る膜で，細胞内外への物質の通過や輸送の調節を行っています。

▼核

一般的に，真核細胞には１つの核＊が含まれています。核は，厚さ５～10nm の核膜に包まれていて，核膜の内側には不鮮明な糸状の染色体があります。染色体は遺伝子の本体である DNA（デオキシリボ核酸）とタンパク質からできていて，**酢酸オルセイン**や**酢酸カーミン**で染色すると赤色に染まります。すると顕微鏡で見えやすくなるってわけね。

▼ミトコンドリア

ミトコンドリアは，球形や円筒形をしていて，呼吸の場となっています。つまり，呼吸に関する酵素 (☞ P.37) を含み，有機物を分解して，**エネルギーをとり出す**場になるんです。

▼葉緑体

葉緑体は，凸レンズ形や紡錘形をしていて，光合成の場となっています。つまり，**クロロフィル**という緑色の色素と，光合成に関係する酵素 (☞ P.37) を含み，光エネルギーを利用して有機物を生産する場になるんです。

▼液胞

液胞は，膜に包まれていて，内部には液状の細胞液が入っています。「液胞液」じゃないので注意して‼ 液胞の働きは細胞内の水分や物質の濃度の調節です。また，**成長した植物細胞ほど液胞は大きい**んです。細胞液には，炭水化物（糖）やアミノ酸，無機塩類の他，**アントシアン**という色素が含まれていて，これが花や果実，葉などの色（赤色・青色・紫色など）のもとになります。小さいものは動物細胞にもあります。

＊哺乳類の赤血球のように核がないものや，筋肉や肝臓の細胞のように核を複数もつ細胞もある。

▼細胞壁

　細胞壁は，植物細胞の細胞膜の外側にあり，セルロース*とよばれる炭水化物を主成分とする丈夫な構造体です。細胞壁は，細胞を保護したり，細胞の形を保ったり，細胞どうしを結合させたりしています。また，**成長した細胞ほど細胞壁は厚い**という点も覚えておこうね。

▼細胞質基質（サイトゾル）

　細胞質基質は，細胞膜と核・ミトコンドリア・葉緑体・液胞などの間を満たす液状部分のことです。いろんな酵素を含み，種々の化学反応の場となっています。

2 真核細胞の構造と働きについてのまとめ

　細胞のうち，核と細胞質を合わせたものを原形質とよぶことがあります。また，原形質のうち，一定の機能としっかりとした形のある構造体を細胞小器官といいます。細胞質基質には流動性があるので，生きた植物細胞などでは，葉緑体などの細胞小器官が一定方向に流れるように動く現象が見られるんだ。この現象は，細胞質流動（原形質流動）とよばれます。

　なお，細胞質基質は原形質だけど一定のしっかりした形がないことから，また細胞壁は一定のしっかりした形はあるけど原形質ではないことから，どちらも細胞小器官**とはよばれません。

　はい，下の図を見てください。このように頭の中が整理されているかな？

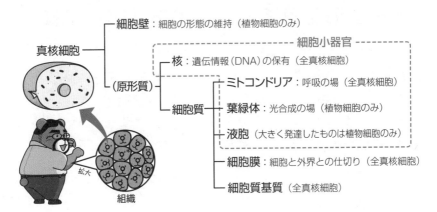

```
真核細胞 ┬ 細胞壁：細胞の形態の維持（植物細胞のみ）
         │                              ┌── 細胞小器官 ──┐
         │          ┌ 核：遺伝情報（DNA）の保有（全真核細胞）
         └（原形質）┤         ┬ ミトコンドリア：呼吸の場（全真核細胞）
                    └ 細胞質 ─┼ 葉緑体：光合成の場（植物細胞のみ）
                              ├ 液胞（大きく発達したものは植物細胞のみ）
                              ├ 細胞膜：細胞と外界との仕切り（全真核細胞）
                              └ 細胞質基質（全真核細胞）
```

組織

＊セルロース…グルコース（ブドウ糖）が直線状につながった炭水化物。
＊＊本書では細胞膜を原形質に含め，細胞小器官には含めていないが，細胞膜を原形質に含めない場合や，細胞小器官に含める場合もある。

原核細胞と真核細胞の比較

　ここからは**原核細胞**の構造（☞ P.20 図6）について，**真核細胞**の構造と比較しながらお話ししましょう。

　両者の違いは何かっていうと，真核細胞にある核（かく）が**原核細胞にはない**ことです。ただし，「遺伝情報を担う物質である DNA（染色体）」はどっちの細胞にもあるの。原核細胞には核膜で囲まれた核がないわけ。

　核がないので，DNA がモヤモヤっと細胞内に存在しているのが原核細胞の特徴で，核があるのが真核細胞の特徴です。

　それ以外にも，原核細胞の特徴として細胞小器官（さいぼうしょうきかん）が**ない**ことがあげられます。つまり，原核生物にはミトコンドリア・葉緑体・液胞などがありません。

　また，原核細胞と真核細胞には，大きさの違いがあります。一般に，原核細胞は真核細胞よりかなり小さいんです。

　共通点としては，**細胞膜**（さいぼうまく）や**細胞質基質**が原核細胞と真核細胞のいずれにもあること。そして，真核細胞の植物細胞に見られる細胞壁（さいぼうへき）は原核細胞にもあります＊。ただし，動物細胞には細胞壁はありません。

　また，細胞の運動に関与している鞭毛は，一部の原核細胞や，ミドリムシなど一部の真核細胞にあります＊＊。

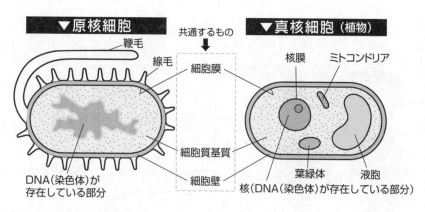

▲図2：原核細胞と真核細胞の比較

＊原核細胞の細胞壁の成分は，植物細胞のものとは異なっている。
＊＊原核細胞と真核細胞では鞭毛の構成成分が異なっている。また，一部の原核細胞（生物）の付着や生殖に関与する線毛と，ゾウリムシなど一部の真核細胞（生物）に見られる繊毛とは構成成分・構造・機能が異なる。

Step 3 細胞説の確立

　細胞の構造や働きについて話してきたけど，誰が細胞なんて小さいものを発見し，誰が「生物は細胞から成り立ってる」っていったのでしょう？

1 細胞の発見

　細胞は，1665年に，イギリス人の<u>フック</u>（ロバート・フック）さんによって発見されました。

　フックさんは，ワインの栓(せん)などに使われているコルクを図3のような顕微鏡で観察しているうちに，コルクはたくさんの小さな部屋が集まったものだということに気がつき，その小さい部屋のことを，「cell（セル）*」と名づけたんです。

▲図3：フックが使用した顕微鏡

　実はコルクって，コルクガシという木の組織なので，多数の細胞で構成されているのです。そうです，フックさんが発見し，cellと名づけた小さい部屋は，細胞だったのです。でもね，コルクの細胞は死んでしまって核や細胞質がなくなっていたので，フックさんは細胞壁だけを見ていたことになるね。

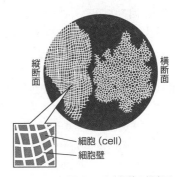

縦断面

横断面

細胞（cell）
細胞壁

▲図4：コルク切片の観察図

2 細胞説

　そのあと<u>シュライデン</u>さんというドイツ人が1838年，植物(しょくぶつ)について「すべての植物体は，細胞という単位から成り立つ」という<u>細胞説</u>(さいぼうせつ)を提唱し，細胞が植物の最小単位であると唱えたんです。

　で，そのシュライデンさんの友達で，同じドイツ人の<u>シュワン</u>さんが1839年，今度は動物(どうぶつ)についての<u>細胞説</u>を唱えたんだ。「植物だけじゃなくて，動物も同じだ。動物も細胞を基本としてできているんだよ」といってね。いいかな。これがおおまかな細胞研究の歴史です。

---

* cell…もとは「小部屋・個室」の意。細胞が小部屋状であったため，cellと名づけられた。

確認テスト

〔A〕 地球上には，多種多様な単細胞生物や①多細胞生物が存在している。生物には，このような多様性がある一方で，それらの②生物のすべてに共通する特徴（共通性）も見られる。地球上の生物は③動物・植物・細菌などに分けられることもある。

問1 下線部①について，同じ形や働きをもつ細胞の集まりを何というか。

問2 下線部②について，「からだが細胞からなる」以外の共通性を2つ挙げよ。

問3 下線部③について，(a) 成体が脊椎をもち，えら呼吸を行う動物群の名称と，(b) 脊椎をもち，胎生である動物群の名称　をそれぞれ答えよ。

〔B〕 **図1**は，植物の細胞を光学顕微鏡で見た場合の模式図である。次の各問いに答えよ。

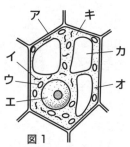

図1

問4 **図1**中の**ア〜キ**が指しているものの名称を，それぞれ答えよ。なお，**イ**，**ウ**，**エ**，**カ**は細胞小器官を指している。

問5 光学顕微鏡による細胞の観察について，下の各問いに答えよ。
(1) 生きているオオカナダモの細胞を観察すると，緑色の構造体が見えた。その構造体に相当するものを**図1**中の**ア〜キ**から1つ選び，記号で答えよ。また，その構造体が緑色に見える原因となった色素の名称を答えよ。
(2) タマネギの鱗葉（りんよう）の表皮細胞を酢酸オルセインで染色して観察したとき，赤色に染まっている構造体がある。その構造体に相当するものを**図1**中の**ア〜キ**から1つ選び，記号で答えよ。また，その構造体中に存在する遺伝情報となる物質の名称を答えよ。

問6 細胞の中で，① 水分や物質の濃度の調節　② 呼吸　に関与する構造体は何か。**図1**中の**ア〜キ**からそれぞれ1つずつ選び，記号で答えよ。

問7 細菌の細胞では，植物の細胞と比べて大きな違いが見られる。
(1) 細菌のような細胞は何とよばれるか。
(2) **図1**中の**ア〜キ**のうち，細菌にも存在する構造体（成分は異なってもよい）が2つある。**ア〜キ**の記号で答えよ。

問1 答 組織
▶いくつかの組織が集まると一定の形や働きをもつ器官が形成される。

問2 答 ①DNAを遺伝情報としている。②エネルギーを利用している。③体内環境を一定に保つ。④刺激に反応する。⑤進化する。 などから2つ
▶「からだが細胞からなる」と上記①，②は必ず覚えておこう。

問3 答 (a)＝魚類　　(b)＝哺乳類
▶両生類の幼生はえら呼吸を行うが，成体は肺呼吸である。

問4 答 ア＝細胞壁　　イ＝ミトコンドリア　　ウ＝葉緑体　　エ＝核
　　　　オ＝細胞膜　　カ＝液胞　　キ＝細胞質基質（サイトゾル）
▶**オ**は細胞膜，**ア**は**オ**の外側にあり，細胞の保護や細胞の形態を保持する**細胞壁**である。**イ**のミトコンドリア，**ウ**の葉緑体，**エ**の核，**カ**の液胞は**細胞小器官**であり，これらの細胞小器官と細胞膜との間を埋める**キ**の液状部分が**細胞質基質**である。細胞壁と葉緑体は動物の細胞には存在しない。

問5 答 (1)＝ウ，クロロフィル　　(2)＝エ，DNA（デオキシリボ核酸）
▶(1) オオカナダモの葉の細胞では，**葉緑体**が緑色の粒として観察される。**葉緑体**は，その内部に**光合成**に関する**クロロフィル**とよばれる緑色の色素や酵素を含み，**有機物生産**の場となっている。
　(2) 酢酸オルセインによって赤く染まるのは**核**（**染色体**）であり，核内には遺伝子の本体であるDNAが含まれている。

問6 答 ①＝カ　　②＝イ
▶①**液胞**は，細胞内の水分や物質の濃度の調節の他，物質の貯蔵を行っている。アントシアンと呼ばれる色素を含む。②**ミトコンドリア**は，その内部に**呼吸**に関する酵素を含み，エネルギーをとり出す場となっている。

問7 答 (1)＝原核細胞　　(2)＝ア，オ
▶(1)・(2) ユレモ・ネンジュモなどのシアノバクテリア・大腸菌・乳酸菌などの**細菌**の細胞には核がない。このような細胞を**原核細胞**といい，原核細胞からなる生物を**原核生物**という。原核細胞には核以外の細胞小器官も存在していないが，**ア**の**細胞壁**・**オ**の**細胞膜**・**キ**の**細胞質基質**はある（ただし**キ**は「構造体」ではないので不正解）。これに対して，植物や動物の細胞のように核をもつ細胞を**真核細胞**といい，真核細胞からなる生物を**真核生物**という。

Theme 03

代謝とエネルギー

Step 1　細胞を構成する物質

　細胞は，細胞膜やミトコンドリア，葉緑体，細胞質基質などから構成されています。でもこれを物質レベルで見ると，細胞は**有機物**と**無機物**で構成されているともいえます。

　有機物は，炭素原子（C）を含んでいる物質（ただし，二酸化炭素〔CO_2〕や一酸化炭素〔CO〕などは例外で，無機物）です。細胞を構成する有機物には，タンパク質，炭水化物，脂質，核酸などがあります。

　無機物は，炭素原子を含んでいない物質で，主に水（H_2O）と無機塩類（☞ P.145）に分けられます。ここで注意！　無機塩類を，「塩」，つまり「塩化ナトリウム（NaCl）のこと」と考えてはダメ！　無機塩類とは，細胞を構成する無機物のうち，水（H_2O）を除いたものすべてを指すんだ。だから，NaClの他にも，リン酸塩（リン酸カルシウムなど）なんかが含まれます。

　これらの各物質が細胞でどれぐらいの割合を占め，どんな働きをもつかについて，下の図1の円グラフに示しました。原核細胞と真核細胞ではちょっと違ってるね。

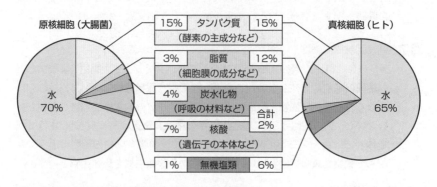

原核細胞（大腸菌）		真核細胞（ヒト）
15%	タンパク質（酵素の主成分など）	15%
3%	脂質（細胞膜の成分など）	12%
4%	炭水化物（呼吸の材料など）	合計2%
7%	核酸（遺伝子の本体など）	
1%	無機塩類	6%

水70%　　水65%

▲図1：原核細胞（大腸菌）と真核細胞（ヒト）の構成成分

Step 2 代謝

生物は，外界から物質をとり入れ，細胞内でそれらの物質を分解したり，それらの物質をもとに何かを合成したりしています。生体内で起こる，このような物質の変化（化学反応）を代謝といいます。

代謝は，大きく同化と異化に分けることができます。

同化というのは，外界からとり込んだ簡単な物質をもとに複雑な物質を合成する反応（合成反応）のことだよ。例としては，外界からとり入れた二酸化炭素や水などの無機物から有機物を合成する光合成があります。

異化は分解反応で，例としては，有機物を二酸化炭素や水などの無機物に分解する呼吸があります。

でね，これ大切だから覚えておいてください。**物質が合成されるときにはエネルギーが吸収され，物質が分解されるときにはエネルギーが放出されます**。いい？

ここで，エネルギーという言葉が出てきたね。エネルギーとは，「仕事をする能力」のことだよ。人間だと，会社で営業や経理の仕事をしたり，家で掃除や料理などの仕事をするためには，エネルギーがいるよね。すべての生物が営業や経理や掃除や料理をするわけじゃないけど，自分と同じ特徴をもつ子孫をつくったり，体内環境を一定に保ったりという「仕事」をしていると考えれば，生物が生きていくのには，とにかくエネルギーが必要なんだよ。つまり，**生物の共通性**のところ（☞ P.19）で学んだように，どんな生物も，エネルギーを利用して，いろいろな生命活動を行っているんです。

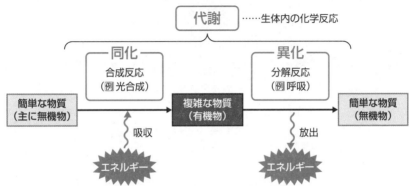

▲図2：代謝の概念

33

エネルギーとATP

エネルギーには,いろんな形があるんです。化学エネルギー,熱エネルギー,運動エネルギー,光エネルギー,電気エネルギーなんかだね。これらのうち,生物が生きていくのに直接使えるエネルギーは,<u>ATP（アデノシン三リン酸）</u>＊という物質の中に含まれている化学エネルギーだけなんだ。下図に示したATPの構造のうち,アデニンは塩基（☞ P.58）の一種で,リボースは糖の一種だよ。ATPの**リン酸**どうしの結合は<u>高エネルギーリン酸結合</u>とよばれていて,この結合が切れるときに多量のエネルギーが放出されます。

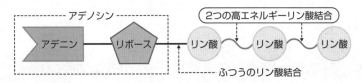

▲図3：ATPの構造

じゃあ次,下図を見て。このATPの高エネルギーリン酸結合の１つが切れてリン酸が１つ離れる（ATPが分解される）と,<u>ADP（アデノシン二リン酸）</u>になり,エネルギーが放出されます。放出されたエネルギーは,生物の**生命活動**＊＊に利用されるんだ。生命活動には,すべての生物が行っている**生体物質**（自分のからだを構成している物質）**の合成**,動物の**筋収縮**（運動）,**発光**,発熱,発電などがあるよ。反対に,ADPにリン酸が１つ結合する（ATPが合成される）ときには,エネルギーが吸収されます。

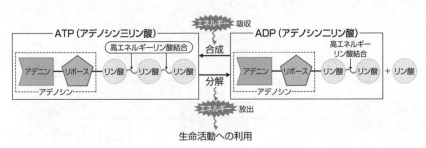

▲図4：ATPの合成と分解

＊ ATPは,**a**denosine **tri**phosphateの略。
＊＊ からだを動かさずに寝ているだけでも心臓は拍動し,消化管の働きによって食物は消化・吸収される。このように,激しく活動していなくても生命活動は行われ,その維持のために一定のエネルギーが必要であり,安静時に必要なエネルギー量を基礎代謝量という。

生物で見られる代謝と生命活動の間に，ATP がどのように関わっているかをまとめた図を，下に示します。

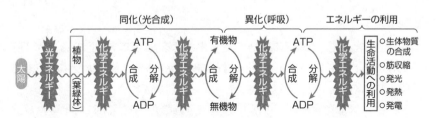

▲図5：代謝とATP

上図を右から左へ見ていこう。生体物質の合成，筋収縮，発光，発熱，発電などの様々な**生命活動**に利用されるのは，ATP が ADP に分解されるときに生じる**化学エネルギー**だね。いいかえれば，すべての生命活動のエネルギー源は <u>ATP</u> であるといえます。

その ATP という物質は，糖などの有機物が，**異化**（呼吸）によって分解されたときに生じた化学エネルギーを用いて合成されたものです。そして異化で分解される有機物は，植物の同化（光合成）によって光エネルギーから変換された化学エネルギーを用いて，無機物から合成されたものなんだ。

ここで大切なのは，大腸菌などの原核生物や，動物や植物などの真核生物のいずれにおいても，つまり，**どのような生物においても，またどのような生命活動においても，必ず ATP のエネルギーが使われる**ということです。これって，すごい共通性だよね。

人間の社会にも，似たようなことがあるんです。ほとんどの国では，パンを買うのにも，タクシーに乗るのにも，美容院に行くのにも，すべてお金が必要だね。いいかえれば，お金がなければ，何もできません。これって，「生物」が「国」と同じで，「様々な生命活動」が「パンを買ったりタクシーに乗ったりする生活活動」と考えれば，「ATP」は，「お金（通貨）」に相当するといえるよね？ だから，生物学では，ATP は「**エネルギーの通貨**」である，といわれています。

 酵素

呼吸や光合成，ATP の合成や分解など，生物に関する色々な化学反応は，酵素(こうそ)とよばれる触媒(しょくばい)の働きによって進められるんです。

1 触媒

触媒(しょくばい)というのは，**化学反応の速度を変化させる（「反応を促進する」や「反応を速める」ともいいます）が，それ自身の量・性質・構造は反応の前後で変化しない物質**のことです。

例えば，過酸化水素(かさんかすいそ)（H_2O_2）の水溶液（過酸化水素水(かさんかすいそすい)）に酸化マンガン(IV)（二酸化マンガン）を加えると，過酸化水素が分解して水と気体の酸素（O_2）が発生するっていう実験を，中学のときにやったよね？　あれは，何も加えない状態でふつうに室内に置いておくと，過酸化水素の分解はごくゆっくりとしか進行しないけど，酸化マンガン(IV)という**触媒**が働くと，過酸化水素の分解が促進されるのを確かめているわけ。

2 酵素

生命活動に関する化学反応において働く触媒を酵素(こうそ)（生体触媒）といいます。酵素は，タンパク質を主成分とする物質で，DNA の遺伝情報に基づいて，必要に応じて細胞内で合成されています。

例えば，消毒液として傷口にかけるオキシドールは，３％の過酸化水素水で，ブクブクと泡が出てくる泡は酸素なんだよ。つまり，過酸化水素水に酸化マンガン(IV)を加えたときと同じ反応が

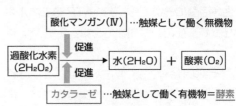

▲図6：過酸化水素の分解反応とその触媒

起こっているわけね。このとき，触媒として反応を促進しているのが，傷ついた細胞に含まれている**カタラーゼ**という**酵素**なんです。カタラーゼは，肝臓などからだ中のほとんどの細胞に含まれているんです。

❸ 酵素の特徴

酵素の作用を受ける物質を基質といい，基質は反応の結果，生成物となります。酵素は，反応の前後で変化しないので，基質に対して繰り返し作用し続けることができるんです。ただし，酵素はどんな物質にも作用するというわけではなく，特定の基質のみに作用することができるんだ。酵素のこのような性質を基質特異性といいます。

❹ 酵素の働く場所

すべての酵素は，細胞内でつくられます。そして，細胞内や細胞外の特定の場所に運ばれて，そこで特定の化学反応の進行を速めます。

▼ 細胞内で働く酵素

細胞小器官の種類によって含まれる酵素の種類が違うんだ。例えば，葉緑体には光合成の反応を促進する種々の酵素が，ミトコンドリアには呼吸の反応を促進する種々の酵素が，細胞質基質にも種々の酵素が含まれています。細胞小器官や細胞質基質がそれぞれ特有の働きをするのは，このためなんだね。酵素には，細胞小器官内や細胞質基質中の水に溶けた状態で働くものと，細胞膜とか細胞小器官の膜に組み込まれた状態で働くものとがあります。

▼ 細胞外で働く酵素

細胞内でつくられたあとに，細胞外に分泌（細胞内の物質が細胞外に放出）されて働く酵素もあります。例えば，消化酵素ね。ご飯を食べると，まず**アミラーゼ**という酵素が，お米などに含まれている**デンプン**を**マルトース**という小さい断片に分解します。**マルトース**は，さらに**マルターゼ**という酵素によって**グルコース**（ブドウ糖）に分解されて，その後**小腸**で吸収されます。

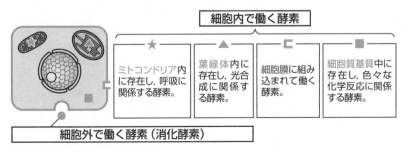

▲図7：酵素の働く場所

光合成と呼吸

🔳 光合成

　細胞内で働く酵素が触媒する反応の代表的な例の一つに，炭酸同化があるんだ。炭酸同化は，**二酸化炭素と水から有機物をつくる反応**で，このうち**光エネルギー**を用いて行われる炭酸同化を光合成といいます。真核生物の光合成の反応を，下図を見ながら確認していこう。

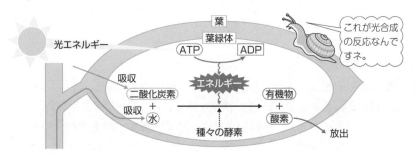

▲図8：光合成の反応

　P.33 でもお話ししたように，光合成は**同化**の一種だから，二酸化炭素と水（どちらも無機物）という「簡単な物質」から有機物などの「複雑な物質」がつくられる反応で，その反応過程では，エネルギーが利用されます。

　原核生物では，シアノバクテリアが光合成を行うことができます。ここでは，真核生物である植物を例に，光合成の過程を簡単にお話ししましょう。

　光合成では，まず細胞内の**葉緑体**で吸収された**光エネルギー**が**化学エネルギー**に変換されて，ATP 中に蓄えられます。次に，ATP に蓄えられている化学エネルギーを利用して，二酸化炭素と水から炭水化物などの有機物が合成されるんだけど，このとき，葉緑体内にある種々の**酵素**が働きます。それと，副産物として「簡単な物質」である酸素もつくられることを忘れないでね。

　植物の光合成の反応を式で表すと，以下のようになります。

二酸化炭素	＋	水	⟶	有機物	＋	酸素
(CO_2)		(H_2O)	⇧ 光エネルギー			(O_2)

2 呼吸

呼吸も，**酵素**が触媒する反応の代表例の一つです。細胞が**酸素**（酵素じゃ・
ないよ！）を用いて有機物を分解し，**生きていくために必要なエネルギーを
とり出して二酸化炭素を放出する**ことを**呼吸**といいます。

「エッ，呼吸って，動物が息を吸ったり吐いたりすることじゃないの？」と
思っている君。そのとおり。でも，生物学では，呼吸は細胞内で行われる有
機物の分解反応，つまり異化の一種を指し，細胞呼吸ともよばれます。動物
では，息として吸った酸素が有機物の分解反応に用いられるので，「息を吸っ
たり吐いたりすること」は，広い意味で呼吸に含まれるんだ。

原核生物も真核生物も，動物や植物も生きていくためにはエネルギーが必
要なので，呼吸を行っているんだ。呼吸の反応では，<u>ミトコンドリア</u>が重要
な役割をはたしているんだ。下図をよく見ておいてね。

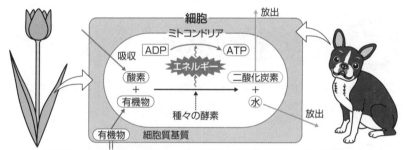

有機物は，植物の光合成でつくられ，食物として動物の体内にとり込まれる。

▲図9：呼吸の反応

呼吸は，酸素によって有機物が分解され，エネルギーがとり出されるとい
う点では**燃焼**に似ているね。しかし，燃焼では反応が急激に進行し，とり出
されたエネルギーの大部分が熱エネルギーとして放出されるけど，呼吸では
とり出されたエネルギーの一部が**ATP**中に，**化学エネルギー**として蓄えられ
る点が異なっているんだ。また，燃焼は呼吸と異なり，酵素は働きません。

呼吸の反応を式で表すと，以下のようになります。呼吸で分解される**グル
コース**（$C_6H_{12}O_6$）などの有機物は呼吸基質とよばれます。

有機物 + 酸素	⟶	二酸化炭素 + 水
（グルコースなど）　（O_2）	エネルギー（ATP）	（CO_2）　　（H_2O）

Step 7　独立栄養生物と従属栄養生物

　生物は，色々な方法で分類できたよね。これまで見てきた，植物，動物，菌類（きん），原生生物（げんせいせいぶつ），原核生物と5つに分けたり，単細胞生物（たんさいぼうせいぶつ）・多細胞生物（たさいぼうせいぶつ）と分けたり，原核生物・真核生物と分けたりします。この他にも，色々な基準にもとづいた分類方法があるんだよ。ここでは，生物が生活するのに必要なエネルギー源や栄養源として何を利用しているか，で分けた分類について説明します。

　無機物を利用して有機物をつくり出す生物を<u>独立栄養生物</u>（どくりつえいようせいぶつ），外部からの有機物に依存している生物を<u>従属栄養生物</u>（じゅうぞくえいようせいぶつ）といいます。独立栄養生物には，**植物**，シアノバクテリアなどの一部の細菌（さいきん）などが含まれます。一方，従属栄養生物には，**動物**，菌類や多くの細菌などが含まれます。

Step 8　植物と動物の代謝

　独立栄養生物の代表である植物と，従属栄養生物の代表である動物の代謝のしくみをまとめると，下図のようになります。

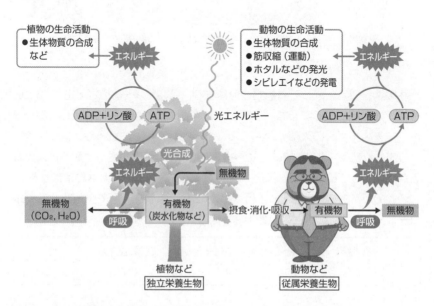

　▲図10：植物と動物の代謝（まとめ）

●食物の消化

　左ページの図 10 に「摂食・消化・吸収」とあります。また，P.37 には，細胞外で働く酵素の例として**消化酵素**が出ていますね。ここで，**消化**についてお話ししておきましょう。

　<u>消化</u>とは，生物が食物を吸収しやすい物質に変化させる働きのことです。動物では，体内（胃や腸など）にとり込まれた食物中の分子量の大きい有機物が，消化酵素によって分子量の小さい有機物に分解される化学反応が消化です。

　ここで思い出してください。「生体内の化学反応は代謝」だから，消化も代謝の一種だよね。では，「異化」でしょうか？　「同化」でしょうか？

　消化では，異化のように大きい有機物が小さい有機物に分解されるけど，それに伴うエネルギー放出がありません。したがって，**消化は異化でも同化でもない代謝**ということになります。

　下の図に炭水化物の一種であるデンプン，タンパク質，脂肪（脂質）の消化の過程について，分解に関与する消化酵素の名前，分泌器官，働きなどを示しておきます。ザッと目を通しておいてください。

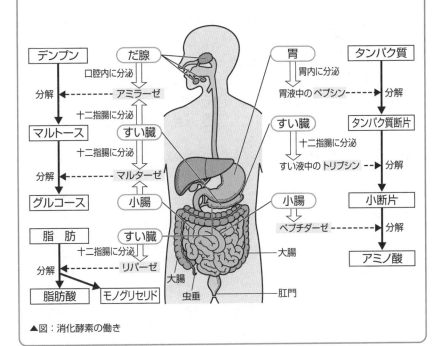

▲図：消化酵素の働き

確認テスト

　生物は，外界からとり入れた物質を様々な物質に変化させ，利用している。このような物質の化学的変化を代謝という。代謝の過程は，たくさんの化学反応から成り立っており，生体内では，これらの化学反応が酵素の働きにより，常温・常圧下で速やかに秩序正しく進行する。

　代謝の過程は，大きく2つに分けられる。1つは，体内にとり入れられた単純な物質がエネルギー吸収を伴い，複雑な物質に合成される過程である（　**1**　）であり，もう1つは，体内の複雑な物質がエネルギー放出を伴い，分解される過程である（　**2**　）である。代表的な代謝の過程は，下図のように模式的に表すことができる。

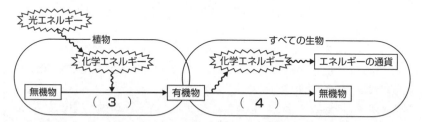

問1　酵素の働きや特性に関する次の記述①～④の下線部AとBについて，下線部Aのみが正しい場合はA，Bのみが正しい場合はB，下線部A・Bが共に正しい場合はC，下線部A・Bが共に正しくない場合はDと，それぞれ答えよ。

① 酵素は_A生物がつくる溶媒であり，_B酵素自体が反応の前後で変化することで化学反応を促進する。

② 過酸化水素水に肝臓片を加えると，_A肝臓の細胞内にある酸化マンガン（Ⅳ）の働きにより，_B二酸化炭素が気泡となって発生する。

③ _A酵素は，タンパク質を主成分としており，_B基質相補性をもっている。

④ _Aすべての酵素は細胞内でつくられ，_B細胞内で働く。

問2　上の文中・図中の（　**1**　）～（　**4**　）に適するそれぞれ異なる語を答えよ。

問3　図中のエネルギーの通貨にたとえられる物質について，次の(ア)～(ウ)の各問いに答えよ。

　(ア) この物質の名称を答えよ。

　(イ) この物質は3種類の物質（分子）から構成されている。この3種類の物質の名称をそれぞれ答えよ。

　(ウ) (ア)で答えた物質がエネルギーを放出する際には，2種類の物質に分解される。これらの物質の名称をそれぞれ答えよ。

解答・解説

問1 答 ①＝D ②＝D ③＝A ④＝A

▶① 溶液のうち，溶質を溶かしている液体を**溶媒**という。酵素は生物がつくる**触媒**であり，化学反応を促進するが，**反応前後で自身は変化しない**。

② 肝臓片に含まれている**カタラーゼ**とよばれる酵素によって，過酸化水素（H_2O_2）の分解が促進され，液体の水（H_2O）と気体の酸素（O_2）が発生する。生物の細胞内には酸化マンガン（Ⅳ）は存在しない。

③ **どの酵素も，その本体はタンパク質であり**，特定の基質にのみ作用する**基質特異性**をもっている。

④ すべての酵素は**細胞内でつくられる**が，細胞内のミトコンドリア内や葉緑体内で代謝に関する働きをする酵素や，核内でDNA合成などに関する働きをする酵素もあれば，**細胞外**で働く酵素もある。

問2 答 1＝同化 2＝異化 3＝光合成 4＝呼吸

▶生体内における物質の合成や分解などの化学反応全体は，**代謝**とよばれる。このうち，外界から単純な物質をとり入れ，それを材料にして生体を構成する複雑な物質を合成する過程を**同化**という。また，生体内で，複雑な物質を単純な物質に分解する過程を**異化**という。同化はエネルギーを吸収する反応であり，異化はエネルギーを放出する反応である。

同化のうち，太陽の光エネルギーを用いて無機物から有機物を合成する反応を，**光合成**という。また，異化のうち，有機物を分解して生命活動に必要なエネルギーをとり出す反応を**呼吸**という。

問3 答 (ア)＝ATP（アデノシン三リン酸） (イ)＝アデニン，リボース，リン酸
(ウ)＝ADP（アデノシン二リン酸），リン酸

▶呼吸によってとり出された化学エネルギーは，**ATP**とよばれる物質の合成に使われることによってATP中に移される。ATPに移されたエネルギーは，ATPが**ADP**と**リン酸**に分解されることで放出され，生命活動に直接利用される。このように，ATPはすべての生物のエネルギー代謝の仲立ちをすることから，**「エネルギーの通貨」**とよばれている。

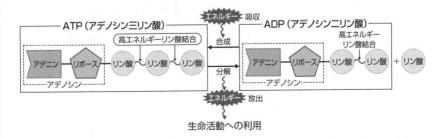

Theme 04

顕微鏡

Step 1 光学顕微鏡の使い方

　生物学では，肉眼（にくがん）だと小さすぎて見えない細胞の構造などは，顕微鏡を使って観察します。ここでは光学顕微鏡（こうがくけんびきょう）の使い方をお話しましょう。

❶ **置く場所**…顕微鏡は，強光で目を痛めたり，観察材料が加熱されたりすることを防ぐために，明るいけど**直射日光の当たらない場所**に置きます。

❷ **レンズのとりつけ**…レンズのとりつけの順番は，接眼（せつがん）レンズ→対物（たいぶつ）レンズです＊。これは，鏡筒内にほこりが入らないようにするためです。

❸ **倍率の調節**…はじめは低倍率（ていばいりつ）で観察します。低倍率は，高倍率に比べて視野（顕微鏡で像の見える範囲）が広いから，観察材料を探しやすいんだよ。また，低倍率は，高倍率に比べて，視野が明るく，焦点深度（ピントの合う深さ）が深いことも知っておこうね。**顕微鏡の倍率＝接眼レンズの倍率×対物レンズの倍率**で求められます。

❹ **反射鏡の調節**…接眼レンズをのぞきながら，視野全体が明るくなるように，反射鏡（はんしゃきょう）を調節します。反射鏡には，平面鏡（へいめんきょう）と凹面鏡（おう）があるけど，低倍率のときは平面鏡を用い，高倍率のときは凹面鏡を用いるんだ。

❺ **プレパラート**＊＊**のセット**…ステージにプレパラートをのせて，観察材料が視野の中央にくるようにしてクリップで留めます。

❻ **ピント合わせ**…ピントを合わせるときには，まず横から見ながら調節ねじを回して，対物レンズの先端をプレパラートにできるだけ近づけます。次に，接眼レンズをのぞきながら，調節ねじをさっきとは逆方向に回して，**対物レンズとプレパラートを遠ざけながら**，ピントを合わせます。対物レンズとプレパラートを近づけながらピント合わせをした場合，ピントを合わせ損なうと，対物レンズとプレパラートが衝突してしまうことがあるんだよ。これを避けるために，「ピント合わせは遠ざけながら」ですよ。

＊眼に接するから接眼レンズ，物に対するから対物レンズという。
＊＊光学顕微鏡観察のための標本をプレパラートといい，ふつうはスライドガラスに材料をのせ，カバーガラスで被い封じて作製する。

❼ **プレパラートの移動**…接眼レンズをのぞきながら，観察材料が視野の中央にくるように動かします。このとき，プレパラートを動かす方向は観察材料を移動させたい向きと逆向きだよ。なんでかっていうと，顕微鏡では，**観察材料は上下左右が逆向きに見えている**からです。

このように見えたら，プレパラートを ↗ の方向に動かすと，こう見えるようになる。

❽ **倍率の切りかえ**…倍率を変えたいときは，レボルバーを回して，観察しやすい倍率の対物レンズに切りかえます。

❾ **しぼりの調節**…見やすい明るさにするためには，しぼりを調節します。一般に，**低倍率ではしぼりを閉じ**（レンズから入る光の量が減る），**高倍率では開きます**（光の量が増える）。

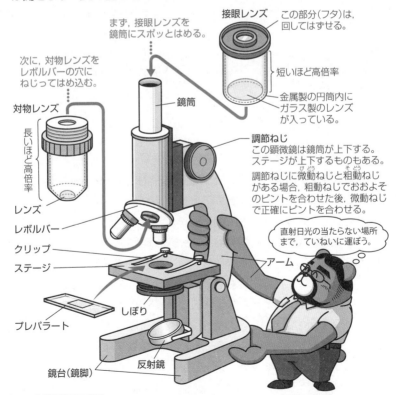

まず，接眼レンズを鏡筒にスポッとはめる。

接眼レンズ

この部分（フタ）は，回してはずせる。

短いほど高倍率

金属製の円筒内にガラス製のレンズが入っている。

次に，対物レンズをレボルバーの穴にねじってはめ込む。

対物レンズ

長いほど高倍率

レンズ

レボルバー

クリップ

ステージ

プレパラート

鏡筒

調節ねじ
この顕微鏡は鏡筒が上下する。ステージが上下するものもある。調節ねじに微動ねじと粗動ねじがある場合，粗動ねじでおおよそのピントを合わせた後，微動ねじで正確にピントを合わせる。

直射日光の当たらない場所まで，ていねいに運ぼう。

アーム

しぼり

鏡台（鏡脚）

反射鏡

▲図1：光学顕微鏡の構造

ミクロメーターを用いた計測

Step 2

　顕微鏡で観察してる材料の大きさを知りたいときがあるよね。そのときに使うのがミクロメーターです。顕微鏡用の，小さいものさしね。ここでは，そのミクロメーターの使い方を説明していきます。

▼ミクロメーターの種類

　ミクロメーターには，接眼レンズに入れて使う**接眼ミクロメーター**と，対物レンズのすぐ下に置いて使う**対物ミクロメーター**の2種類があります。この2つを組み合わせると，長さを測定できるんですね。

　接眼ミクロメーターは円形で，中央部に1cmを100等分した目盛りがついてます。これは接眼レンズの円筒内に入れて使う (☞図2) ので，1目盛りの長さは倍率によって変化します。一方，**対物ミクロメーター**は，中央の円の中に**1mmの長さを100等分した目盛り**がついていて (☞図3)，ステージの上に置いて使います。だから，1目盛りの長さは**0.01mm＝10μm***だね。

ミジンコ

> 接眼ミクロメーターの1目盛りの長さは，観察倍率によって変化するけど，対物ミクロメーターの1目盛りの長さは観察倍率によらず，常に一定（10μm）なんだよ。

▼ミクロメーターを使った細胞の大きさの測定の手順

　まずは，**対物ミクロメーターを使って接眼ミクロメーターの1目盛りの長さを調べておく**のね。それで，実際に観察する材料の長さを測定するときには，接眼ミクロメーターの目盛りを使うんです。「面倒だから，対物ミクロメーターに直接材料をのせればいいよ」とか思う人がいるかもしれないけど，それじゃダメなんだよ。対物ミクロメーターに直接材料をのせると，目盛りが隠れてしまったり，材料と目盛りの両方にピントを合わせることができなかったりするわけ。いい？　では具体的に手順を説明していきます。

❶ 接眼レンズの上の部分（フタ）を，クルクル回してパカッとはずし，接眼ミクロメーターを中に入れたあと，はずしたレンズをとりつける (☞図2)。

❷ 対物ミクロメーターをステージにのせ，ピントを合わせる。

＊1mmの千分の一を1μm（マイクロメートル）という（1mm＝1000μm）。

❸ 接眼ミクロメーターと対物ミクロメーターの目盛りが平行になるようにして，**２つのミクロメーターの目盛りが一致しているところを２ヵ所探す。**２点間のそれぞれの目盛りの数を数える。求めた目盛りの数から，接眼ミクロメーターの１目盛りの長さを求める。

例えば図４では，**接眼ミクロメーターの目盛りの30と50（20目盛り分）で対物ミクロメーターの目盛り（7目盛り分）が一致している**ね。

$$\begin{array}{|c|}\hline \text{接眼ミクロメーターの} \\ \text{1 目盛りの長さ（μm）} \\\hline\end{array} = \frac{\text{対物ミクロメーターの目盛りの数}}{\text{接眼ミクロメーターの目盛りの数}} \times 10\,(\text{μm})$$

で求められるから，接眼ミクロメーターの１目盛りの長さは，

$\dfrac{7}{20} \times 10\,(\text{μm}) = 3.5\,(\text{μm})^{*}$ となります。

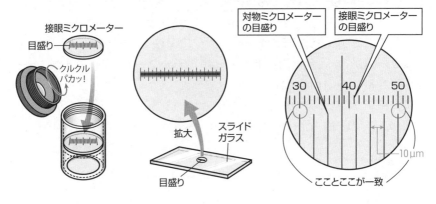

接眼ミクロメーター
目盛り
クルクル
パカッ！

拡大
スライド
ガラス
目盛り

対物ミクロメーター
の目盛り
接眼ミクロメーター
の目盛り

30　40　50

10μm

こことここが一致

▲図２：接眼ミクロメーターのセット　　▲図３：対物ミクロメーター　　▲図４：目盛りの合わせ方

❹ 接眼ミクロメーターの１目盛りの長さを使って，赤血球の直径を求めてみましょう。対物レンズの倍率はそのままにして，ステージの対物ミクロメーターをとり除き，代わりにヒトの赤血球のプレパラートをのせたら，右図のように見えました。このとき，赤血球の直径は，接眼ミクロメーター２目盛り分だから，
3.5（μm）× 2（目盛り）=7.0（μm）
となりますね。

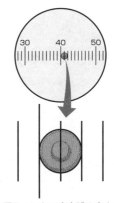

30　40　50

▲図５：ヒトの赤血球の大きさ

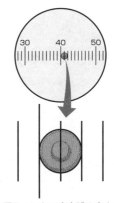

＊対物ミクロメーター7目盛りは70μm。この70μmが接眼ミクロメーター20目盛り分と一致しているので，70を20で割って，接眼ミクロメーター1目盛りは3.5μmだとわかる。

細胞の形と大きさ・単位

はい, 次は細胞の形と大きさに関してです。右ページの上の図6を見て。これね, おおざっぱに見て覚えておいてください。「えー, 先生！ これ全部覚えるんですかー？」って, そうだよ。だって教科書に出てるよ？　だから試験にも出るの！　いい？

▼単位

長さや大きさの単位の表し方を勉強しよう。まずは, 単位の前につける接頭語の確認から。千分の一を表す接頭語はミリ (m)。エム (m) という字ね。これに基本的な長さの単位であるメートル (m) を続けると1<u>ミリメートル</u> (mm) となって, 1メートルの千分の一の長さを表します。

そして, ミリのさらに千分の一を<u>マイクロ (μ)</u> といいます。ギリシャ語のミュー (μ) という字を書きます。1mm の千分の一は 1μm (マイクロメートル) なんです (1mm＝1000μm)。

で, マイクロの千分の一を<u>ナノ (n)</u> といいます。エヌ (n) という字ね。1μm の千分の一は 1nm (ナノメートル) ってわけです (1μm＝1000nm)。

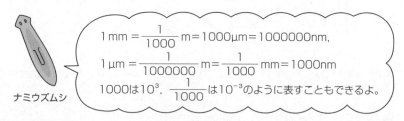

$$1mm = \frac{1}{1000} m = 1000μm = 1000000nm,$$

$$1μm = \frac{1}{1000000} m = \frac{1}{1000} mm = 1000nm$$

1000は10^3, $\frac{1}{1000}$は10^{-3}のように表すこともできるよ。

ナミウズムシ

▼分解能

接近した2点を「2点」として見分けることができる限界の能力を<u>分解能</u>といいます。2つ点があって, 「これは2つの点だ！」とわかる能力ってことだよ。

肉眼で見ることができるぎりぎりの長さ, つまり肉眼の分解能は <u>0.1mm</u>です。これより間隔が小さくなると, もう「2つの点だ！」とは見分けられないんだ。で, 光学顕微鏡の分解能が <u>0.2μm</u>。電子顕微鏡*が <u>0.1～0.2nm</u>ね (☞図7)。それ以上小さいと, もう見分けられません。

＊電子顕微鏡…電子顕微鏡は, 電子線 (波長約0.005nm) と電磁石を用いているので, 可視光 (波長約400～700nm) とガラスレンズを用いた光学顕微鏡より, はるかに分解能が高い。

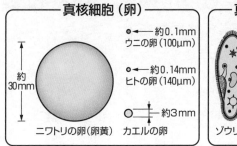

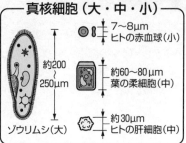

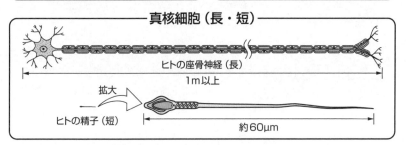

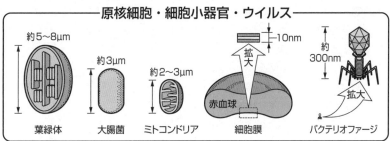

▲図6：色々な細胞や構造体の大きさ（長さ）の比較

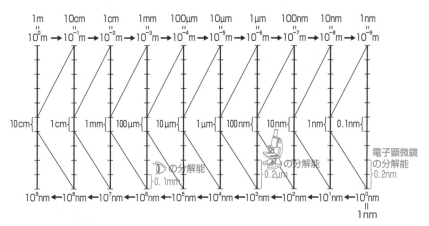

▲図7：単位と分解能

確認テスト

問1　右の図は，光学顕微鏡を示している。図中の
（ア）～（ケ）の名称を次の①～⑫から選べ。

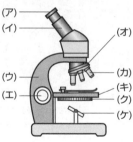

① 接眼レンズ　　② アーム
③ 反射鏡　　　　④ レボルバー
⑤ しぼり　　　　⑥ 調節ねじ
⑦ プレパラート　⑧ 鏡筒
⑨ クリップ　　　⑩ 対物レンズ
⑪ 鏡台　　　　　⑫ ステージ

問2　以下の文は，顕微鏡で観察を行う際の手順を説明したものである。空欄
　ア　～　ク　に最も適する語を，下の(1)～(8)のうちからそれぞれ1つず
つ選べ。また，空欄　a　～　l　に最も適する語を，**問1**の選択肢①～
⑫のうちからそれぞれ1つずつ選べ。なお，同じ語を何回選んでもよい。

　　まず，　a　を回転させて　ア　倍率の　b　を選び，　c　を
のぞきながら　イ　が明るくなるように　d　を調節する。次に，観
察する試料が　ウ　の中央にくるように，　e　をセットする。顕微
鏡を　エ　から見ながら，　f　と　g　をできるだけ　オ　る。
　h　をのぞきながら，　i　と　j　を徐々に　カ　ていき，試料
に　キ　の合う位置を探す。　k　を調節し，試料が最もよく見える明
るさにする。試料の細部を観察するために対物レンズを　ク　倍率にする
ときには，　l　を回転させる。

(1) 近づけ　　(2) 遠ざけ　　　(3) 高　　(4) 低
(5) 視野　　　(6) 焦点（ピント）　(7) 縦　　(8) 横

問3　光学顕微鏡に対物ミクロメーターと接眼ミクロメーターをセットし，ある
倍率でピントを合わせたところ，接眼ミクロメーター5目盛りと対物ミクロ
メーター3目盛りが一致していた。同じ倍率でオオカナダモの細胞の大き
さを測定したところ，長辺は接眼ミクロメーターで12目盛りを示した。こ
の細胞の長辺の長さは何μmか。なお，対物ミクロメーターの1目盛りは
10μmとする。

問4　以下の**A**～**D**のうち，光学顕微鏡では観察できないが，電子顕微鏡ではその
存在が観察できるものとして最も適当なものを1つ選べ。
A 葉緑体　　　**B** 大腸菌
C ヒトの精子　**D** バクテリオファージ

問1 答 **(ア)**=① **(イ)**=⑧ **(ウ)**=② **(エ)**=⑥ **(オ)**=④
　　　 (カ)=⑩ **(キ)**=⑫ **(ク)**=⑤ **(ケ)**=③

▶**(キ)**はステージとよばれ，観察する試料（プレパラート）などをのせる台である。鏡台は顕微鏡の一番下の台であり，アームや反射鏡が固定されている。

問2 答 **ア**=(4) **イ**=(5) **ウ**=(5) **エ**=(8) **オ**=(1)
　　　 カ=(2) **キ**=(6) **ク**=(3)
　　　 a=④ **b**=⑩ **c**=① **d**=③ **e**=⑦ **f・g**=⑦・⑩（順不同）
　　　 h=① **i・j**=⑦・⑩（順不同） **k**=⑤ **l**=④

▶光学顕微鏡による観察手順のポイントを以下に示す。

1．レンズは鏡筒にほこりが入らないように，**接眼レンズ→対物レンズ**の順にとりつける。

2．視野が広く，観察材料を探しやすいので，**はじめは低倍率**の接眼レンズを選び，とりつける。**対物レンズは，レボルバーを回転させ**，低倍率のレンズを選ぶ。

3．明るさの調節は，**しぼり**で行う。低倍率ではしぼりを閉じ，高倍率ではしぼりを開く。

4．プレパラートは，観察材料を視野中で**移動させたい方向と逆向き**に移動させる。

問3 答 72μm

▶設問文中に，「接眼ミクロメーター5目盛りと対物ミクロメーター3目盛りが一致していた。」とあることから，両ミクロメーターは右図のように一致していた。したがって，接眼ミクロメーターの1目盛りの長さは，$\frac{3}{5} \times 10 = 6$ (μm) となる。オオカナダモの細胞の長辺は，接眼ミクロメーター12目盛り分なので，$6 \times 12 = 72$ (μm) である。

対物ミクロメーターの目盛り

接眼ミクロメーターの目盛り

問4 答 D

▶バクテリオファージなどのウイルス（☞P.64）は，主に**タンパク質と核酸からなる**微小な構造体（約10〜450nm）であり，**電子顕微鏡**でなければ観察できない。

04
♣ 顕微鏡

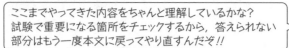

第1部 CHECK☑TEST

ここまでやってきた内容をちゃんと理解しているかな？
試験で重要になる箇所をチェックするから，答えられない
部分はもう一度本文に戻ってやり直すんだぞ!!

Theme 01：多様性と共通性

□□□① 現在，地球上にいる生物のうち，名前（学名）がつけられている種はおよそ何種類？　(☞ P.10)

□□□② 進化・系統・系統樹とは，それぞれ何のこと？　(☞ P.14)

□□□③ 脊椎動物を大きく5つのグループ（類）に分けて,それぞれのグループ名と特徴を言って！　また，これらのグループの系統関係がわかるような図を描いてみて！　(☞ P.16〜17)

□□□④ 生物の特徴（生物の共通性）を6つ言って！　(☞ P.19)

□□□⑤ 多細胞生物とは何？　細胞・組織・器官の関係を言って！

(☞ P.21)

Theme 02：細胞の構造と種類

□□□① 細胞質とは何のこと？　(☞ P.25)

□□□② 動物細胞と植物細胞を模式的にかいて，核，細胞壁，ミトコンドリア，葉緑体，液胞，細胞質基質を示して！　(☞ P.25)

□□□③ 細胞膜・核・ミトコンドリア・葉緑体・液胞・細胞壁・細胞質基質のそれぞれの働きや特徴を言って！　(☞ P.25〜26)

□□□④ 細胞小器官とは何のこと？　(☞ P.27)

□□□⑤ 原核細胞の特徴を2つ言って！　(☞ P.28)

□□□⑥ 細胞を最初に発見した人，植物について細胞説を唱えた人，動物について細胞説を唱えた人の名前をそれぞれ言って！　(☞ P.29)

Theme 03：代謝とエネルギー

□□□① 大腸菌の細胞とヒトの細胞を構成する物質のうち，含有量が1番目と2番目に多い物質の名称はそれぞれ何？　(☞ P.32)

□□□② 代謝・同化・異化とはそれぞれ何のこと？　(☞ P.33)

□□□③ ATP の構造を模式的に表した下図の **(1)** ～**(7)** に入る語は何？

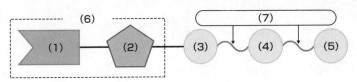

□□□④ ATP から放出されるエネルギーを利用して行われる生命活動の例を5つ言って！ (☞ P.34)

□□□⑤ 触媒とは何のこと？ (☞ P.36)

□□□⑥ 過酸化水素が分解される反応を表す式を書いて！ (☞ P.36)

□□□⑦ 酵素の基質特異性について説明して！ (☞ P.37)

□□□⑧ 光合成の反応を表す式を書いて！ (☞ P.38)

□□□⑨ 呼吸の反応を表す式を書いて！ (☞ P.39)

□□□⑩ 呼吸と燃焼の類似点と相違点をそれぞれ言って！ (☞ P.39)

□□□⑪ 独立栄養生物と従属栄養生物の相違点を言って！ (☞ P.40)

Theme 04：顕微鏡

□□□① 光学顕微鏡を用いた観察において，低倍率の場合と高倍率の場合の違いを説明して！ (☞ P.44)

□□□② 光学顕微鏡の「ピント合わせ」と「プレパラートの移動」はどのように行うか言って！ (☞ P.44～45)

□□□③ 接眼ミクロメーターと対物ミクロメーターは，それぞれどこに置いて用いるか言って！ (☞ P.46)

□□□④ 接眼ミクロメーターの１目盛りの長さを求める式を言って！

□□□⑤ mm と μm と nm はどのような関係？ (☞ P.48)

□□□⑥ 肉眼，光学顕微鏡，電子顕微鏡それぞれの分解能はどれくらい？およその値を（単位も）言って！ (☞ P.48)

□□□⑦ ヒトの赤血球（直径），ヒトの卵（直径），大腸菌（長径）のそれぞれの長さは，およそどれくらい？ (☞ P.49)

種とは

　分類の基本単位である「種」は，英語で species といいます。語源は，「見えるもの」や「形」を意味するラテン語の species だそうです。だから，「はっきりと見える姿形が似ていたら同種，違っていたら異種」なんですね。しかし，同種か異種かの判定基準となる「似ている」の程度を決めるのはなかなか難しいゾ。

　例えば，プードルとチワワ，ヒョウとライオン。それぞれ似ているところもあれば，似ていないところもあるよね。そこで，同種か異種かの判定基準として，「（自然状態で交配し）子孫を残すことができるか否か」が登場してきます。プードルとチワワは，交配して子を産み，その子がまた子（プードルとチワワから見れば孫）を産む，つまり子孫を残せるので，彼らは同種（イエイヌという種）です。一方，ヒョウとライオンはアフリカに棲んでいるけど，交配することはほとんどなく，彼らの間に子は産まれません。ここで注意です。かつて，飼育下のヒョウ（leopard）とライオン（lion）を交配させ，子を産ませたことがあります。その子はレオポン（leopon）とよばれ，ライオンの頭や体格とヒョウの模様をもっていたけど，繁殖能力がなかったので，子（ヒョウとライオンから見れば孫）をつくれなかったんだ。子は残せても孫以降を残せないので，ヒョウとライオンは別種ということになるね。

　このように，現在の生物学では，「子孫を残すことができれば同種」と考えられていますが，生物の世界はそんなにカンタンではないようです。最近，アカウミガメとタイマイ（どちらもカメの一種）から産まれた子（からだの大きさや頭はアカウミガメと同じ特徴をもち，甲羅のふちの切れ込みなどはタイマイの特徴をもつ個体）が産卵していることが確認されました。これは，どのように考えたらいいのでしょう。異種間でも子孫を残せるのか。アカウミガメとタイマイは同種だったのか。いずれにしても？？ですね。「見えるもの」という言葉から生まれた「種」の概念には，まだまだ「見えないもの」がたくさん隠れているようです。

第 2 部

遺伝子とその働き

GENE AND ITS FUNCTION

Theme 05

遺伝情報とDNA

Step 1 遺伝子の働き

　第1部の生物の共通性 (☞ P.18~19) で勉強したように，どのような生物も，「DNAを遺伝情報として形質を子孫に伝える遺伝のしくみをもち，自分と同じ特徴をもつ個体をつくることができる」だったよね。遺伝情報とは，DNAに含まれて遺伝によって親から子に伝えられる情報のことなんだ。

　遺伝といえば，**メンデル**さん*ですよね。メンデルさんは，ある1つの形質には，その「形質の設計図」となる因子（この因子は，のちに「遺伝子」とよばれる）があり，親から子には形質そのものではなく，遺伝子が伝えられるので，親子は似るんだ，と考えました。彼は，遺伝子の正体（細胞内のどこにあり，どのような構造をしているか？）を研究するのではなく，子孫への遺伝子の伝わり方を研究し，遺伝子の伝わり方の規則性（メンデルの法則）を発見したんだ。メンデルさんの研究後，しばらくして**遺伝子は染色体上にある**ことがあきらかになりました。

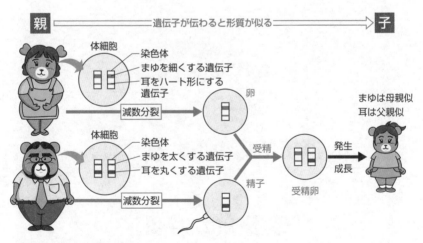

▲図1：親から子への遺伝子と染色体の伝わり方

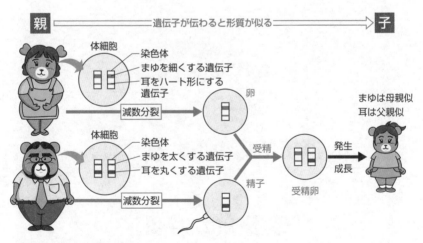

*メンデル…オーストリアの修道士。エンドウの交配実験を行って，顕性の法則・分離の法則・独立の法則の3法則を発見し，遺伝学の基礎を確立した。

染色体の主成分は，**タンパク質と DNA** であることがわかっていたので，遺伝子の本体は，そのどちらかであると推測されるようになったんだ。DNAは，**デオキシリボ核酸**（<u>**d**</u>eoxyribo<u>**n**</u>ucleic <u>**a**</u>cid）の略称です。その後の研究（☞ P.60〜67）で，**遺伝子の本体は DNA** であることがわかったんだ。染色体と DNA との関係は，下図のようになります。

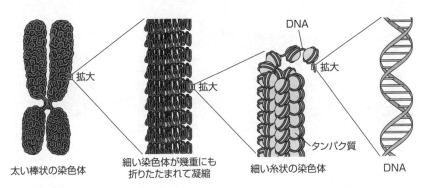

太い棒状の染色体　　細い染色体が幾重にも折りたたまれて凝縮　　細い糸状の染色体　　DNA

▲図2：染色体とDNAの関係

細胞内の DNA は次の**❶**〜**❹**のような手順で抽出することができます。

❶ 濃度（質量％濃度）10 〜 25％の塩化ナトリウム水溶液（食塩水）に，少量の**台所用中性洗剤**を加えたものを DNA 抽出液とする。

❷ 試料*として，冷凍した**ブロッコリーの花芽部分（緑色でモコモコした部分）をはさみで切り取り，乳鉢に入れて，乳棒でよくすりつぶす。

❸❷ ですりつぶした試料に，**❶**の DNA 抽出液を加えて軽く混ぜた後，しばらく静置したもの（懸濁液）を，茶こしまたはガーゼでろ過して，ビーカーに集める。

❹ ビーカー中のろ液に，冷えた**エタノール**を静かに加え，放置すると，ろ液とエタノールの境界面にモヤモヤした白い糸状のもの（DNA）が現れるので，これをガラス棒で巻き取る。

＊ブロッコリーの花芽の他に，ウシ・ブタ・ニワトリの肝臓など柔らかくすりつぶしやすい器官や組織を用いてもよい。
＊＊常温ではDNAを分解する酵素が働くため，**❷**〜**❹**の操作を低温で，短時間のうちに行うことが望ましい。

Step 2 DNAの構造

　DNA の構造をさらに詳しく表すと，図3のようになります。

　DNA は，**ヌクレオチド**という構成単位からできていて，ヌクレオチドは，**デオキシリボース**という糖と**リン酸**と**塩基**が1つずつ結合したものです。

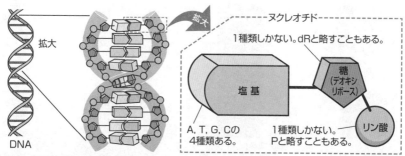

▲図3：DNAの構造

　DNA を構成する塩基は，図4のように A, T, G, C の**4種類**あるので，ヌクレオチドも4種類なんだ。A, T, G, C は，**アデニン**，**チミン**，**グアニン**，**シトシン**の略だよ。DNA のヌクレオチドのうち，塩基の種類だけに着目し，それを並べたものを**塩基配列**といって，これが DNA の遺伝情報なんです。

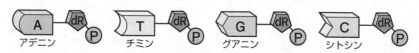

▲図4：4種類のヌクレオチド

　次，図5を見て。DNA は，4種類のヌクレオチドが多数連結してできた鎖（ヌクレオチド鎖）が2本平行に並んではしご状になり，これがねじれてできています。はしごの横木にあたる部分の中央部では，塩基どうしが組み合わさって弱く結合しているけど，結合する塩基の組み合わせは，A と T，G と C と決まってるんだ。このような性質を**相補性**，A−T，G−C の結合を**相補的な結合**といいます。そして，相補的に結合した2つの塩基を**塩基対**とよびます。

　DNA のこのような立体構造は，1953 年に**ワトソン**さんと**クリック**さん*によって発表されたもので，**二重らせん**構造とよばれています。

　*ワトソンとクリックは，1962年ウィルキンスとともにノーベル生理学・医学賞を受賞した。

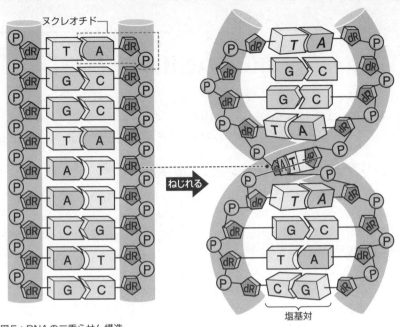

ヌクレオチド

ねじれる

塩基対

▲図5：DNAの二重らせん構造

DNAの「二重らせん」は，はしごがねじれたような構造

　1949〜1950年に，**シャルガフ**さんが様々な生物のDNAの塩基組成を分析し，生物の種類によって塩基の数の割合は異なるけど，同じ生物ではAとT，GとCの数の割合がほぼ同じという規則性（これを「**シャルガフの規則（法則）**」とよぶ）を見出しました。また，DNAがらせん構造をもつことは，1952年に**ウィルキンス**さんと**フランクリン**さんがDNAにX線を当てて撮影した写真（X線回折像）によって示されたんだ。ワトソンさんとクリックさんは，これらの結果をヒントに塩基の相補性に気づいたんだよ。

		A	T	G	C
真核生物 — 動物…	ヒト	30.9	29.4	19.9	19.8
植物…	トウモロコシ	26.8	27.2	22.8	23.2
菌類…	酵母	31.3	32.9	18.7	17.1
原核生物…………	大腸菌	24.7	23.6	26.0	25.7

▲表1：DNAに含まれる各塩基の数の割合（%）

遺伝子の正体の研究

　遺伝という現象は昔から知られていましたが，「遺伝子の正体（本体）」がわかってからは，まだ100年も経っていません。「遺伝子の正体は DNA である」がわかるまでの研究の歴史をザッとおさらいしておきましょう。

●メンデルからサットンまでの研究

・19世紀中頃…**メンデル**さんは，エンドウを使った研究から，遺伝子の伝わり方には一定の規則があること，つまり，遺伝の法則を発見しました。その後，**ミーシャ**（ミーシャー）さんがヒトの膿に含まれる白血球の核から未知の酸性物質を発見して，ヌクレインと名づけたんだ。現在では，ヌクレインの主成分は DNA であるとわかっているんだけど，当時は何かは不明でした。

・19世紀後半…受精や細胞分裂の研究から，遺伝子は核内に含まれる物質であることがわかりましたが，その物質の正体に関してはナゾのままでした。

・20世紀初頭…**サットン**さんが，減数分裂の観察などから，遺伝子は染色体上に存在している，つまり染色体を構成している物質であることを示唆しました。その後40年近くの間，遺伝子の正体はわからないままだったんだよ。

●肺炎双球菌の形質転換

　肺炎という病気を引き起こす**肺炎双球菌**（肺炎球菌，肺炎連鎖球菌）という細菌がいます。これはその名のとおり，2個の球状の細菌（双球）からなっているのね。

　1922年，イギリスの**グリフィス**さんは，肺炎双球菌には S 型と R 型の2つの型があること，S 型菌は2個の細胞を包むような炭水化物の鞘（カプセル・被膜）と，肺炎を引き起こす性質（病原性）をもつが，R 型菌は鞘をもたず，肺炎双球菌という名称にもかかわらず病原性ももたないことを発見しました。

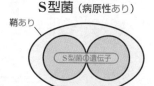

S 型菌（病原性あり）
鞘あり
S型菌の遺伝子

R 型菌（病原性なし）
鞘なし
R型菌の遺伝子

▲図1：肺炎双球菌の種類

　ここで大切なのは，肺炎双球菌の鞘の有無は遺伝子によって決められる形質であり，鞘をもつ S 型菌は S 型菌の分裂によって生じ，鞘をもたない R 型菌は R 型菌の分裂によって生じるということです。だから，S 型菌が「今日は暑いなあ」とかいって，急に鞘を脱いで R 型菌になっちゃうなんてことはないんだよ。

●グリフィスの研究（1928年）

　1928年，**グリフィス**さんは，ネズミに肺炎双球菌を注射して病原性を調べる研究を行いました。すると，次のような結果が出たんです。

▼実験内容と結果

❶ S型菌を注射すると，ネズミは発病（肺炎を発症）して死ぬ。

❷ R型菌を注射しても，ネズミは発病せずに生きている。

❸ 病原性をもつS型菌でも，加熱（煮沸）して殺菌したものを注射したときは，ネズミは発病しない（S型菌は死んでいるため）。

❹ 加熱して殺菌したS型菌（死んでいる）を，生きているR型菌と混ぜて注射したところ，発病して死ぬネズミが見られた。しかも，そのネズミの体内からは生きているS型菌が発見された。

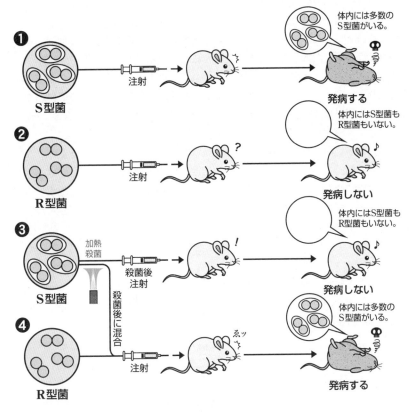

▲図2：グリフィスの実験（肺炎双球菌の形質転換）

▼グリフィスの実験結果の解釈

　❶・❷・❸は納得できるけど，❹はおかしいだろ！　だって，S 型菌は死んで，病原性はなくなっている。R 型菌にはもともと病原性はない。でも，この 2 つを混ぜて注射したら，ネズミは死んじゃった。調べてみると，病原性をもつ生きている S 型菌がネズミから検出された。おかしいよね?!

　ここで注意。「死んだ S 型菌が生き返った」と考えてはダメ。生物は一度死んだら生き返らないし，生き返るなら❸でもネズミは発病するはずだろ。だから，ここでは次のように考えるんだよ。

　❹の結果は，死んだ S 型菌に含まれていて，比較的熱に強い S 型菌の遺伝子が R 型菌に移動して，R 型菌の形質が S 型菌の形質に変化したから。こう考えるとツジツマが合うよね。

　肺炎双球菌のように，ある細胞に，別の種や系統の遺伝子が入ることによって，その細胞の形質が変わることがあります。この現象を形質転換というんだ。

　形質を決めているのは遺伝子だから，形質転換を引き起こす物質が何であるかをつきとめれば，遺伝子の本体を発見したことになる。大発見だよ。

　でもね，グリフィスさんは生物学者じゃなくて医者だったから，そこまでは深く考えなかったの。「肺炎双球菌は，環境（培養条件など）によって形質転換する」という間違った結論を出しただけだったんだよ。

　この頃の多くの学者は，遺伝子の本体はタンパク質だと信じていたんだ。なぜかというとね，この頃までにはタンパク質に関する研究が結構進んでいて，タンパク質の構造や働きに多様性があることがわかっていたけど，DNA に関する研究はあまり進んでなくて，DNA は単純な物質と考えられていたんだ。だから，DNA よりタンパク質の方が形質（遺伝現象）の多様性と結びつけやすかったんだね。

●エイブリーらの研究（1944年）

　グリフィスの実験以後，ネズミに注射しなくても，生きた R 型菌を死んだ S 型菌と混ぜて培養するだけで，形質転換が起こることがわかりました。しかし，形質転換を引き起こす物質（＝遺伝子の本体）が何かは，まだわからなかったんです。1944 年，アメリカのエイブリーさん（アベリーさんともいう）らは，S 型菌を加熱殺菌してからすりつぶして抽出液をつくり，様々な処理をしたあと R 型菌と混ぜて培養してみました。すると，次のような結果が得られたんです。

▼実験内容と結果

❶ S型菌の抽出液を無処理のまま R 型菌に混ぜると，多数の R 型菌に混ざって少数のS型菌が生じた（つまり形質転換が起こった）。

❷ S型菌の抽出液を，**タンパク質のみを分解する酵素**で処理した（タンパク質は分解されてなくなるが，DNA は残る）場合も，形質転換が起こった。

❸ S型菌の抽出液を，**DNA のみを分解する酵素**で処理した（DNA は分解されてなくなるが，タンパク質は残る）場合は，形質転換が起こらなかった。

　この実験の結果から，DNA は形質転換を起こす物質であることが証明されたのです。つまり，**遺伝子の本体は DNA である**（タンパク質ではない）ことが明らかになったんだ。このエイブリーさんらの優れた研究は，当時の多くの研究者が「遺伝子の本体はタンパク質である」という先入観に支配されていたので，高い評価を得られなかったんです。かわいそうだね，エイブリーさん。

05

♣ 遺伝情報とDNA

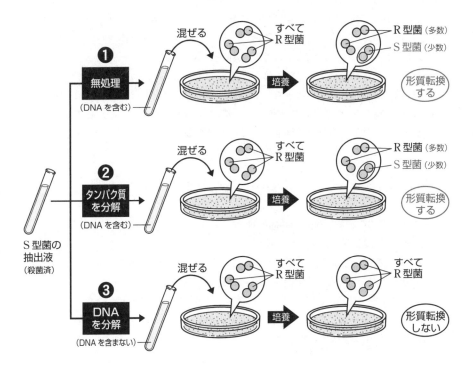

▲図3：エイブリーらの実験（DNAによる形質転換）

⟫⟫⟫⟫ 参考 ⟪⟪⟪⟪

●バクテリオファージの増殖に関する研究

エイブリーさんらの実験が行われた8年後に，アメリカの<u>ハーシー</u>さんと<u>チェイス</u>さんが **T₂ ファージ**という**ウイルス**を用いた実験を行い，「遺伝子の本体は DNA である」ということを証明しました。彼らの実験を，じっくり見ていきましょう。

▼ウイルス

「ウイルスとは？」と聞かれたら，多くの人は「細菌（の一種）」「病原菌（の一種）」などと答えるでしょう。どの答えも，正確ではないんだな。

「細菌」は，すでに勉強したように**原核生物**です。「病原菌」は，病気の原因となる**細菌**や**菌類（真核生物）**のことです。ヒトの病原菌としては，コレラ菌や結核菌などの細菌や，水虫の原因となる白癬菌（菌類の一種）がよく知られています。これらはれっきとした**生物**なんだけど，ウイルスはちょっと違うんです。

インフルエンザウイルス，HIV，コロナウイルスなどウイルスのなかまは，**真核生物にも原核生物にも含まれない**んだよ。なぜなら，ウイルスは，細胞膜で囲まれた細胞からできていないからです。また，生命活動に必要なエネルギーをとり出すこと，自分の体内環境を一定に保つしくみや外界からの刺激を受け取り反応する性質をもっていないんだよ。でも，遺伝子*をもっていて，自分の遺伝情報を子孫に伝えることや進化することはできるんです。つまり，ウイルスは生物の6つの特徴（生物の共通性）のうち，2つしかもっていないわけ。それでも，ウイルスはね，他の生物の細胞内に**寄生**（細胞内で生育・増殖すること）して，その生物が必要としている物質を横取りして，子孫を残していくんだよ。だから，ウイルスに寄生された生物は病気になってしまうこともあるんです。

復習しましょう。生物の6つの特徴（共通性）を。

【生物の6つの特徴（生物の共通性）】
❶ 細胞膜で囲まれた細胞からできている。
❷ DNA を遺伝情報として形質を子孫に伝える遺伝のしくみをもち，
　　自分と同じ特徴をもつ個体をつくることができる。
❸ エネルギーを利用して，いろいろな生命活動を行っている。
❹ 体内環境を一定に保つしくみをもっている。
❺ 外界からの刺激を受け取り反応する。
❻ 進化する。

＊ウイルスには，DNA をもたず，RNA を遺伝子とするものもいる。

いいかな？　「ウイルスとは？」と聞かれたら、「**細胞の構造をもたず，生物の細胞内で増殖する構造体**」と答えてください。病気を引き起こすウイルスなら「病原体（の一種）」ですね。ウイルスは生物に含まれないので，「インフルエンザウイルス」を「インフルエンザ菌」などといってはダメだよ。菌じゃないんだよ。このへん間違っている人が多いから，気をつけてね。

いずれにしても，ハーシーさんとチェイスさんは，T₂ファージというウイルスを用いて実験を行い，ウイルスの遺伝子の実体（正体）を解明したんです。

▼T₂ファージ

ウイルスにはたくさんの種類があるけど，細菌に寄生するウイルスのことを，**バクテリオファージ**といいます（単にファージともいう）。T₂ファージは，**大腸菌**に寄生するバクテリオファージです。

1950年以前の研究では，T₂ファージに関しては次のような事実しかわかっていませんでした。結構ナゾのウイルスだったんです。

❶ T₂ファージは，頭部と尾部からなるオタマジャクシ型をしている。
❷ 頭部にはタンパク質とDNAがほぼ50％ずつ含まれている。
❸ 大腸菌表面に付着すると，T₂ファージを構成する物質の一部が大腸菌内に注入される。そのままの状態で20分ほど経過すると，大腸菌の細胞壁が溶けて，中から多数の子ファージが出てくる。

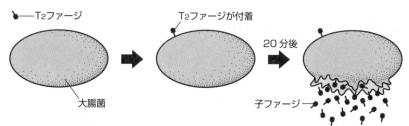

▲図4：T₂ファージの増殖

現在では，T₂ファージの構造が右図のようであることや，その増殖のしくみがわかっています。

ということで，じゃあ，実際にどのような研究が行われて，これらのことがわかったんでしょうか。今度はそれを説明していきましょう。

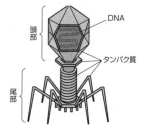

▲図5：T₂ファージの構造

━━━━━━━━━━━━━━━━━━━━━ 参考 ━━━━━━━━━━━━━━━━━━━━━

▼ハーシーとチェイスの実験（1952年）

　T₂ファージが大腸菌表面に付着したあと，大腸菌内に注入される物質は，多数のT₂ファージをつくる能力（自己増殖して子ファージをつくる能力）があると言えるよね。つまりこの物質は**遺伝子**であると考えられるんだね。

　そこで，ハーシーさんとチェイスさんは，「大腸菌内に入った物質がタンパク質とDNAのどちらであるかを確認すれば，遺伝子の本体を解明することができる」と考え，次のような実験を行ったんです。

▼実験内容と結果

❶まず，T₂ファージのタンパク質とDNAのそれぞれに目印（標識＊）をつけ，培養液中で大腸菌に感染させた。なお，この場合の感染とは，T₂ファージがその一部（遺伝子）を大腸菌内に注入し，増殖の足がかりをつくることである。

❷T₂ファージが大腸菌に感染した2～3分後に，ブレンダー（ミキサー）中で撹拌した（かき混ぜた）。すると，T₂ファージ（の殻）は大腸菌表面からはがれた。

❸この培養液を**遠心分離**（遠心力を利用した物質の分離方法）して大腸菌を沈殿させると，T₂ファージのタンパク質の目印は上澄み（上の方に集まった澄んだ液体）中に，T₂ファージのDNAの目印は（大腸菌が沈殿している）沈殿中に検出された。

　この実験の結果から，T₂ファージが大腸菌に感染したときに大腸菌内に注入され，子ファージをつくる能力がある物質はDNAであることがわかったんです。

　つまり，**遺伝子の本体はタンパク質ではなく**<u>DNA</u>**である**ことが証明されたわけだね。

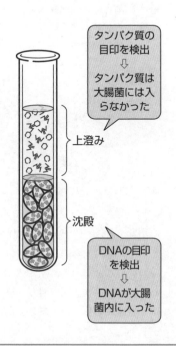

> タンパク質の目印を検出
> ⇩
> タンパク質は大腸菌には入らなかった

上澄み

沈殿

> DNAの目印を検出
> ⇩
> DNAが大腸菌内に入った

＊T₂ファージのDNAとタンパク質には，炭素原子（C），水素原子（H），酸素原子（O），窒素原子（N）が共通して含まれている他，DNAのみにリン（P）が，タンパク質のみに硫黄（S）が含まれている。これを利用して，DNAとタンパク質に別々の標識をつけた。

▼T₂ファージの構造と増殖のしくみ

　ハーシーさんとチェイスさんの実験のあと，様々な研究が行われた結果，まだ解明されていなかったT₂ファージの詳細な構造や増殖のしくみが下図のように明らかにされました。

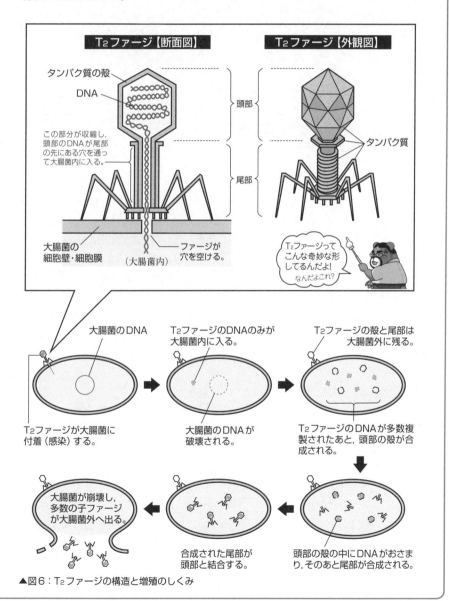

▲図6：T₂ファージの構造と増殖のしくみ

確認テスト

　　1953年，｜　ア　｜と｜　イ　｜は，DNAは2本の鎖がはしご状に結合して，ねじれた｜　ウ　｜構造をしていることを明らかにした。

　　ある細胞の核から取り出したDNAの一部を模式的に表すと，下図のようになる。

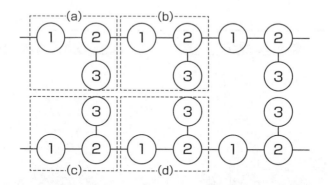

　　DNAの1本の鎖では，図中の①で示される｜　エ　｜，②で示される｜　オ　｜，③で示される｜　カ　｜からなる｜　キ　｜とよばれる構成単位が多数結合している。

　　DNAの｜　キ　｜は，含まれる｜　カ　｜の種類によって4種類に分けられる。例えば，図中の (a) と (b) で示される｜　キ　｜のそれぞれに，アデニンとシトシンが含まれていたら，(c) と (d) で示される｜　キ　｜のそれぞれには，｜　ク　｜と｜　ケ　｜が含まれている。これは，向かい合った2本の鎖の間で結合する｜　カ　｜の組み合わせが決まっているからである。このような性質を｜　カ　｜の｜　コ　｜性という。

問1　文中の｜　ア　｜〜｜　コ　｜に最も適する語を，それぞれ答えよ。

問2　文中の下線部について，次の(1)・(2)に答えよ。

　　(1)　このDNAに含まれるアデニンの数は，全｜　カ　｜の数の27%を占めていた。このDNAにおけるシトシンの数の割合は何%か，答えよ。

　　(2)　このDNAの1本の鎖には約 6.5×10^6 個の｜　カ　｜が含まれている。1本の鎖の隣り合った｜　カ　｜間の距離を0.34nm（1 nm ＝ 10^{-3}μm）とすれば，このDNAの長さは何μmか。小数第2位を四捨五入して答えよ。なお，DNAは2本の鎖が直線的に並んだものとして考えよ。

問1 答 ア・イ＝ワトソン・クリック（順不同）　ウ＝二重らせん
　　　　エ＝リン酸　　オ＝糖（デオキシリボース）　　カ＝塩基
　　　　キ＝ヌクレオチド　　ク＝チミン　　ケ＝グアニン　　コ＝相補

▶シャルガフは，DNAに含まれる塩基の組成において，アデニン（A）とチミン（T），グアニン（G）とシトシン（C）の数の割合がほぼ等しいという規則性（**シャルガフの規則（法則）**）を見出した。この規則性などをもとにして，**ワトソン**と**クリック**は，DNAの**二重らせん構造**を提唱した。

　DNAの構成単位は**ヌクレオチド**とよばれ，**リン酸・糖（デオキシリボース）・塩基が結合**したものである。このヌクレオチドが多数つながった鎖が2本向かい合い，塩基どうしが結合してねじれると，DNAの二重らせん構造が形成される。アデニンとチミン，グアニンとシトシンのように，塩基は決まった相手と結合して対をつくる。塩基間のこの関係を**相補性**という。

問2 答 (1)＝23%　　(2)＝2.2 × 10³μm

▶(1) DNAの2本鎖に含まれる全塩基に占めるアデニンの数の割合が27%であるから，**チミンの数の割合も27%**である。全塩基からアデニンとチミンの数の割合を引いた残りの数がシトシンとグアニンの数の割合であり，**シトシンとグアニンの数の割合は等しい**。したがって，シトシンの数の割合は，

$$(100 - 27 - 27) \times \frac{1}{2} = 23 (\%)$$

(2)「1本の鎖の隣り合った塩基間の距離」が0.34nmであるから，DNAの長さは，次のように求めることができる。

$$0.34 \times 6.5 \times 10^6 = 2.21 \times 10^6 (nm) \fallingdotseq 2.2 \times 10^3 (\mu m)$$

なお，塩基は非常に小さい物質（分子）であり，問題文中の条件としても与えられていないので，その大きさは無視して計算してよい。また，塩基間の数は，塩基の数より1つ少ないが，10^6個のオーダーの計算なので無視してよい。

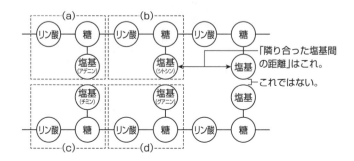

Theme 06

遺伝情報の複製と分配

Step 1 細胞分裂と遺伝情報

　どのような生物でも，子は親から生まれます。生物が自己と同じ種類の個体をつくることによって子孫を残すことを**生殖**といいます。生殖では，親は**細胞分裂**を介して，自身のDNA（遺伝子の本体）を子に伝え，子は親から受けとった遺伝子に従って，自分のからだをつくっていくんです。だから親は，自分と同じ種に属し，自分とよく似た形質をもつ子をつくることができるんだよ。

1 細胞分裂の種類

　細胞分裂には，<u>体細胞分裂</u>と<u>減数分裂</u>があります。生物を大きく単細胞生物と多細胞生物に分けて，親から子が生じるときに，どのような細胞分裂が行われるのかを見てみましょう。

　まず，単細胞生物の子が生じる過程を，模式的に表してみましょう。図1[*]を見て。親が**体細胞分裂**して，2つの子になっているね。

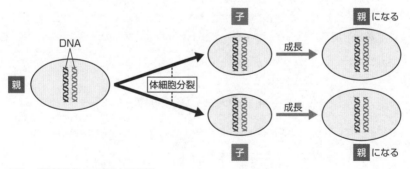

▲図1：単細胞生物の子が生じる過程

＊単細胞生物では，相同染色体（☞P.102）をもたないものや，DNAが環状のものもいる。

次に，多細胞生物の子が生じる過程を見てみましょう（☞図2）。

多くの動物では，**卵**や**精子**（**配偶子**）など，**生殖細胞**とよばれる特殊な細胞がつくられ，それらが合体（**受精**）して**受精卵**となり，受精卵が発生（受精卵が成体に到達する過程のこと）・成長して，新しい個体，つまり子になります。

ヒトではまず，生殖細胞として女性が卵をつくり，男性が精子をつくります。この過程では，**減数分裂**とよばれる細胞分裂が起こるんだ。減数分裂については，「生物基礎」ではなく「生物」でガッツリやります。そして，受精卵が発生・成長して子になる過程では，**体細胞分裂**という細胞分裂が繰り返し，繰り返し起こります。その結果，たった1個の受精卵から，約37兆個*の細胞からできているといわれるヒトの成人のからだのすべての細胞が，生じるんです。ですから，すべての体細胞は基本的に受精卵とまったく同じDNAをもっているということになるよね。

減数分裂でも体細胞分裂でも，つくられた細胞にはDNAが伝達されているわけなんだよ。

ただし，減数分裂で生じる細胞（卵や精子）には，からだの細胞（**体細胞**）に含まれる**DNAの半分**しか伝えられません。だから，女性（お母さん）がつくる卵と，男性（お父さん）がつくる精子が合体した受精卵が，体細胞と同じ量のDNAをもつことになるんだね。そして，その受精卵が体細胞分裂するときには，受精卵のもつ**すべてのDNA**が新しくできた細胞に伝えられるんです。

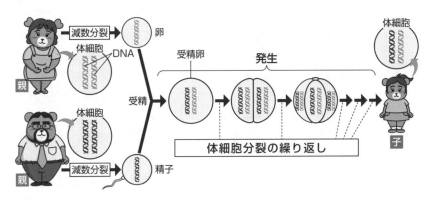

▲図2：多細胞生物の子が生じる過程

06 ♣ 遺伝情報の複製と分配

*以前は約60兆個と考えられていた。

2 体細胞分裂とDNA

　体細胞分裂の前後では，1個の細胞内に含まれる **DNA の量が同じ**です。真核細胞の DNA は核内でタンパク質と共に染色体を形成していて，1本の染色体には長い1本の DNA が含まれるので，体細胞分裂の前後では，1個の細胞内に含まれる**染色体も同じ**です。

　このようになるためには，分裂を行う1個の細胞（これを**母細胞**といいます）に含まれるDNAが，細胞分裂が終わるまでのどこかの時期に正確に**複製**（コピー）されて2倍の量になり，どこかの時期に2個の細胞（これを**娘細胞**といいます）に DNA 量が同じになるように**分配**される必要があるんだ。

体細胞分裂では，母細胞で正確に複製された DNA が，2個の娘細胞に正確に分配されるんだナ。

マントヒヒ

　この DNA の複製と分配の時期について勉強していきましょう。

3 細胞周期

　単細胞生物では，体細胞分裂が起こると2個体（2つの子）が生じ，この2個体のそれぞれが体細胞分裂を繰り返すことで世代が重ねられます。

　多細胞生物では，受精卵が体細胞分裂を行って，2つの細胞になり，この2つの細胞が，それぞれ体細胞分裂を繰り返すことで，からだを構成する細胞がつくられます。

　このように体細胞分裂を繰り返す細胞では，DNA が正確に複製される過程と，複製された DNA が2個の細胞に分配される過程が繰り返されています。この周期を**細胞周期**といいます。いいかえれば，細胞周期は体細胞分裂で生じた細胞の1個が，体細胞分裂によって2個になるまでの期間であるし，体細胞分裂終了から次の体細胞分裂終了までの期間でもあるんだよ。

　細胞周期は，大きく**間期**と**分裂期**（M 期）という2つの時期に分けられます。間期はさらに，**G_1 期（DNA 合成準備期）**，**S 期（DNA 合成期）**，**G_2期（分裂準備期）**の3つに分けられ，分裂期は，**前期**，**中期**，**後期**，**終期**の4つに分けられます。間期には，光学顕微鏡で観察することのできない細い糸状の染色体が核内に広がっており，G_1 期，S 期，G_2 期の各期には，次ページに示すような変化が起こっているんだ。

G₁期 DNA の合成に必要な物質がつくられ，DNA 合成の準備が行われる。

S 期 DNA の合成（複製）が行われ，DNA 量が 2 倍になる。

G₂期 分裂期の進行に必要な物質がつくられ，分裂の準備が行われる。

これに対して，細胞が 2 つに分かれる分裂期には，「太い染色体が現れ，移動し，核が 2 つになる」など，顕微鏡レベルでの大きな変化が観察され，終期の終わりには細胞が 2 個に分かれます。

一般に，分裂を繰り返しているヒトの培養細胞の場合，細胞周期は 21〜22 時間ぐらいです。このうち，S 期が最も長くて 10〜11 時間，G₁期は 5〜6 時間，G₂期は 4〜5 時間，分裂期は約 1〜2 時間だよ。細胞周期の長さは，生物や細胞の種類によって様々なんだ。例えば，小腸の上皮細胞では約 40 時間だけど，タマネギの細胞では約 24 時間，酵母では約 2 時間なんです。

ただし，体細胞分裂で生じた細胞のすべてが，細胞周期にのって体細胞分裂を繰り返し続けるというわけではなく，細胞周期からはずれて，**G₀期**（静止期，休止期）とよばれる分裂を停止した状態にある細胞も多くあります。

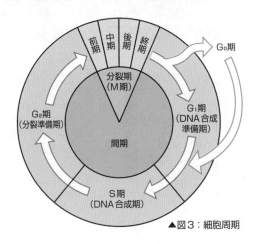

▲図 3：細胞周期

多細胞生物のからだに存在する多数の細胞のうち，ほとんどの細胞は，その生物に特有の形と働きをもつように分化 （☞ P.98〜99） しています。

例えば，ヒトの体内で分化している細胞のうち，神経細胞（ニューロン），筋肉の細胞（筋細胞），肝臓の細胞（肝細胞）などは，ほとんど細胞分裂を行っていません。これらの細胞は，細胞周期からはずれて G₀期の状態にあるんですね。

ただし，神経細胞や筋細胞は G₀期のままなんですが，肝細胞は，肝臓が損傷を受けると G₀期の状態から再び G₁期に入って細胞周期に戻り，細胞分裂を開始することが知られています。

4 細胞周期の各時期の様子とDNA量の変化

　では，細胞周期の**分裂期（M期）**について，**前期・中期・後期・終期**の4つの時期にそれぞれ起こることを，植物細胞を例に見ていきましょう。

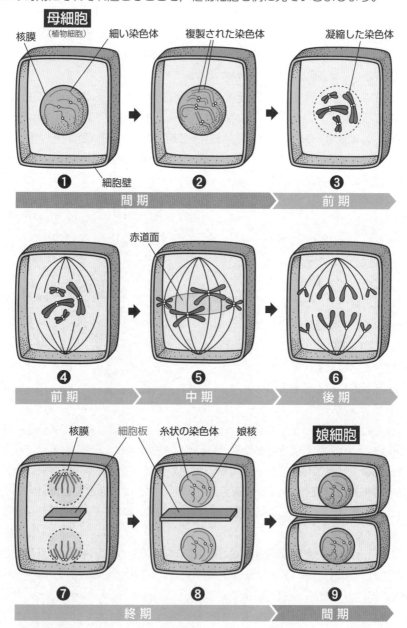

▲図4：細胞周期における染色体の変化（植物細胞）

分裂期（M期）の各時期の特徴（まとめ）

前期	凝縮した染色体が現れ，核膜が消える。
中期	細胞の中央部（赤道面）に棒状の染色体が並ぶ。
後期	染色体が縦の裂け目から２つに分かれて両端（両極）に移動する。
終期	染色体がもとの状態に戻り，核膜が現れる。植物細胞では細胞板が生じることで細胞質が二分される。

　左の図は植物細胞の例だけど，動物細胞でも染色体の変化は同じだからね。ただし，動物細胞における細胞質の二分は，植物細胞のように細胞板によるのではなく，細胞の外側からくびれることで起こるんだ。

　分裂期（M期）には，２つの過程が含まれているよね。１つだった核が２つになる❸〜❽の過程（これを<u>核分裂</u>といいます）と，１つだった細胞が２つになる❼〜❽の過程（これを<u>細胞質分裂</u>といいます）です。

　核分裂は，前期から始まり，中期・後期を経て，終期の後半に終わります。一方，細胞質分裂は，終期に始まり，終期の最後に終わります。

　細胞周期を，間期の３つの時期（G_1期・S期・G_2期）と分裂期の４つの時期に分け，細胞１個あたりのDNA量と染色体の様子を表したのが下図です。この図から，終期には，染色体が半減して別々の核に入っていることがわかるよね。このとき，染色体の構成材料のDNAも半分になるんです。

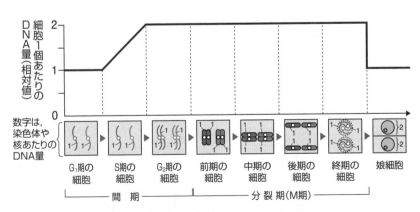

▲図５：細胞周期における細胞１個あたりのDNA量の変化と染色体

06

♣ 遺伝情報の複製と分配

75♣

5 細胞周期の各時期にかかる時間の推定

　下記の ⓐ ～ ⓒ のような特徴をもつ植物の組織を光学顕微鏡で観察しました。その観察像のスケッチが図6です。

ⓐ すべての細胞が細胞分裂を繰り返している（細胞周期にある）。

ⓑ 細胞周期の長さや，細胞周期のそれぞれの時期にかかる時間は，すべての細胞で同じであり，細胞周期の長さは24時間である。

ⓒ これらの細胞は，互いに無関係に分裂しており，細胞周期がそろっていないので，ある時点におけるこの組織の観察像では，細胞周期のさまざまな時期の細胞が同時に観察される。

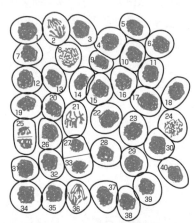

▲図6：ある植物の光学顕微鏡観察像

　これらをもとに，細胞が，細胞周期の各時期を通過するのにかかる時間（各時期にかかる時間）の長さを推定する方法をお話しします。

　まず，時期ごとに細胞数を数えてみましょう（表1）。

総数	間期の細胞	分裂期（M期）の細胞　6個			
		前期	中期	後期	終期
40個	太い染色体が現れていない	太い染色体が散在している	太い染色体が赤道面に集まっている	太い染色体が両極に向かって移動している	染色体の間に細胞板がある
	34個	8と24の2個	21の1個	2と36の2個	25の1個

▲表1：図6のように観察された細胞数と細胞周期

　上記の ⓐ ～ ⓒ で示されるように，細胞周期がそろっていない（バラバラの）細胞集団（図6）では，次の関係が成り立っているハズなんです。

$$\frac{ある時期にいる細胞の数}{観察された全細胞の数} = \frac{ある時期にかかる時間の長さ}{細胞周期の長さ} \quad （式1）$$

式1を変形すると，

$$ある時期にかかる時間の長さ = \frac{ある時期にいる細胞の数 × 細胞周期の長さ}{観察された全細胞の数} \quad （式2）$$

式２に適する数値を以下のように代入すれば，細胞周期の各時期（「ある時期」）にかかる時間の長さを求めることができます。

1. $\dfrac{\text{間期の}}{\text{長さ}} = \dfrac{34 \times 24}{40} = 20.4\ \text{時間}$

2. $\dfrac{\text{分裂期の}}{\text{長さ}} = \dfrac{6 \times 24}{40} = 3.6\ \text{時間}$

3. $\dfrac{\text{前期の}}{\text{長さ}} = \dfrac{2 \times 24}{40} = 1.2\ \text{時間}$

4. $\dfrac{\text{中期の}}{\text{長さ}} = \dfrac{1 \times 24}{40} = 0.6\ \text{時間}$

5. $\dfrac{\text{後期の}}{\text{長さ}} = \dfrac{2 \times 24}{40} = 1.2\ \text{時間}$

6. $\dfrac{\text{終期の}}{\text{長さ}} = \dfrac{1 \times 24}{40} = 0.6\ \text{時間}$

式１の意味がわからないという人のために補足しておきましょう。

例えば，共同生活している６人（A〜F）がいます。この６人は全員，睡眠に８時間（24時間の３分の１），仕事（勉強）に12時間（24時間の２分の１），食事・入浴・ゲームなどのプライベートに４時間（24時間の６分の１）をそれぞれ要する生活をしているとしましょう。でも，生活のリズムは図７に示すようにバラバラです。こんな６人が，１日のうちのある時点（例えば２時，７時，18時，22時）に何をしているか観察してみると，どの時点でも，この６人のうち３分の１にあたる２人は必ず寝ているし，２分の１にあたる３人は必ず仕事（勉強）しているし，６分の１にあたる１人は必ずプライベートタイム中なんですよ。

このように，生活リズムがズレている６人では，次の式が成り立ちますよね。

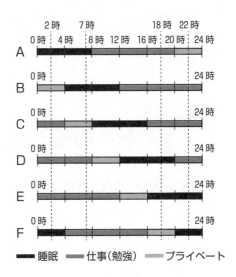

▲図７：生活リズムのズレている６人の日常

$$\dfrac{\text{ある行動をしている人の数}}{\text{観察された人の数}} = \dfrac{\text{ある行動に要する時間の長さ}}{\text{１日の時間の長さ}}$$

もう一度，**細胞周期の各時期の時間の推定**にチャレンジしてみてください。

P.76の図6の全細胞について，細胞1個あたりのDNA量（P.75の図5参照）ごとに細胞数を計測した結果が図8-①です。多数の細胞の場合，図8-②のように示されることもあります。

図8-①のⅠは，DNA量が1なのでG₁期の細胞群であり，Ⅱは，DNA量が1より多く2より少ないのでS期（DNA合成期）の細胞群であることがわかりますよね。

図8-①のⅢは，DNA量が2なのでG₂期とM期の細胞からなる細胞群であることがわかります。このように，含まれるDNA量ごとに細胞を分けて，その数を調べることにより，細胞周期の各時期*の特徴がわかるんですね。

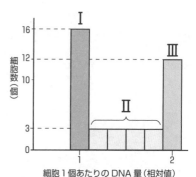

▲図8-①：細胞周期とDNA量の関係

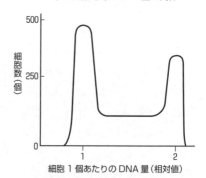

▲図8-②：細胞周期とDNA量の関係（多数の細胞の場合）

Step 2 DNAの複製と分配

① 細胞周期の間期におけるDNA量の変化

ところで，細胞周期における細胞1個あたりのDNA量の変化（P.75の図5のグラフ）を覚えてる？ 描ける？ 忘れてしまった君！ 図9に，P.75の図5の細胞周期2回分を示しました。これを見て，復習しましょう。

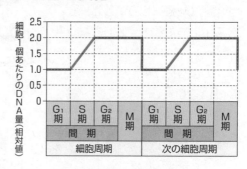

▲図9：細胞周期におけるDNA量の変化

*図8-①の細胞数を読み取ると，G₁期（16個），S期（12個），M期（p.76の表1より6個），G₂期（12−6＝6個）なので，G₁期は9.6時間，S期は7.2時間，G₂期は3.6時間であると推定することもできます。

まずは，間期の **G_1 期**（DNA 合成準備期）から見ていきましょう。この時期には，DNA を合成（複製）するための準備，つまり，DNA の構成単位であるヌクレオチドの合成や，その成分である糖，塩基の合成などが行われます。だから，この時期には DNA 量に変化はないね。

ところで，縦軸の（相対値）って何でしょう？　本当は，DNA の実際の重さの単位を示せばいいんだけど，DNA はメチャメチャ軽い物質なんで「6.38pg（ピコグラム*）」なんて表さなくてはならないんだ。大変だし，わかりにくいので，G_1 期の DNA 量を，単位をつけずに 1.0 とし，他の時期の DNA 量を 1.0 と比較した値として表すようにしたんです。

さて，話を DNA 量の変化に戻しましょう。次は，**S期**（DNA 合成期）だね。この時期は，G_1 期で準備された DNA の材料を用いて，DNA が正確に**複製（DNA 複製）**される時期です。DNA が「正確に複製される」とは，下図のように，塩基配列が全く同じ DNA が 2 つできることです。

ではまた図9を見て！　S 期ではグラフに傾きがあるよね。これは，DNA 量が一瞬でパッと 2 倍（相対値 2.0）になるんじゃなく，時間経過と共に DNA が徐々に複製されて，最終的に 2 倍になることを意味しています。図 8 で，DNA 量が 1.2〜1.8 の細胞が 3 個ずつ含まれているのも，DNA の複製が徐々に起こっていることを示しているよね。

次の **G_2 期**（分裂準備期）には，**M 期**（分裂期）の準備が行われるけど，DNA 量の変化はないんだ。そして，M 期の終わり頃に DNA の**分配**が行われて，核が 2 つに分かれると共に，**DNA 量も半減**（半分に減ること）し，1.0 に戻ります。

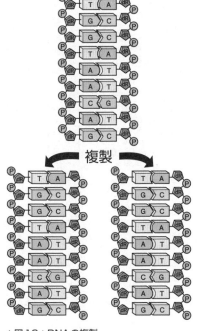

▲図10：DNAの複製

*ピコグラムは 1×10^{-12}（1 兆分の 1）g のことである。

2 半保存的複製

　細胞周期のS期（DNA合成期）に起こるDNAの複製について，もう少し詳しく説明していきましょう。

　DNAの二重らせん構造のモデルを発表した**ワトソン**さんと**クリック**さんは，DNAの複製の様式についても，次のような仮説を立てていました。

　それによると，まず，DNAの複製に先立って，塩基対間の結合が切れ，二重らせんの2本鎖がほどけて1本ずつのヌクレオチド鎖に分かれます（図11 ①）。

　次に，ほどけたヌクレオチド鎖のそれぞれが鋳型となって，塩基の相補性に従って相手となる鎖をつくります（図11 ②）。

▲図11：半保存的複製

　こうして，はじめにあった1つの2本鎖DNAと全く等しい塩基配列の2本鎖DNAが2つできるんだ。この場合，複製によってできた2本鎖DNAのうちの1本には，もとの鎖がそのまま用いられている，つまり半分は保存されているので，このような複製のしかたを半保存的複製といいます。

▼DNA の半保存的複製の過程

　DNA の半保存的複製の過程は，左ページの図11の❷では，鋳型となる1本のヌクレオチド鎖が一瞬で2本鎖になったように表されているけど，実際には右の図12のように進行していくんだ。

① DNA の周囲には，すでに合成された4種類のヌクレオチドが存在しています。この状態で，DNA の2本のヌクレオチド鎖は1本ずつのヌクレオチド鎖に分かれます。

②分かれた1本のヌクレオチド鎖（鋳型鎖）それぞれの塩基と相補的な塩基をもつヌクレオチドが次々と結合していきます。

③鋳型鎖と結合したヌクレオチドが隣りどうしで結合することによって，新しい鎖がそれぞれつくられます。その結果，もとの鎖と新しい鎖の2本鎖をもつ DNA が2つつくられます。

　こうして，DNA は複製されていくんです。

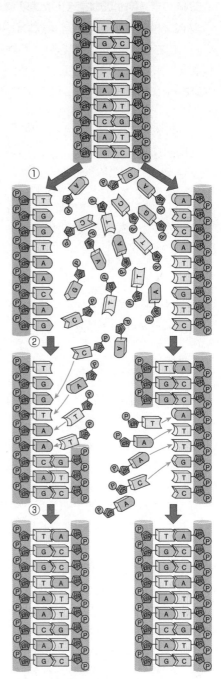

▲図12：半保存的複製の過程

▼DNAの半保存的複製を証明した実験（1958年）

　半保存的複製が解明される以前には，DNAの複製の様式には，次の3つが仮説として考えられていました。このうち，ワトソンさんとクリックさんの仮説（半保存的複製）が正しいかどうかを確かめたのが，アメリカの**メセルソン**さんと**スタール**さんという二人の研究者です。

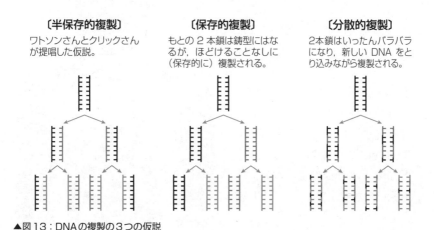

〔半保存的複製〕	〔保存的複製〕	〔分散的複製〕
ワトソンさんとクリックさんが提唱した仮説。	もとの2本鎖は鋳型にはなるが，ほどけることなしに（保存的に）複製される。	2本鎖はいったんバラバラになり，新しいDNAをとり込みながら複製される。

▲図13：DNAの複製の3つの仮説

　メセルソンさんとスタールさんは，次のような実験を行いました。

❶大腸菌は，塩化アンモニウム（NH_4Cl）を栄養分として含む培地で培養すると，窒素（N）を取り込んで生息することができます。また，窒素には，普通の窒素 ^{14}N と，これより重い同位体の ^{15}N（放射性はない）があります。窒素を重い ^{15}N で置き換えた塩化アンモニウムを含む培地（^{15}N 培地）で大腸菌を10世代以上培養すると，大腸菌のDNAに含まれる窒素のほとんどが ^{15}N になります。このようなDNAを重いDNA，大腸菌を0世代とします。また，^{14}N のみを含むDNAは軽いDNAとよぶことにします。

❷0世代の大腸菌を，^{14}N をもつ塩化アンモニウムを含む培地（^{14}N 培地）に移して培養し，細胞分裂を1回行わせた（DNAを1回複製させた）ものを1世代，細胞分裂を2回行わせた（DNAを2回複製させた）ものを2世代として，各世代の大腸菌から等しい量のDNAを抽出しました。それぞれのDNAについて，密度勾配遠心分離法＊という方法を用いて密度（比重）を調べました。

＊密度勾配遠心分離法では，DNAを塩化セシウム溶液とともに遠心管に入れて遠心分離を行う。これにより，塩化セシウムの多様な密度の層が生じ，DNAは自身と等しい密度の層に集まる。

❸その結果，大腸菌の 0 世代は重い DNA のみ，1 世代は中間の重さの DNA のみ，2 世代は中間の重さの DNA と軽い DNA が 1：1 の割合で含まれていることがわかりました。

これらの結果と結論は，次の図 14 のようにまとめられます。

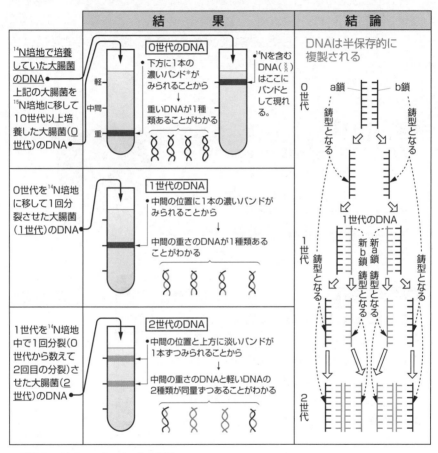

▲図 14：メセルソンとスタールの実験

もし，DNA の複製の様式が図 13 の保存的複製だったなら，1 世代では重い DNA と軽い DNA の 2 種類が同じ量ずつ生じ，上方と下方の 2 か所にバンドが 1 本ずつ見られるはずなんだ。複数の仮説に対してこのような検討が行われた結果，半保存的複製以外の仮説は完全に否定されたんだよ。

＊遠心管で見られるバンドの濃淡は，DNA の量の多少に対応している。

Step 3　体細胞分裂の観察

　細胞周期や体細胞分裂に伴う核や染色体の変化を観察するためには，生物の細胞分裂が盛んな一部分をとってきて，それを押しつぶして細胞の中を顕微鏡で観察する，という方法をとります。

　これには全部で5つの手順を踏む必要があるので，図入りでまとめていきましょう。

▼観察の手順

手順1：材料

　観察にはまず材料が必要ですよね。以下のような材料を使います。

　　◎タマネギやネギなどの<ruby>根端<rt>こんたん</rt></ruby>（根の先端）
　　◎タマネギやニンニクの<ruby>鱗茎<rt>りんけい</rt></ruby>

　これらの部分は，細胞分裂が非常に盛んで観察しやすいわけね。

手順2：固定

　細胞を生きてる状態に近い状態で殺して保存することを<u>固定</u>といいます。細胞は死ぬと腐ってなくなってしまいます。それでは困る，というわけでまず固定するんだよ。

　で，固定するために，材料を5〜10℃の約45%<ruby>酢酸<rt>さくさん</rt></ruby>に5〜10分間浸します。すると固定が完了します。

　固定には酢酸の他に，**エタノール**や**ホルマリン**などもよく使われます*。学校の理科室とかにホルマリン漬けの標本あるでしょ。エタノールやホルマリンにつけておくと細胞や組織が固定されるので，常温でも腐らず，保存されるんですね。

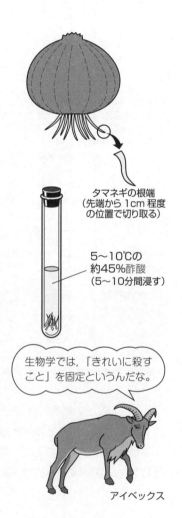

タマネギの根端
（先端から1cm程度
の位置で切り取る）

5〜10℃の
約45%酢酸
（5〜10分間浸す）

生物学では，「きれいに殺すこと」を固定というんだな。

アイベックス

*固定には，5℃の酢酸：エタノール＝1：3の混合液（酢酸アルコール）もよく使われる。

手順3：解離

　根端のように，細胞が集まって塊となっている組織は，そのままではすべての細胞を観察することができないので，組織を押しつぶして，すべての細胞を平面上に並べる必要があります（手順5）。

60℃の
3～4%塩酸
（10秒～1分間浸す）

　細胞を押しつぶす前に，細胞間のつながりを弱くして，細胞どうしを離れやすい状態にしておくと，すべての細胞が平面上に並びやすいんだよ。そのために，

60℃の3～4%塩酸に10秒～1分間浸すんです。すると細胞間の接着物質が溶けて，細胞どうしのつながりがユルユルになります。これが解離です。これをしないと押しつぶしがきれいにできません。

手順4：染色

　顕微鏡で観察しやすくするために，核（染色体）に色をつける必要があるんですが，これを染色といいます。根端から2～3mmの部分を切り取り，約1%酢酸オルセイン（酢酸カーミン）溶液*を滴下して5～10分間染色します。

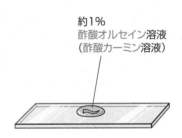

約1%
酢酸オルセイン溶液
（酢酸カーミン溶液）

手順5：押しつぶし

　最後に，材料の上にカバーガラスをかけ，その上にろ紙をのせて，上から親指で押しつぶします。

　すると，たくさんの細胞からなる分厚い層がつぶれて，薄く均等な一層に広がり，光が通るようになって顕微鏡で細胞を観察できるようになるんだよ。

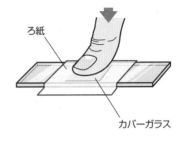

ろ紙

カバーガラス

　このような方法によって，P.76の図6のような細胞周期における染色体の変化を観察するわけですね。

*酢酸オルセイン（酢酸カーミン）溶液…塩基性色素であるオルセインやカーミン（水に溶けにくい）を，酢酸水溶液に溶かしてつくられる固定染色液。細胞を「固定」すると同時に，核や染色体を赤色に染色する。

確認テスト

右図は，細胞周期を模式的に表したものである。

問1 右図中の①期から⑧期の①〜⑧に最も適する語を，それぞれ略号を用いずに答えよ。

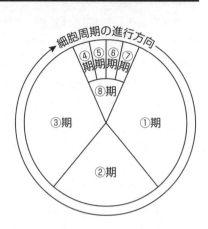

問2 下図a〜eは，細胞周期のいずれかの時期にある植物細胞の観察像を模式的に表したものである。①期〜⑦期の図として適当なものを，a〜eからそれぞれ1つずつ選べ。同じ記号を繰り返し選んでもよい。

 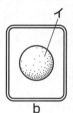  

問3 上図中の**ア**〜**ウ**はそれぞれ何を表しているか，答えよ。

問4 次の(1)〜(4)の記述中の〔　〕内から，正しいものを選べ。

(1) DNAが複製されるのは〔A. ①期　B. ②期　C. ③期〕である。

(2) ③期の核1個あたりのDNA量は，①期の核1個あたりのDNA量の〔A. 0.5倍　B. 1.0倍　C. 2.0倍〕である。

(3) ③期の核1個あたりのDNA量は，④期の核1個あたりのDNA量の〔A. 0.5倍　B. 1.0倍　C. 2.0倍〕である。

(4) ⑦期の娘核1個あたりのDNA量は，①期の核1個あたりのDNA量の〔A. 0.5倍　B. 1.0倍　C. 2.0倍〕である。

解答・解説

問1 答 ①＝DNA合成準備 ②＝DNA合成 ③＝分裂準備
④＝前 ⑤＝中 ⑥＝後 ⑦＝終 ⑧＝分裂

▶細胞周期は，①**DNA合成準備期（G_1期）**，②**DNA合成期（S期）**，③**分裂準備期（G_2期）**，⑧**分裂期（M期）**の4つの時期からなる。正式な名称を略号と共に正しく覚えておこう。なお，G_1期，S期，G_2期を合わせて**間期**という。また，M期は④**前期**，⑤**中期**，⑥**後期**，⑦**終期**の4つの時期に分けられる。

問2 答 ①＝b ②＝b ③＝b ④＝d ⑤＝a ⑥＝e ⑦＝c

問3 答 ア＝染色体 イ＝核 ウ＝細胞板

▶aは，赤道面に染色体（ア）が並んでいるのが見られることから，**中期**の細胞であるとわかる。bは，核（イ）に**核膜**が見られるので，**間期**の細胞である。cは，**細胞板（ウ）**による**細胞質分裂**が進行しているので，**終期**の細胞である。dは，核膜が消え，凝縮した染色体が現れているので**前期**の細胞であり，eは，染色体が両極へ移動しているので，**後期**の細胞である。

体細胞分裂は，**間期（b）→前期（d）→中期（a）→後期（e）→終期（c）**という順番で進行する。

問4 答 (1)＝B (2)＝C (3)＝B (4)＝B

▶(1)・(2) DNAの複製とはDNAの合成のことであり，DNAが合成され，その量が2倍になるのはS（②）期である。したがって，G_2（③）期のDNA量はG_1（①）期の**2倍**である。

(3) 右図より，G_2（③）期のDNA量は分裂期の前（④）期と等しい（**1倍**）。

(4) ⑦期（終期）を表している図cでは，核膜は存在していないが，染色体が両極に分かれているので，1個の細胞の中に2個の核があると考える。

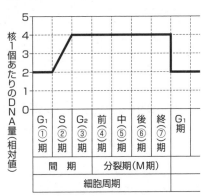

娘核は，S期にDNAの合成が行われたあとに，DNAの分配が行われて生じた2個の核であるので，その1個あたりのDNA量はDNA合成前のG_1（①）期の核と等しい（**1倍**）。

Theme 07
遺伝情報の発現

Step 1 DNAとタンパク質

遺伝子として働くDNAに「自身を正確に複製する能力（自己複製能力）」があることはわかったね。でも，DNAが複製されて，親から子へ，細胞から細胞へ伝えられたとしても，すぐに**形質**は現れません。DNAは，あくまでも設計図（**遺伝情報**）であり，形質そのものじゃないからね。

どういうことかっていうと，もし，コアラやチューリップや大腸菌のからだがDNAだけでできていれば，親から子にDNAが伝わったらすぐに形質が現れることになるよね。でも生物のからだは，タンパク質，脂質，炭水化物，DNAやRNAなどの色々な有機物からできています。また，動物の鳴き声や行動のように，物質じゃない形質もあります。だから，DNAが伝わっただけでは形質は現れないんだよ。

> 形質には，姿・形をつくる物質の種類・構造・量や鳴き声・行動などがあるけど，遺伝情報として親から子に伝わるのは，DNAという物質だけなんだね。

親
子
コアラ

では，DNAには，タンパク質や炭水化物なんかを似させる情報として働くものがあるんでしょうか？　はたまた，DNAには，鳴き声や行動などを直接似させる情報があるんでしょうか？　すべて否です。DNAは，そんなになんでもかんでも，すべてのことに関する情報をもつことはできないんだよ。だって，DNAの情報って**塩基配列**だよ？　たった4種類の塩基の配列なんだ。

「DNAはどうやって遺伝情報を伝えるの？」と思うでしょ。DNAは，タンパク質を介して，すべての遺伝情報を伝えているんだ。別のいい方をすれば，DNAの塩基配列は，**タンパク質の種類を決める**情報としてしか働かないんだ。「えっ？　じゃあ，DNAは脂質や炭水化物の情報をどうやって伝えているの？」「鳴き声や行動は，なんで親子で似るの？」と聞きたくなるよね。

ここで，P.36でやった酵素を思い出してみて！

　生物の共通性の1つである代謝（☞ P.33）の担い手は酵素であり，その主成分はタンパク質だったよね。第3部で勉強するホルモンも，タンパク質でできているものが多く，動物の体内環境の維持には欠かせないんだ。

　だから，DNAが伝わることで，親と子，母細胞と娘細胞で同じタンパク質がつくられて，酵素やホルモンなどとして働けば，同じような脂質や炭水化物がつくられ，同じような鳴き声や行動が現れるというわけ。

　生物学を勉強していない人に「タンパク質から連想するものは？」と聞くと，「肉」「焼き肉」「ステーキ」などの答えが返ってくるよね。実はこれがイイ線いっているんだ。ここでいう「肉」は「筋肉」のことなんだ。筋肉は，主にアクチンとミオシンというタンパク質からできています。ヒトの筋肉，ウシの筋肉（牛肉），ブタの筋肉（豚肉），ニワトリの筋肉（鶏肉）などのんであっても，アクチンとミオシンが主成分であることは同じだよ。じゃあ，何が違うんだろう？

　実は，タンパク質はアミノ酸という構成単位が多数結合した大きな物質（分子）なんだ。タンパク質を構成するアミノ酸は全生物共通で20種類あり，タンパク質の種類によって，結合しているアミノ酸の数と種類（これをアミノ酸配列といいます）が違います。

　例えば，20種類のアミノ酸を アミノ酸① ～ アミノ酸⑳ で表すと，ヒトの筋肉とウシの筋肉に含まれているアクチンは，次のようなそれぞれ違ったアミノ酸配列をもっているんです。

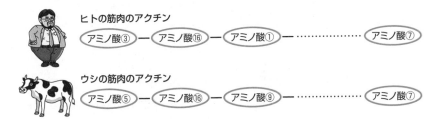

ヒトの筋肉のアクチン
アミノ酸③ ― アミノ酸⑯ ― アミノ酸① ― ……………… アミノ酸⑦

ウシの筋肉のアクチン
アミノ酸⑤ ― アミノ酸⑯ ― アミノ酸⑨ ― ……………… アミノ酸⑦

　形質の違いはタンパク質の違いで，多種多様な形質があるのは，多種多様なタンパク質があるからだよ！　そして，タンパク質の違いはアミノ酸によって決まり，そのアミノ酸配列を決めているのがDNAの塩基配列なんです。

タンパク質の合成の過程

　DNAの遺伝情報（塩基配列）をもとに，タンパク質が合成される過程について勉強しましょう。ここで重要な物質が1つあるんだ。それは，<u>RNA</u>とよばれる物質です。RNAは，<u>リボ核酸</u>（<u>ribonucleic acid</u>）の略称です。生物の遺伝子ではないけど，タンパク質が合成される際に，とても重要な役割をはたす物質だよ。RNAは，DNAと同様に**ヌクレオチド**を構成単位としているけど，いくつかの相違点があります。それらを，下の表に示したので，しっかり見て確認してください。

	構造			働き
	立体構造	塩基	糖	
DNA	ヌクレオチド 二重らせん	アデニン（A） ⋮塩基対 **チミン**（T） グアニン（G） ⋮塩基対 シトシン（C）	<u>デオキシリボース</u>	**遺伝子の本体**として遺伝情報の保有と伝達
RNA	ヌクレオチド 1本鎖	アデニン（A） ⋮塩基対 <u>ウラシル</u>（U） グアニン（G） ⋮塩基対 シトシン（C）	<u>リボース</u>	**遺伝子の発現**（DNAの転写と翻訳）に関与

▲表1：DNAとRNAの相違点

　タンパク質の合成の過程やDNAとRNAの相違点は，大筋で全生物共通です。ここでは，ヒトの筋肉を構成するタンパク質の合成の過程を説明します。

❶細胞内に存在する**DNAの塩基配列**のうち，筋肉を構成するタンパク質の遺伝情報をもつ塩基配列（タンパク質の設計図に相当）が，**RNA**に写しとられます。この過程を<u>転写</u>といいます。右ページの図1では，DNAの2本鎖

のうち，上の鎖の塩基配列（…TCAGAATAG…）をもとに，この塩基配列と**相補的**な塩基配列をもった鎖ができます。ただし，RNA の塩基にはチミンの代わりに**ウラシル（U）**が入っているので，転写されて生じた RNA の塩基配列は，…AGUCUUAUC…となります。

❷転写された RNA（タンパク質の設計図のコピーに相当します）は <ruby>mRNA<rt>メッセンジャーアールエヌエー</rt></ruby>**（伝令 RNA）**とよばれます。転写の過程は繰り返し行われるので，複数の mRNA がつくられます。

❸mRNA の周囲には，食物の消化・吸収で生じた 20 種類のアミノ酸が多数あります。さらに，<ruby>tRNA<rt>トランスファーアールエヌエー</rt></ruby>**（転移 RNA，運搬 RNA）**とよばれる RNA が，これらのアミノ酸と結合した状態で待機しています。

❹mRNA は，連続した塩基 3 つの配列で 1 つのアミノ酸を指定しています。このアミノ酸を指定する情報となる塩基 3 つの配列*は，**コドン**と呼ばれるんだ。図 1 だと「AGU」，「CUU」，「AUC」がコドンだね。コドンは，mRNA 上にタンパク質のアミノ酸配列という遺伝情報を記した暗号すなわち**遺伝暗号**の単位です。

❺一方，tRNA は，mRNA のコドンと相補的に結合する塩基 3 つの配列をもっていて，これを**アンチコドン**といいます。そして特定のアミノ酸と結合した tRNA が，アンチコドンの部分で mRNA のコドンと相補的に結合します。

❻mRNA のコドンと tRNA のアンチコドンが結合することで，コドンに対応したアミノ酸が（図 1 では，セリン→ロイシン→イソロイシンのように）次々と配列し，結合していきます。このように mRNA の塩基配列がタンパク質のアミノ酸配列に変換される過程を**翻訳**といいます。

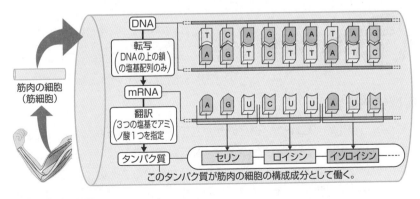

▲図 1：転写と翻訳

＊「塩基 3 つの配列」はトリプレットとよばれる。

　翻訳について，もう少し詳しく説明しましょう。図2では，mRNAのコドン AGU に相補的なアンチコドン UCA をもつ tRNA に結合して運ばれるのがセリン，コドン CUU に相補的なアンチコドン GAA をもつ tRNA に結合して運ばれるのがロイシン，コドン AUC に相補的なアンチコドン UAG をもつ tRNA に結合して運ばれるのがイソロイシンとそれぞれ呼ばれるアミノ酸で，これらのアミノ酸が次々に結合することでタンパク質となります。

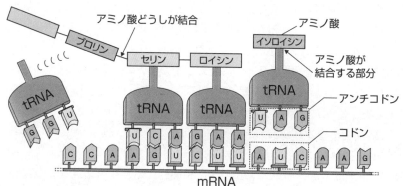

▲図2：翻訳の過程

　それから，翻訳の過程は複数の mRNA で行われるので，同じ種類のタンパク質が一度に多量につくられることになります。

　このように，「DNA から RNA やタンパク質がつくられる」とき，「遺伝子が働く」または「遺伝子が発現する」といい，「DNA から RNA やタンパク質がつくられること」は「遺伝子の発現」とよばれます。

Step 3　遺伝暗号

1 遺伝暗号表

　じゃあ，mRNA のコドン（遺伝暗号）とアミノ酸の関係はどうなっているんだろう？　実は，コドンがどのアミノ酸に対応しているのか，つまりそれぞれのコドンが指定するアミノ酸はどれなのかということは，次のページの表2の遺伝暗号表に示すようにそれぞれ決まっているんだよ。

この表で，AGU に対応するアミノ酸を探してみよう。まず，1 番目の塩基 A の行を見ます。次に，その行のうち 2 番目の塩基 G の列に含まれる枠を見て，最後にその枠内で 3 番目の塩基 U の行を見ると，AGU はセリンとわかります。

1番目の塩基	2番目の塩基 U	2番目の塩基 C	2番目の塩基 A	2番目の塩基 G	3番目の塩基
U	UUU UUC }フェニルアラニン / UUA UUG }ロイシン	UCU UCC UCA UCG セリン	UAU UAC }チロシン / UAA UAG （終止）	UGU UGC }システイン / UGA （終止） / UGG トリプトファン	U C A G
C	CUU CUC CUA CUG ロイシン	CCU CCC CCA CCG プロリン	CAU CAC }ヒスチジン / CAA CAG }グルタミン	CGU CGC CGA CGG アルギニン	U C A G
A	AUU AUC AUA }イソロイシン / AUG メチオニン（開始）	ACU ACC ACA ACG トレオニン	AAU AAC }アスパラギン / AAA AAG }リシン	AGU AGC }セリン / AGA AGG }アルギニン	U C A G
G	GUU GUC GUA GUG バリン	GCU GCC GCA GCG アラニン	GAU GAC }アスパラギン酸 / GAA GAG }グルタミン酸	GGU GGC GGA GGG グリシン	U C A G

▲表2：遺伝暗号表（mRNA のコドンとアミノ酸の対応）

mRNA の塩基は A・U・G・C の 4 種類なので，塩基 3 つの配列でつくることができるコドンの種類は 4 × 4 × 4 ＝ 64 種類なんだ。アミノ酸の種類は 20 種類だったよね。64 種類のコドンで 20 種類のアミノ酸を指定するので，1 種類のアミノ酸は複数種類のコドンによって指定される場合が多いんだよ。

例えば，遺伝暗号表の左上の角の枠内を見ると，フェニルアラニンを指定するコドンは UUU と UUC の 2 種類あるよね。そのすぐ下の枠内も合わせて見ると，ロイシンを指定するコドンは UUA，UUG，CUU，CUC，CUA，CUG の 6 種類あるとわかります。

次，さらにその下の枠内を見て。AUG の横に「メチオニン（開始）」と書いてあります。これはどういうことかというと，AUG というコドンは，メチオニンというアミノ酸を指定するとともに，翻訳（タンパク質合成）の開始を指定するコドンなんだ。一般にどんな生物でも，翻訳は mRNA の AUG から始まります。なので，AUG は特別に開始コドンとよばれます。

　翻訳の開始の合図があるなら，翻訳の終わりの合図もあるはずだよね。遺伝暗号表の右上の2つの枠の中を見ると，「（終止）」と書いてあります。これらの3種類のコドン UAA，UAG，UGA は，対応するアミノ酸がない，つまり対応するアンチコドンをもつ tRNA が存在しないため，翻訳を停止させるコドンとして働きます。このため，終止コドンとよばれるんだよ。*

2 遺伝暗号の解読実験

　遺伝暗号表に示されたコドンとアミノ酸の対応は，どうやってわかったんだろう？　これを調べるための実験を行ったのは，アメリカのニーレンバーグさんやコラナ（コラーナ）さんなどの研究者たちなんだ。彼らが行った以下のような実験の結果をもとに，遺伝暗号表は 1966 年に完成しました。

▼ニーレンバーグらの実験（1961 年）

❶まず，大腸菌をすりつぶして抽出液をつくりました。タンパク質の合成のしくみは生物で共通しているので，大腸菌から得られた抽出液の中にも，翻訳に必要な各種の tRNA やアミノ酸，酵素などが含まれています。

❷次に，塩基が U のみからなる RNA（…UUUUU…）を人工的に合成して，この人工 RNA を❶の抽出液に加えました。すると，フェニルアラニンのみが多数つながったポリペプチド（アミノ酸が多数結合した分子をポリペプチドといいます）が合成されたんだ。

❸U のみからなる RNA を塩基3つの配列ごとに区切ると，どこで区切っても「UUU」しかないよね。

… U | UUU | UUU | UUU | UU …

↓翻訳

-----[フェニルアラニン]—[フェニルアラニン]—[フェニルアラニン]-----

　だから，この結果からフェニルアラニンを指定するコドンは UUU じゃないかって考えられたんだ。

　この他にもニーレンバーグさんはいくつか実験を行っています。例えば，塩基 A のみからなる人工 RNA（…AAAAA…）を加えるとリシンのみからなるポリペプチドが，塩基 C のみからなる人工 RNA（…CCCCC…）を加えるとプロリンのみからなるポリペプチドが合成されることがわかったんだ。

＊細胞内におけるタンパク質合成の過程では，mRNAの端から端までのすべての塩基が翻訳されるわけではなく，開始コドンから終止コドンの間の塩基のみが翻訳される。

これらの実験結果から，リシンを指定するコドンは AAA，プロリンを指定するコドンは CCC って推測できるよね。実験のアイデアがすごいね。

▼コラナらの実験（1963年）

❶コラナさんらは，ニーレンバーグさんと同様に人工 RNA を利用した実験*を行いました。A と C を繰り返してもつ人工 RNA（…ACACAC…）を用いると，ヒスチジンとトレオニンが交互に結合したポリペプチドが合成されました。

❷A と C を繰り返してもつ RNA を塩基 3 つの配列ごとに区切ると，どこで区切っても「ACA」と「CAC」の繰り返しになります。

> … ACA | CAC | ACA | CAC | ACA | …
> … A | CAC | ACA | CAC | ACA | CA …
> … AC | ACA | CAC | ACA | CAC | A …
> ↓翻訳
> ヒスチジン — トレオニン — ヒスチジン — トレオニン

このことから，トレオニンとヒスチジンを指定するコドンは，それぞれ ACA か CAC のどちらかであるとわかったんだ。

❸さらに，CAA を繰り返してもつ人工 RNA（…CAACAACAA…）を用いると，グルタミンのみからなるポリペプチド，アスパラギンのみからなるポリペプチド，トレオニンのみからなるポリペプチドが合成されました。

❹CAA を繰り返してもつ RNA を塩基 3 つの配列ごとに区切ると，「CAA」が繰り返される場合，「AAC」が繰り返される場合，「ACA」が繰り返される場合の 3 パターンがあります。

> … A | CAA | CAA | CAA | CAA | CA …
> … AC | AAC | AAC | AAC | AAC | A …
> … ACA | ACA | ACA | ACA | ACA | …
> ↓翻訳
>

❷と❹で共通しているアミノ酸はトレオニンで，共通しているコドンは ACA だね。このことから，トレオニンを指定するコドンは，ACA とわかり，さらに❷から残りの CAC はヒスチジンを指定することがわかります。

こういうふうに，いろいろな塩基の繰り返しを利用した実験が行われて，少しずつコドンとアミノ酸の対応が解明されていったんです。

*人工的にタンパク質を合成させる実験では，開始コドンが存在しなくても，ランダムな位置から翻訳が開始する。

DNAと形質発現

ここで，確認しておきたいことが2つあります。

　まずは1つ目ね。P.91 ❸で「mRNAの周囲には，食物の消化・吸収で生じた20種類のアミノ酸が多数あります」といったよね。このアミノ酸を使って，生物は自分に必要なタンパク質を合成するんだね。

　私たちは，牛・豚・鶏・羊・魚などの肉や大豆，卵，乳製品などを食べて，アミノ酸を得ています。でもね，例えば私たちがウシの肉や乳などをどんなにたくさん食べても飲んでも，筋肉がウシのようになってしまったり，毎日牛乳を出したりするということ，つまり，ウシの形質が現れてしまうことはありません。

　時々，焼肉屋さんで，「あ〜食った食った。牛肉食べすぎて，からだがウシになっちゃったらどうしよう」といっている人がいるけど，実際，次の日にウシになったヒト（もとヒト？）なんて，見たことがないよね。

　もうわかったかな？　ヒトが食べたり飲んだりしたウシ（他の動物）のタンパク質のアミノ酸配列は，ヒトとは異なっています。でも，そのタンパク質は体内でアミノ酸にまで消化されたあと，細胞内に吸収されます。

　それらのアミノ酸は，DNAの特定の部位（設計図）から転写されたmRNA（設計図のコピー）の塩基配列に従って，**ヒトのタンパク質のアミノ酸配列に並べかえられたあと，結合する**んです。だから，ヒトはどんな動物や植物を食べても，食べた生物の形質を現すことはないんだね。生物は，自身がもつ遺伝情報にもとづいて形質を現すんだ。これを，<u>形質発現</u>といいます。

　2つ目の確認です。遺伝子の本体であるDNAは，タンパク質のアミノ酸配列を介して，形質を似させていることはわかったね。では，タンパク質以外の物質が関係している形質は，どのように遺伝するのでしょうか？

例えば，リン酸カルシウムなどを主成分とする骨の長さが関係している身長や，脂肪の量などが関係している一重まぶた・二重まぶたなどの形質です。DNAには"リン酸カルシウムの設計図"や"脂肪の設計図"は書かれていないのに，身長やまぶたの形質はちゃんと遺伝するのでしょうか？

　ご心配なく！　骨にリン酸カルシウムを沈着させるのも，まぶたの内側に脂肪をためるのも，**タンパク質からなる酵素やホルモンの働き**によるんだよ。したがって，これらの酵素やホルモンの構造や生成量や作用部位が親子で似ていれば，身長（骨格）やまぶたも似てくるというわけなんだ。

 Step 5　遺伝子の複製・転写・翻訳

　ここまで勉強してきたように，すべての生物では，DNAが正確に**複製**され，親から子，母細胞から娘細胞へ伝えられます。そして，伝えられたDNAの塩基配列はmRNAの塩基配列に**転写**され，mRNAの塩基配列はタンパク質のアミノ酸配列に**翻訳**されます。つまり，遺伝情報は，「DNA → RNA → タンパク質」という1つの方向へ流れているわけです。このような一方向への遺伝情報の流れを，<u>セントラルドグマ</u>といいます。

$$\text{DNA} \xrightarrow{\text{転写}} \text{RNA} \xrightarrow{\text{翻訳}} \text{タンパク質}$$

	複製	転写	翻訳
材料 （素材）	リン酸・糖（デオキシリボース）・塩基（A・T・G・C）からなるヌクレオチド	リン酸・糖（リボース）・塩基（A・U・G・C）からなるヌクレオチド	20種類のアミノ酸
生成物 （製品）	DNAの2本鎖	RNAの1本鎖	タンパク質
情報 （設計図）	DNAの2本鎖の塩基配列	DNAの1本鎖の塩基配列	RNA（mRNA）の塩基配列
時期	細胞分裂に先立って起こる（S期）	翻訳に先立って起こる	タンパク質を必要とする時期に起こる

▲表3：遺伝子の複製・転写・翻訳（まとめ）

特定の細胞で発現する遺伝子

P.71 で勉強したように，多細胞生物のからだを構成している細胞（体細胞）は，もともと1つの細胞だった受精卵が**体細胞分裂**を繰り返して増えたものなんだ。だから，これらすべての細胞の中には同じ遺伝情報（同じ塩基配列からなる DNA）が含まれていることになるよね。

でもね，実際に受精卵が体細胞分裂を繰り返しながら細胞数を増やしていく過程では，互いに異なった組織や器官がつくられていきます。そして，組織や器官が違えば，それらを構成する細胞の形や働きも違います。このように，ある細胞が，他の細胞と区別できるような特定の形や働きをもつように変化することを，細胞の**分化**（**細胞分化**）といいます。

細胞の分化について，もう少し詳しく見ていきましょう。
受精卵から生じたからだ中の細胞のすべてには，同じ遺伝子が含まれている，といいましたが，これらの細胞のすべてにおいて，含まれている全遺伝子が常に発現しているわけでもなければ，同一の遺伝子のみがすべての細胞で共通して発現しているわけでもありません。

受精卵から多細胞生物のからだがつくられる過程で，特定の細胞は，特定の時期に特定の遺伝子を発現させるようなしくみをもっているんです。このしくみにおいて，どの遺伝子が発現するかは，その細胞がからだのどの部位に位置（存在）しているかなどによって異なっています。

細胞の分化は，まず初めに「特定の遺伝子の発現→特定のタンパク質の合成」ありきなんだナ。

このように，特定の組織や器官の細胞だけで特定の遺伝子が発現して，その遺伝子が転写・翻訳されると，特定のタンパク質が合成されますよね。このようなタンパク質が，合成された細胞内で酵素などとして働くと，それぞれの細胞が異なった形や働きをもつようになるんです。つまり，細胞の分化が起こるんですね。

例えば，ヒトでは，**眼の水晶体の細胞**，**皮膚の細胞**，筋肉を構成する**筋細胞**は，それぞれ分化した細胞*であり，異なった形や働きをもっています。つまり，それぞれの細胞では，**クリスタリン**，**コラーゲン**，**ミオシン**という異なったタンパク質が合成されて働いているわけです。

　でも，どの細胞にも，クリスタリン，コラーゲン，ミオシンの遺伝子はすべて存在しているんだよ。そして，それらのうち，水晶体の細胞ではクリスタリンの遺伝子だけが発現していて，それ以外は発現していません。同じように，皮膚の細胞ではコラーゲンの遺伝子だけが，筋細胞ではミオシンの遺伝子だけがそれぞれ発現しているんです。

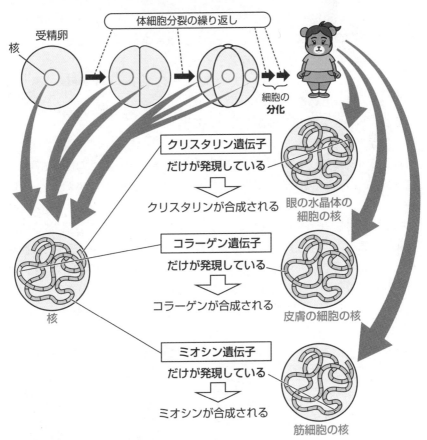

▲図3：分化した細胞でそれぞれ発現する遺伝子

*上記の他に，分化した細胞で発現する特定の遺伝子として，すい臓のB細胞ではインスリン遺伝子，だ腺の細胞ではアミラーゼ遺伝子，肝臓の細胞ではアルブミン遺伝子，赤血球（のもとになる細胞）ではヘモグロビン遺伝子などがよく知られている。

Step 1　だ腺染色体のパフと遺伝子の発現

　DNA や RNA などの分子は，光学顕微鏡による観察ができないので，多くの生物では，特定の遺伝子が発現する（DNA の特定の領域が転写されて RNA が合成される）ようすも観察できません。

　しかし，ショウジョウバエやユスリカなどの昆虫では，その幼虫のだ腺（だ液をつくる器官）の細胞内に，多数の DNA の束からなる巨大な染色体（**だ腺染色体**）があります。このだ腺染色体では，特定の遺伝子発現のようすを光学顕微鏡で観察できるんです。

▼ユスリカのだ腺染色体の観察

　まず，1 匹のユスリカの幼虫をスライドガラスの上にのせ，ピンセットや指でからだの一部（腹部 5 のあたり）をおさえ，柄つき針で頭部を引き出し，頭部に付着しているだ腺を摘出します。

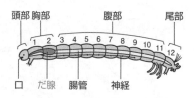

▲図4：ユスリカの幼虫

　だ腺に**メチルグリーン・ピロニン染色液**（メチルグリーンは DNA を青緑色に染め，ピロニンは RNA を赤桃色に染める）などを滴下して，約 10 分間放置したあと，カバーガラスをかけ，その上にろ紙をのせて，上から親指で押しつぶして検鏡（顕微鏡で検査）すると，染色体のところどころに濃い青緑色の横じま（しま模様）が観察できます。これらの横じまは遺伝子の位置を知る目安になります。また，だ腺染色体には，ところどころに**パフ**とよばれる赤桃色の膨らみが観察できます。これらのことから，パフの部分では，染色体（中の DNA の束）が部分的にほどけて，DNA の特定の部分（遺伝子）が転写され，mRNA が盛んに合成されている，と考えられます。ですから，パフを調べることによって，盛んに転写されている遺伝子と，そうでない遺伝子を特定することができるんですね。

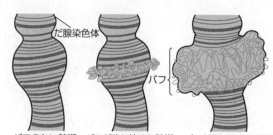

パフのない時期　　パフが生じ始めた時期　　パフが生じている時期

▲図5：だ腺染色体とパフ

❀❀ 発展 ❀❀

●発生の進行とパフの変化

　だ腺染色体には，メチルグリーン・ピロニン染色液によく染まる多数の横じまがありますが，種々の研究の結果から**1本の横じまが1つの遺伝子の位置に対応する**ことがわかっています。また，これらの横じまが，ところどころで消え，細い糸状の構造がふき出したように，大きく膨らんだ**パフ**という構造が現れたり消えたりすることが知られています。

　なお，だ腺染色体の染色には，酢酸カーミン溶液が用いられることもあります。その際は，横じまは濃い赤紫色に，パフはぼやけた赤紫色に見えるんだ。パフの部分で転写が起こっていることを確認するために，次のような実験が行われました。

　DNA の材料にはならないけど，RNA の材料となるウリジン（ウラシルとリボースが結合した物質）を放射性同位体の ^3H（トリチウム）で標識し，ユスリカなどの幼虫に与えると，パフとその周辺に標識ウリジンが多く集まりました。このことから，**パフの部分では，ある特定の遺伝子が発現し，DNA が転写され，RNA（mRNA）の合成が活発になっている**ことがわかったんだ。

　染色体上でのパフの位置や大きさは，同一個体でも組織によって異なり，同じ組織であっても発生段階によって変わります。例えば，キイロショウジョウバエの第Ⅲ染色体上のパフの位置と大きさは，発生の進行に伴って，下図のように変化します。これは，昆虫の発生では，いくつもの**遺伝子がそれぞれ決まった時期に一時的に発現し，次々と異なったタンパク質が合成される**ことを示しているんだよ。

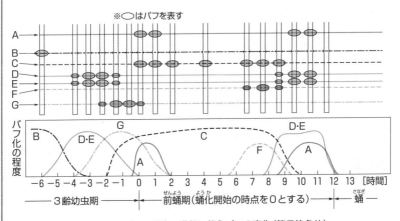

▲図：キイロショウジョウバエの発生の進行に伴うパフの変化（第Ⅲ染色体）

DNAの遺伝情報とゲノム

1 ゲノムと染色体

　ある生物が自らを形成・維持し，生命活動を営むために必要な遺伝情報を<u>ゲノム</u>といいます。多くの真核生物では，ゲノムは卵や精子などの生殖細胞1個がもつ遺伝情報に相当するんです。

　遺伝情報の本体であるDNAは，P.57で学習したように細胞内で染色体を構成しています。通常，体細胞には，同形・同大の染色体が2本（1対）ずつ含まれていて，このような染色体は<u>相同染色体</u>とよばれるんです。

　例えば真核生物のヒトの場合，図6に示すように1個の生殖細胞には23本の染色体（相同染色体の片割れ）が含まれていて，これらの染色体を構成するDNAの全塩基配列が，1組のゲノムということになります。生殖細胞（卵と精子）の受精によって生じた受精卵は，体細胞分裂によって多数の体細胞になるのです。ですから，ヒトの体細胞には，母親（卵）と父親（精子）に由来する46本の染色体（相同染色体）が含まれている，つまり2組のゲノムが存在しているということになります。

　原核生物では通常，1個の細胞内にあるDNAがもつ遺伝情報が，ゲノムに相当します。

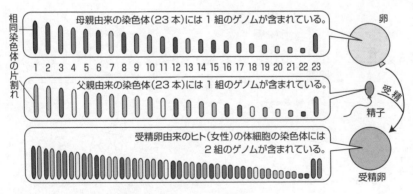

▲図6：ヒト（女性）の染色体（模式的表記）とゲノム

② ゲノムと遺伝子の関係

　ある生物がもつゲノムを解読して，全遺伝情報を明らかにしようとする取り組みは，**ゲノムプロジェクト**とよばれています。

　今までに，ゲノムが解読された生物は数千種以上ありますが，代表的な生物について，ゲノムを構成するDNAの総塩基対数（**ゲノムサイズ**）と遺伝子数の推定値を表4に示しておきます。

	ゲノムサイズ（総塩基対数）	遺伝子数（個）
大腸菌	約460万〜500万	約4,300〜4,500
酵母	約1,200万	約6,300〜7,000
イネ	約3億7,000万〜4億	約32,000
シロイヌナズナ	約1億2,000万〜1億4,000万	約25,000〜27,000
センチュウ	約9700万〜1億	約19,000〜20,000
ショウジョウバエ	約1億2,000万〜1億8,000万	約14,000
メダカ	約7億〜7億6,000万	約20,000
ヒト	約30億	約20,000〜22,000

▲表4：生物のゲノムサイズと遺伝子数

　この表から，ヒトのゲノムサイズって，他の生物よりメチャクチャ大きいけど，遺伝子数はそれほど多くないことがわかりますよね。つまり，遺伝子数はゲノムサイズに比例しているわけではないのです。

　これは，ゲノムを構成するDNAのすべての塩基配列が遺伝子として働いているわけではなく，個々の遺伝子は，図7の ▨ で示すようにDNA中に飛び飛びにしか存在していないからなんです。ヒトの場合，全DNAのうち，遺伝子として働いて，タンパク質のアミノ酸配列を指定している領域は**約1.0〜1.5%**にすぎず，残りは非遺伝子領域といわれています。

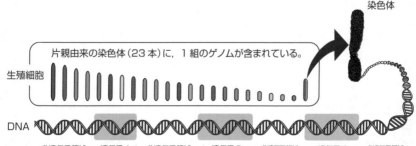

非遺伝子領域→←遺伝子A→←非遺伝子領域→←遺伝子B→←非遺伝子領域→←遺伝子C→←非遺伝子領域

▲図7：ゲノム・DNA・遺伝子の関係

確認テスト

下図は，遺伝情報が流れる過程を模式的に示したものである。

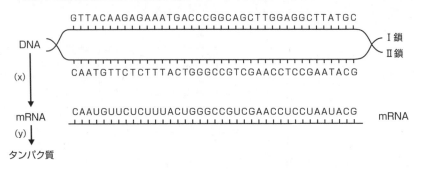

GTTACAAGAGAAATGACCCGGCAGCTTGGAGGCTTATGC

DNA ⟨ — Ⅰ鎖
— Ⅱ鎖

CAATGTTCTCTTTACTGGGCCGTCGAACCTCCGAATACG

(x) ↓

mRNA　CAAUGUUCUCUUUACUGGGCCGUCGAACCUCCUAAUACG　mRNA

(y) ↓

タンパク質

問1 上図中の(x)，(y)の過程はそれぞれ何とよばれるか。

問2 上図に示したような遺伝情報の一方向への流れは，何とよばれるか。

問3 上図中のmRNAは，DNAのⅠ鎖とⅡ鎖のうちのどちらが(x)されたことによって生じたものか。

問4 上図中のmRNAが左から右に向かって(y)されてタンパク質が生じたとする。下記の遺伝暗号表を参考にして，生じたタンパク質のアミノ酸配列を記せ。なお，アミノ酸配列は，開始コドンが指定するアミノ酸が左端になるように記せ。

遺伝暗号表

		2番目の塩基				
		U（ウラシル）	C（シトシン）	A（アデニン）	G（グアニン）	
1番目の塩基	U	UUU UUC ⟩フェニルアラニン UUA UUG ⟩ロイシン	UCU UCC UCA UCG ⟩セリン	UAU UAC ⟩チロシン UAA UAG ⟩（終止）	UGU UGC ⟩システイン UGA （終止） UGG トリプトファン	U C A G
	C	CUU CUC CUA CUG ⟩ロイシン	CCU CCC CCA CCG ⟩プロリン	CAU CAC ⟩ヒスチジン CAA CAG ⟩グルタミン	CGU CGC CGA CGG ⟩アルギニン	U C A G
	A	AUU AUC AUA ⟩イソロイシン AUG メチオニン（開始）	ACU ACC ACA ACG ⟩トレオニン	AAU AAC ⟩アスパラギン AAA AAG ⟩リシン	AGU AGC ⟩セリン AGA AGG ⟩アルギニン	U C A G
	G	GUU GUC GUA GUG ⟩バリン	GCU GCC GCA GCG ⟩アラニン	GAU GAC ⟩アスパラギン酸 GAA GAG ⟩グルタミン酸	GGU GGC GGA GGG ⟩グリシン	U C A G
						3番目の塩基

問1 答 (x)＝転写　(y)＝翻訳

問2 答 セントラルドグマ

▶DNAのもつ遺伝情報は，**転写**によってRNAにわたされる。mRNA（伝令RNA）に写しとられた塩基配列の遺伝情報は，**翻訳**によってタンパク質のアミノ酸配列となる。このように，細胞がもつ遺伝情報は，原則として，DNA→RNA→タンパク質の順に**一方向**に流れる。これは，生物が共通にもつ基本原則であり，**セントラルドグマ**とよばれる。

問3 答 Ⅱ鎖

▶転写は塩基の**相補性**にもとづいて行われる。DNAの二重らせん構造では，AとT，GとCの間でそれぞれ相補的な結合が見られ，転写におけるDNAとmRNAでは，**TとA，AとU，GとC，CとG**の間でそれぞれ相補的な結合が見られる。したがって，図のmRNAは，**Ⅱ鎖から転写された**ものであることがわかる。

問4 答 メチオニン・フェニルアラニン・セリン・ロイシン・ロイシン・グリシン・アルギニン・アルギニン・トレオニン・セリン

▶設問文中に，「mRNAが左から右に向かって翻訳されてタンパク質が生じたとする」とあることから，下図 **(a)** のように，mRNAの塩基配列を左端から3つずつ区切って，遺伝暗号表をもとに各コドンに対応するアミノ酸配列を決めればよい，と考えてはいけない。

(a)

グルタミン	システイン	セリン	ロイシン	チロシン	トリプトファン	アラニン	バリン	グルタミン酸	プロリン	プロリン	アスパラギン	トレオニン

CAA UGU UCU CUU UAC UGG GCC GUC GAA CCU CCU AAU ACG
mRNA

翻訳は，mRNAの開始コドンであるAUGから始まり，終止コドンであるUAAかUAGかUGAのいずれかで終わる。mRNAの塩基配列を左端から右方向へ読んでいくと，左端から3番目，4番目，5番目の塩基配列が最初のAUG（開始コドン）であるので，ここから翻訳が始まる。下図 **(b)** のように，開始コドンから右に向かって3つずつ区切り，遺伝暗号表をもとに各コドンに対応するアミノ酸配列を決めればよい。

(b)

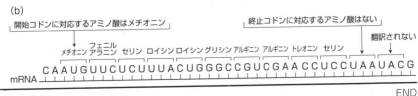

第2部 CHECK☑TEST

ここまでやってきた内容をちゃんと理解しているかな？
試験で重要になる箇所をチェックするから，答えられない
部分はもう一度本文に戻ってやり直すんだぞ!!

Theme 05：遺伝情報と DNA

□□□① DNA を抽出するのに適した生物材料を1つあげて！　また，DNA
の抽出に用いる液体を2種類言って！
(☞ P.57)

□□□② DNA の構成単位の名称と，その構成単位を構成している成分の名
称を3つあげて！
(☞ P.58)

□□□③ DNA の立体構造の名称と，その立体構造を解明した2人の研究者
の名前をあげて！
(☞ P.58)

□□□④ DNA の構成成分である A, T, G, C の正式名称をそれぞれ言って！
また，A−T, G−C のように結合する組み合わせが決まっている性
質を何と言う？
(☞ P.58)

Theme 06：遺伝情報の複製と分配

□□□① 細胞周期を，G_1 期から順に略号で言って！　また，それぞれの略号
の正式名称を言って！
(☞ P.73)

□□□② G_0 期って何？　簡単に説明して！
(☞ P.73)

□□□③ M 期を構成する4つの時期の名称と，それぞれにおける細胞の形態
的特徴を言って！
(☞ P.73〜75)

□□□④ 細胞周期と細胞1個あたりの DNA 量の関係を表したグラフ（縦軸・
横軸の単位や目盛りつき）を描いて！
(☞ P.75)

□□□⑤ もとの DNA2本鎖が1本ずつに分離し，それぞれの鎖が鋳型となっ
て新しい鎖が合成されることで，DNA は複製される。このような
複製の様式を何と言う？　また，このような複製様式を実験で証明
した研究者名を2人言って！　さらに，この2人が行った実験で用
いられた元素（同位体）を2つあげて！
(☞ P.80〜82)

□□□⑥ タマネギの根端を材料として，体細胞分裂を観察するときの5つの
手順を言って！
(☞ P.84〜85)

Theme 07：遺伝情報の発現

□□□① タンパク質の構成単位の名称を言って！ (☞ P.89)

□□□② DNA の塩基配列は何を決めているのか言って！ (☞ P.89)

□□□③ DNA と RNA の相違点と共通点を言って！ (☞ P.90)

□□□④ タンパク質の合成の過程を大きく 2 段階に分けたとき，それぞれの段階の名称を答えて！ (☞ P.90〜91)

□□□⑤ タンパク質の合成の第 1 段階で起こっていることを説明して！ (☞ P.90〜91)

□□□⑥ タンパク質の合成の第 2 段階で起こっていることを説明して！ (☞ P.91〜92)

□□□⑦ mRNA（伝令 RNA）と tRNA（転移 RNA，運搬 RNA）のそれぞれの働きを説明して！ (☞ P.91〜92)

□□□⑧ コドンとアンチコドンを，それぞれ簡単に説明して！ (☞ P.91〜92)

□□□⑨ 遺伝暗号表って何？ 簡単に説明して！ (☞ P.92〜94)

□□□⑩ 開始コドンと終止コドンのそれぞれについて簡単に説明して！ (☞ P.93〜94)

□□□⑪ セントラルドグマとは何？ 簡単に説明して！ (☞ P.97)

□□□⑫ 「DNA の複製」「転写」「翻訳」のそれぞれについて，材料は何か？ 生成物は何か？ 起こる時期はいつか？ について答えて！ (☞ P.97)

□□□⑬ 細胞の分化とはどのような現象？ 簡単に説明して！ (☞ P.98)

□□□⑭ ヒトの眼の水晶体の細胞，皮膚の細胞，筋細胞で発現している遺伝子をもとに合成されるタンパク質の名称を，それぞれ 1 つずつあげて！ (☞ P.99)

□□□⑮ だ腺染色体を観察することができる昆虫の例をあげて！ (☞ P.100)

□□□⑯ だ腺染色体を観察する手順を言って！ (☞ P.100)

□□□⑰ パフとは何？ 簡単に説明して！ (☞ P.100)

□□□⑱ ゲノムの意味を 2 通り言って！ (☞ P.102)

□□□⑲ 相同染色体って何？ 簡単に説明して！ (☞ P.102)

□□□⑳ ヒトのゲノムを構成する DNA に含まれる総塩基対数と遺伝子数は，それぞれおよそいくつ？ (☞ P.103)

□□□㉑ ヒトにおいて，ゲノムを構成する全 DNA のうち，約何%がタンパク質に翻訳される領域か言って！ (☞ P.103)

お肌のためにはコラーゲン？

「お肌に良い」とされているコラーゲンは，皮膚・軟骨・腱などに多く含まれるタンパク質の一種であり，細胞と細胞の周囲の物質を結合させる役割を担っているんです。コラーゲンはタンパク質なので，細胞内でDNAの遺伝情報（コラーゲンの遺伝子）にもとづいて，転写・翻訳の過程を経てつくられます。このような転写・翻訳が盛んに行われるのが，皮膚・軟骨・腱などの細胞だよ。

コラーゲンは多数のアミノ酸が結合した巨大な分子です。このようなコラーゲンを皮膚にぬるとどうなるでしょう。ぬったコラーゲン自体がもつ保水効果によって，お肌がみずみずしくなったように感じる人もいるようだけど，ぬるのをやめると，みずみずしさは失われてしまうだろうね。

それでは，コラーゲンを食物やサプリとして，口からとり込んだ場合はどうでしょう。第2部で勉強したことを思い出してください。牛肉（ウシの筋肉）をたくさん食べてもウシにならないんだよね。牛肉中のタンパク質は，ヒトの体内でアミノ酸にまで消化（分解）され，細胞内にとり込まれて，再びタンパク質の材料となります。その際，ウシの筋肉のタンパク質から生じたアミノ酸は，ヒトの筋肉のタンパク質の材料にだけなるわけじゃないんだよ。酵素やヘモグロビンやホルモンなど，あらゆるタンパク質の材料となり，一部がコラーゲンの材料となるんです。つまり，牛すじ，もつ煮込み，豚足など，コラーゲンをたくさん含む料理を食べたり，サプリを飲んだりしたからといって，コラーゲンのみが増えるわけではありません。それも，1日，2日ではね。

「豚足をたくさん食べると，次の日はお肌がスベスベよ」といっているあなた。気のせいです。むくんでいるのかも。コラーゲンをたくさん食べたり飲んだりすると，体内でのコラーゲンの合成が促進されるという報告も少数あるけど，科学的（生物学的・医学的）には証明されていません。まあ，コラーゲンは良質のアミノ酸供給源です。お肌のためだけでなく，からだ全体のタンパク質のために，どんどん食べましょう。

第3部

ヒトのからだの調節

MAINTENANCE OF HUMAN INTERNAL ENVIRONMENT

Theme 08

情報の伝達と体内環境の維持

Step 1 体液

① 生物の恒常性

　第1部の生物の特徴 (☞ P.19) で勉強したように，生物は「体内環境を一定に保つしくみをもっている」んでしたよね。生物は，気温や光，湿度，風，気圧などが変化する多様な環境のもとで，病原体の侵入による影響なども受けながら生活しています。それにもかかわらず，体内の状態が一定に保たれている，つまり，器官や細胞が正常に機能することができるのです。

　このように，生物のまわりの環境が変化しても，体内の状態が一定に保たれる性質を，恒常性（ホメオスタシス）といいます。ここからは，動物，特に私たちヒトの恒常性に的を絞って勉強していきましょう。

② 体内環境としての体液

　淡水にすむゾウリムシのような単細胞生物では，1個体*（＝1細胞）にとっての環境は，淡水という外部の環境のみなんだよ。このような個体をとり囲む環境を**体外環境**（外部環境）というんだね。一方，動物のような多細胞生物では，1個体にとっての環境は，空気，光，風，湿度，気圧などの体外環境だけではありません。体内では，体外環境とは異なった環境がたくさんの細胞をとり囲んでいます。これを，体内環境（内部環境）というんだ。動物では一般に，体内にある液体のうち，細胞外にあるものを体液といい，これが体内環境にあたります**。

ゾウリムシ1匹とウサギが4羽（4匹）。

ゾウリムシ1匹とクマ1匹（1人？）。

…。

＊種によらない共通の数え方では，
(田部) クマ1個体，
ゾウリムシ1個体，
ウサギ4個体

　＊＊ 広義には，血液の血球（細胞）内の液体（細胞内液）も体液に含まれる。

3 脊椎動物の体液

ヒトなどの脊椎動物の体液には，血管内を流れる**血液**，組織の細胞間にある**組織液**，リンパ管内を流れる**リンパ液**があります＊。

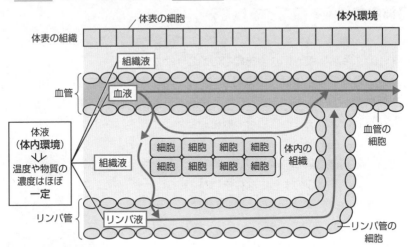

▲図1：脊椎動物の体液

図1の内容をもう少し具体的に説明しましょう（図2）。**血液**の成分（☞P.150）のうちの**血しょう**が**毛細血管**の外にしみ出して，細胞のまわりをとり巻くようになったものが**組織液**です。組織液の多くは，再び毛細血管に吸収されるんだけど，一部は**リンパ管**に入って**リンパ液**と名前が変わります。リンパ管は，血管の特定の部分（鎖骨下静脈）とつながっていて，この部分でリンパ液は血液に合流します（☞P.121）。だから，**血しょう・組織液・リンパ液**の成分は，ほとんど同じなんだよ。

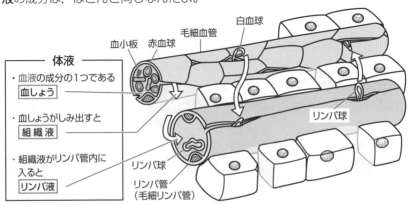

▲図2：血しょう・組織液・リンパ液の関係

＊体液を血液・組織液・リンパ液の液体成分とすることもある。

08

♣ 情報の伝達と体内環境の維持

111

Step 2 神経系による情報の伝達と調節

1 体内で情報を伝達するしくみ

P.110の 1 でも言ったように，体内の状態は一定に保たれていますが，これはどのようなしくみによるものなのでしょうか。

踏み台の昇り降り運動（踏み台昇降）による心臓の拍動数（心拍数）の変化を調べて，このしくみについて考えてみましょう。心臓の拍動というのは，心臓が血液を送り出すときに行う収縮運動のことだよ。

ある人の踏み台昇降前後の心臓の拍動数を測定すると，図３のようになりました。

踏み台昇降は，主に足を動かす運動なので，足の筋肉は，筋肉の収縮（筋収縮）のために大量のエネルギーを消費します。このエネルギーを調達するために，酸素（O_2）を用いる呼吸がさかんに行われるようになります。特に，筋肉の細胞（筋細胞）内では多量の酸素が消費され，多量の二酸化炭素（CO_2）が生じ，それらが筋肉から血液中に流れ出すので，血液中の酸素濃度は低下し，二酸化炭素濃度は上昇します。

これらの濃度変化が血流によって情報として脳に伝わると，これを受けとった脳は，心臓の拍動を促進する情報を神経を介して心臓に送るんです。これで心臓の拍動数が増加します。

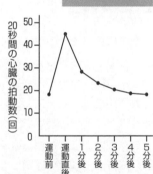

▲図３：踏み台昇降による心臓の拍動数の変化

心臓の拍動数が増加すると，心臓から送り出される時間あたりの血液量が増えるので，足の筋肉へ供給される酸素量が増えます。この状態で運動を終えると，今度は，拍動を抑える情報が神経を介して心臓に送られるので，心臓の拍動数は元に戻るのです。この辺の詳しい説明は P.119 でやりますね。

このように，体内での情報の伝達は，体内環境の維持に深く関わっています。恒常性に関わる情報伝達のしくみには，神経系と内分泌系の２つがあるんです。

神経系は，多数の神経細胞（ニューロン）から構成されるネットワークです。神経細胞は，長く伸びた突起をもち，からだの各器官・組織とつながり，情報を電気的な信号（興奮）にして伝えているんです。

一方，内分泌系では，内分泌腺（☞ P.127）とよばれる器官が分泌した**ホルモン**とよばれる物質が，血流にのって特定の器官へ運ばれ，情報を伝えているんです。

〔神経系による情報伝達〕

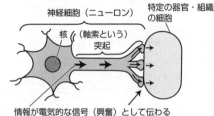

神経細胞（ニューロン）
特定の器官・組織の細胞
核 （軸索という）突起
情報が電気的な信号（興奮）として伝わる

〔内分泌系による情報伝達〕

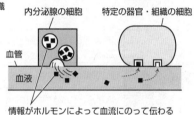

内分泌腺の細胞
特定の器官・組織の細胞
血管
血液
情報がホルモンによって血流にのって伝わる

▲図4：神経系と内分泌系それぞれの情報伝達

2 ヒトの神経系の構造と働き

まずは，ヒトの神経系の構造とそれぞれの働きについて見ていきましょう。

ヒトの神経系は，図5のように中枢神経系と末梢神経系の2つから成り立っています。

中枢神経系は，その名前のとおり，神経系の中枢として働いていて，からだの各部位から送られてくる情報を処理し，筋肉や内分泌腺などへ命令を出したりしています。中枢神経系は神経系の司令塔なんです。

これに対して，「末端」とか「枝の先」っていう意味の「末梢」が名前についている末梢神経系は，中枢神経系とからだの各器官や末端部分，つまり，受容器・筋肉・内分泌腺・外分泌腺（☞ P.127）などとをつなぐ（連絡する）役割をもっています。

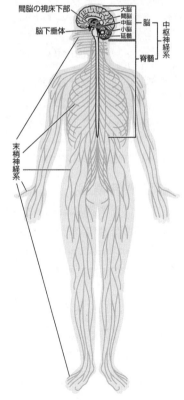

間脳の視床下部
脳下垂体
大脳
間脳
中脳
小脳
延髄
脳
脊髄
中枢神経系
末梢神経系

▲図5：ヒトの神経系

▼中枢神経系の構造

　ヒトの中枢神経系は，脳と脊髄に分けられ，脳はさらに，**大脳**，**小脳**，**間脳**，**中脳**，**延髄**に分けられます。これらはそれぞれ異なる反応に対する中枢としてからだの調節を行っています。間脳・中脳・延髄などを合わせた部分を脳幹といいます。脊髄は，脳とからだの各部の中継としての働きをもっています。

　図６に，ヒトの脳の構造と働きをまとめて示しておくので，しっかり見ておいてください。

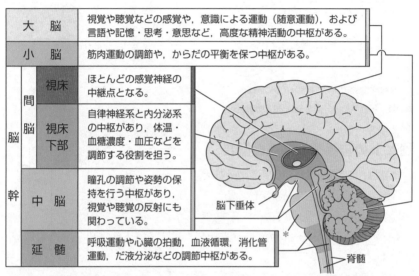

大 脳		視覚や聴覚などの感覚や，意識による運動（随意運動），および言語や記憶・思考・意思など，高度な精神活動の中枢がある。
小 脳		筋肉運動の調節や，からだの平衡を保つ中枢がある。
脳幹	間脳 視床	ほとんどの感覚神経の中継点となる。
	間脳 視床下部	自律神経系と内分泌系の中枢があり，体温・血糖濃度・血圧などを調節する役割を担う。
	中 脳	瞳孔の調節や姿勢の保持を行う中枢があり，視覚や聴覚の反射にも関わっている。
	延 髄	呼吸運動や心臓の拍動，血液循環，消化管運動，だ液分泌などの調節中枢がある。

脳下垂体
＊
脊髄

▲図６：ヒトの脳の主な構造と働き

▼脳死と植物状態

　脳は，体内環境の維持を含め，様々な生命活動にとって重要な器官なのがよくわかったよね。特に脳幹は，呼吸運動や心臓の拍動など，内臓の働きを調節する中枢なので，脳が損傷を受け，脳幹を含む脳全体の機能が停止して回復不可能な状態になると，脳死と判断されます。

　日本では，一般に人の死は，心臓の拍動が停止（心停止）し，再開しないことをもって判断されます。これに対し，脳死は，**臓器移植**の場合に限って法的な人の死の基準として用いられるんです。

　脳死の場合，人工呼吸器や薬剤などを用いなければ，やがて心停止に至ります。

　＊中脳と延髄の間の膨らんだ部分は橋とよばれる。

一方，大脳の機能は停止しているけど，脳幹の機能が残っている場合は，植物状態（遷延性意識障害）とよばれます。この場合，人工呼吸器などを用いなくても自発的に呼吸を行うことができます。

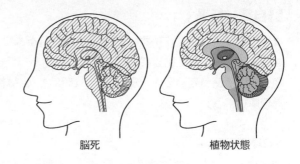

脳死　　　　　植物状態

▲図7：脳死と植物状態（斜線部は機能停止）

08

♣ 情報の伝達と体内環境の維持

▼末梢神経系の分類

末梢神経系は，その働きによって**体性神経系**と<u>自律神経系</u>に分けられます。

体性神経系は，外から与えられた物理的衝撃などの刺激の情報を中枢神経系に伝える**感覚神経**と，その情報を処理した中枢神経系から出された命令を手足の筋肉などに伝える**運動神経**からなるんだ。つまり，**体外環境からの刺激を受けて，外から見える反応を起こす**のが，**体性神経系**の働きね。

この体性神経系に対して，どこからくる刺激でもかまわないけど，刺激に対して，**からだの中での反応を起こす働きをもっている**のが**自律神経系**なんだ。例えば，暖かいところから寒いところに移動したときや，反対に寒いところから暖かいところに移動したときでも，中枢神経系と自律神経系の働きによって，体温はほぼ一定に保たれています。体温が一定かどうかは外から見えないよね。このような調節を行うのが自律神経系なんです。

▼ヒトの神経系

ヒトの神経系の全体像を模式的に表すと図8のようになるよ。

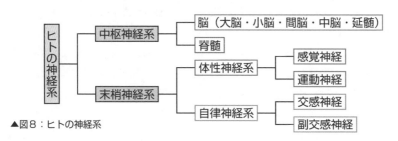

▲図8：ヒトの神経系

3 自律神経系

「自律神経」という言葉は，日常でも使われるよね。「私，自律神経失調症なのよ」とかいっているのを聞いたことない？　でも，正しい意味をよくわからないで使っている人が多いんだ。まずは，**自律神経系**とは何か，ちゃんと理解しよう。

▼ 自律神経系とは

❶ 自律神経系は，**体性神経系**と同様に，**末梢神経系**の一種です。P.115 でも話したように，外から見える反応を起こす体性神経系と違って，自律神経系はからだの中での反応を起こすんだよ。混乱しやすいから注意してね。

❷ 自律神経系の**中枢**は間脳の視床下部で，感覚や意識的な運動などの中枢として働く大脳の支配からは独立して働きます。つまり，自律神経系は，**無意識の反応を支配している**んです。

❸ 自律神経系は，交感神経と副交感神経の２種類からなり，両者は**拮抗的**に働くことが多いんです。拮抗的ってわかる？　片方が「頑張れ！」っていうと，もう一方は「休め～」っていうように，「お互いに反対の」「お互いを打ち消し合うような」という意味だよ。対抗的に働く，ともいいます。

▼ 自律神経系の分布

次ページの図９を見てごらん。自律神経系の交感神経と副交感神経が，それぞれどこから出てどこに分布し，どんな働きをするのかを表しています。

さっき自律神経系の中枢は間脳の視床下部といったけど，これは最高位の中枢という意味です。自律神経系には，下位の中枢もあり，中脳・延髄・脊髄がそれに相当します。つまり，視床下部は会社の社長や重役みたいなもので，中脳・延髄・脊髄なんかは部長や課長なんだ。重役会議で決まったことを，営業部の部長に伝えると，部長は部下（交感神経や副交感神経）にその決定事項を伝えて，部下が営業に出かけるって感じだね。

交感神経は，脊髄の胸や腰の部分から出ています。それに対して，副交感神経は，中脳・延髄および脊髄の下部（下端）から出ています。副交感神経のうち，延髄から出る神経は，特に多くの内臓器官に分布しているんだ。

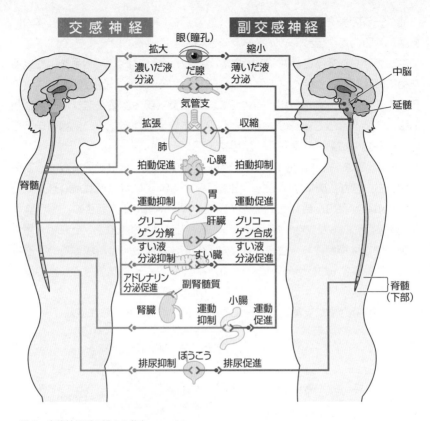

▲図9：自律神経系の働きと分布

▼交感神経と副交感神経の働き

　交感神経は，**活発に活動するときや緊張した状態，興奮した状態のとき**に強く働くんだ。それに対して，副交感神経は，**安静時や休息時**などによく働くんだよ。交感神経と副交感神経が働くことによって，それぞれの器官がどのようになるかをまとめたのが下表です。表の中の立毛筋というのは，からだの毛を逆立てる筋肉のことだよ。

	眼（瞳孔）	気管支	心臓（拍動）	胃・小腸の運動（ぜん動）	すい臓（すい液の分泌）	ぼうこう（排尿）	立毛筋	皮膚の血管
交感神経	拡大	拡張	促進	抑制	抑制	抑制	収縮	収縮
副交感神経	縮小	収縮	抑制	促進	促進	促進	―	―

▲表1：交感神経と副交感神経による調節（ ― は副交感神経が分布していないことを示す）

前ページの表を見ただけだと，よくわからないよね。ネコを例に具体的にお話しするので，自分でもイメージできるようにしておいてください。

ネコがけんかするときは，**交感神経**の働きが活発になって，相手をよく見るために瞳孔（どうこう）がカッと開く（**拡大する**）。また，からだ中の細胞が呼吸によって多くのエネルギーをとり出せるように，**気管支（肺へ空気を送り込む管）が拡張**し，肺を介して多量の酸素をとり込んだ血液をからだ中の細胞に送るために，**心臓の拍動（ドキドキ）が増す**んだ。

さらに，噛（か）まれても，相手の歯が皮膚に届かないように立毛筋が収縮して毛が逆立ち，歯が皮膚に届いても，出血が少なくなるように**血管が収縮**します。

胃や小腸などの働きが活発だと，血液が胃や小腸に集まるよね。そうすると，頭に行く血液が少なくなっちゃう。だから，けんかをするときには，**胃や小腸の働きは抑制**され，食欲がなくなるんだよ。また，けんかしている最中に，オシッコなんか行ってるヒマがないので，ぼうこうは拡張して多量の尿をためられるようになっている，つまり，**排尿が抑制**されます。

副交感神経が働く安静時には，これらと逆の作用が起こります。

交感神経の働きが活発になってますね…。

立毛筋・皮膚の血管収縮
瞳孔拡大
ぼうこう拡張（排尿の抑制）
胃や小腸などの活動抑制
心臓の拍動促進
気管支の拡張

これまでに説明してきた交感神経と副交感神経の特徴について，下表にまとめたので，しっかり確認して覚えておいてください。

	交感神経	副交感神経
最高位の中枢	間脳の視床下部	
下位の中枢（神経の起点）	脊髄	中脳，延髄，脊髄の下部
働　き	活動状態の維持	安静状態・休息状態の維持

　▲表2：交感神経と副交感神経の特徴

▼心臓の拍動調節

　P.112の踏み台昇降のところで注目した心臓の拍動調節のしくみについて，少し詳しく見ておこう。

　心臓の拍動のリズムをつくり出すのは，**右心房**にある<ruby>洞房結節<rt>とう ぼう けっ せつ</rt></ruby>（**ペースメーカー**）と呼ばれる部位です。心臓の拍動のリズムについては P.125 でさらに詳しくやります。確認しておいてください。

　心臓の拍動数を調節する自律神経系の中枢は，視床下部ではなく延髄にあるんだよ。つまり，延髄は，重役会議の決定なしに，部下に営業の許可を出すことができる営業部長みたいなもんだね。心臓の拍動数は，この中枢の支配を受ける**交感神経**と**副交感神経**によって，いつも調節されているんだ。

　例えば，激しい運動をすると心臓がドキドキする，つまり心臓の拍動数が多くなるよね。運動すると筋肉などの組織が大量の酸素を消費して呼吸を行うので，大量の二酸化炭素が発生します。その結果，酸素不足の状態になるので，これを防ぐために心臓の拍動数が増加し，組織への酸素供給を確保するんです。

　組織で酸素の消費量が増加して，血液中の**二酸化炭素濃度**が高くなると，この二酸化炭素濃度が刺激になって，中枢である延髄に伝えられるんだよ。中枢からの命令が交感神経を通して心臓に伝わると，**拍動数が増加**して血流量が増加するんだ。これによって，組織への酸素供給量が増えるというわけです。

　逆に，安静時のように，酸素の消費量が減少して，血液中の二酸化炭素濃度が低くなると，副交感神経を通して中枢からの命令が心臓に伝えられ，**拍動数が減少**するんだ。うまくできてるよね。

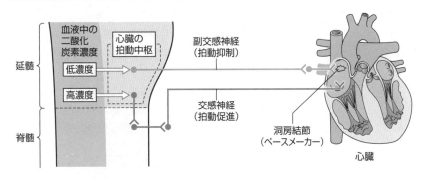

▲図10：心臓の拍動の調節

08

♣ 情報の伝達と体内環境の維持

●体液の循環

　体液のうち，組織液は体内を循環しないけど，血液とリンパ液は体内を循環します。血液の通り道となる**血管系**や，リンパ液の通り道となる**リンパ系**は，合わせて<u>循環系</u>とよばれます。循環系は，<u>心臓</u>など循環に関わる器官も含みます。

　血管の名称について説明するよ。心臓に近づく血液が流れている血管は<u>静脈</u>とよばれ，静脈に血液を送り出す器官の名称（〜）を前につけて「〜静脈」というんだ。ただし，全身の器官から送り出された血液が流れている太い静脈は，<u>大静脈</u>といいます。一方，心臓から遠ざかる血液が流れている血管は<u>動脈</u>とよばれ，動脈中の血液が向かう器官の名称（…）を前につけて「…動脈」といいます。

　次ページの図を見て。血液は，大静脈（上大静脈と下大静脈）から心臓の<u>右心房</u>に入ったあと，<u>右心室</u>に移動します。この血液は，全身に酸素を配り，二酸化炭素を受けとってきた血液だね。このように，酸素が少ない暗赤色の血液を<u>静脈血</u>といいます。静脈血は，このまま全身に出回るとまずいので，**右心室から出た後，肺動脈を通って肺に向かいます。**<u>肺</u>で酸素を受けとり，二酸化炭素を放出した血液は，酸素を多く含む鮮紅色の<u>動脈血</u>に変化して，再び心臓に帰ってきます。このときに血液が流れる血管は<u>肺静脈</u>だよ。

　肺静脈から<u>左心房</u>に入った血液は，<u>左心室</u>を通って**全身へ向かって**流れ出ていきます。左心室を出て全身へ向かう血液が流れる血管は<u>大動脈</u>だね。

　血液の循環は，肺で血液に酸素をとり込む経路である<u>肺循環</u>と肺以外の全身をめぐる経路である<u>体循環</u>に分かれます。肺循環のルートは，<u>右心室</u>→<u>肺動脈</u>→<u>肺</u>→<u>肺静脈</u>→<u>左心房</u>で，**肺動脈の中を流れているのは，酸素の少ない<u>静脈血</u>，肺静脈の中を流れているのは，酸素の多い<u>動脈血</u>だよ。ここ，**注意しようね。

　体循環のルートは，<u>左心室</u>→<u>大動脈</u>→**全身の組織**→<u>大静脈</u>→<u>右心房</u>です。肝臓や腎臓などを通った血液は，肝静脈や腎静脈などを経て，下大静脈に合流しますが，小腸へ送られた血液は，小腸を通ったあと，<u>肝門脈</u>を経て<u>肝臓</u>へ送られます。

　門脈は，毛細血管が合流した静脈が，再び枝分かれして毛細血管になる血管なんだ（☞ P.140）。だから，<u>肝門脈</u>には酸素の少ない<u>静脈血</u>が流れているけど，小腸を通ったあとなので，その血液の中にはたくさんの栄養分が含まれています。

　<u>リンパ系</u>は，リンパ液が流れるリンパ管，リンパ管の一部が膨らんだリンパ節などからなっていて，**脊椎動物**のみに見られます。リンパ管には逆流を防ぐ**弁**があるよ。リンパ液は，最終的に鎖骨の下にある静脈（鎖骨下静脈）で血液と合流します。

下図は，人の循環系を表していますが，血管名が明記できるように模式的に描いた図なんです。ですから，実際の人の体内では，下記以外にも多くの動脈・静脈・リンパ管が存在しています。また，大動脈・大静脈・太いリンパ管は，体の中央付近を通っていて，太いリンパ管と合流するのは左の鎖骨の下にある静脈（左鎖骨下静脈）なんです。

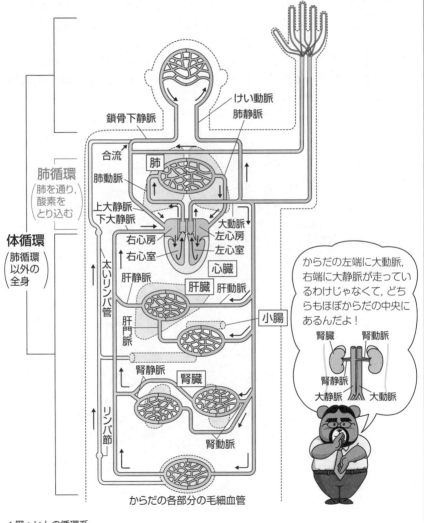

▲図：ヒトの循環系

●心臓の構造と働き

　心臓は，収縮・弛緩（「縮む・緩む」）を繰り返す筋肉（**心筋**^{しんきん}）からできていて，血管系における血液を送り出すポンプの役割をはたしています。まずは，心臓の構造はどうなっているのかを見ていきましょう。

▼心臓の構造

　脊椎^{せきつい}動物^{どうぶつ}の心臓は，２つの**心房**^{しんぼう}（右心房・左心房）と**心室**^{しんしつ}（右心室・左心室）でできています。ヒトの心臓の外観は図１，断面は次ページの図２のように模式的に表されます。心房・心室の名前の頭についている「右」と「左」は，心臓の持ち主にとっての右・左だよ。図１と２では，心臓の持ち主は君たちと向かい合っています。だから，正面から見ると左右が逆になるんだ。また，心臓には血液の逆流を防ぐための**弁**がついています。

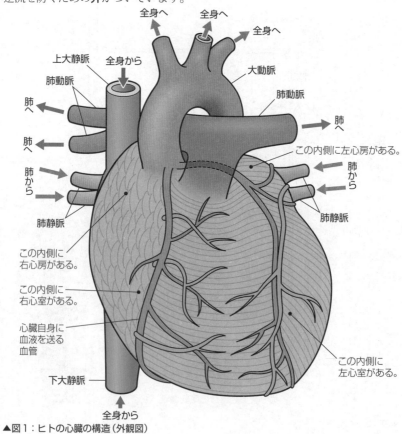

▲図１：ヒトの心臓の構造（外観図）

大動脈弁・肺動脈弁

動脈から心室へは流れない。

動脈
血流

心室

心室から動脈へのみ流れる。

動脈

血流
心室

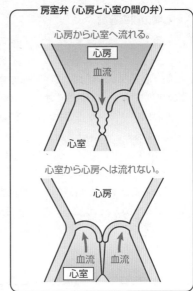

房室弁（心房と心室の間の弁）

心房から心室へ流れる。

心房
血流

心室

心室から心房へは流れない。

心房

心室　血流　血流

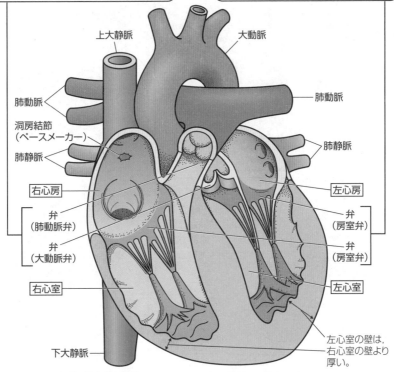

上大静脈

大動脈

肺動脈

肺動脈

洞房結節
（ペースメーカー）

肺静脈

肺静脈

右心房

左心房

弁
（肺動脈弁）

弁
（房室弁）

弁
（大動脈弁）

弁
（房室弁）

右心室

左心室

下大静脈

左心室の壁は,
右心室の壁より
厚い。

▲図2：ヒトの心臓の構造（断面図）

▼心臓の収縮運動

　心臓では，血液を全身にめぐらせるために，**左心房**，**右心房**，**左心室**，**右心室**という4つの部屋が連動してうまく働いているんだ。心臓の拍動は，心臓の鼓動とか，心拍ともよばれます。心臓が血液を送り出すときに行う収縮運動である心臓の拍動では，血液は次のように移動しているんだ。

　右心房には全身からの血液が，**左心房**には肺からの血液が流れ込みます（☞図3 ①）。すると，右心房と左心房が同時に収縮して，血液を右心室と左心室に送ります（☞図3 ②）。次に，心房が弛緩して，右心室と左心室が同時に収縮するんだ。このとき，血液が逆流して心房に戻らないように，心房と心室の間には，**弁**がついているんだ。だから，心室が収縮すると，**右心室**の血液は肺へ，**左心室**の血液は全身へ向かって出ていくよね（☞図3 ③）。心室から血管につながる部分にも弁がついているから，血管から心室に血液が逆流することもなく，血液は一方向に流れていくんだ。それから弁が閉じるときには心音が発生します。

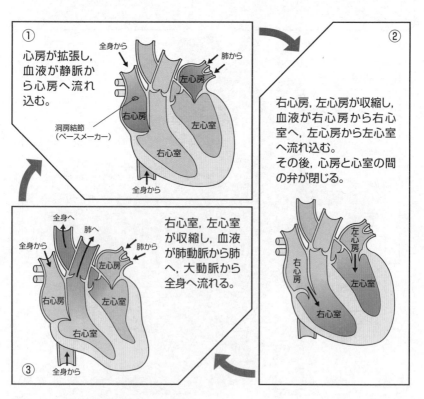

▲図3：ヒトの心臓での血液の流れと収縮運動

心臓には，心臓の拍動をつくり出す部位があります。それは，右心房と上大静脈の間にあり，筋肉が変化したもので，洞房結節（ペースメーカー）とよばれます（☞ P.119 図10）。洞房結節からは，神経みたいな繊維が心筋内に分布していて，この繊維が洞房結節から自発的に出た刺激を心房や心室に伝えます。だから，心臓は自分自身で動くことができ，これを，心臓の自動性といいます。心臓は，自動性があるので，まわりの神経を切って体外にとり出されても，しばらく動き続けるんだ。

　でも，洞房結節では，心臓の拍動の速さは調節できないんだ。これを調節するのは自律神経系なんです。**心臓の拍動をつくるのは洞房結節で，速さ調節は自律神経系**。これについては，P.119 でやったよね。

●血管の構造

　心臓から送り出される血液には高い圧力（血圧）がかかっているので，**動脈**の壁は**厚く，弾力性に富んで**います。それに対して，**静脈**を流れる血液の流れは弱いので，静脈の壁は**薄く**，また，**逆流を防ぐ弁**（静脈弁）がついています。そして，動脈と静脈をつなぐ**毛細血管**は，血管の壁が内皮細胞とよばれる 1 層の細胞からできていて，まわりの細胞との間で物質のやりとりをしているんだ。

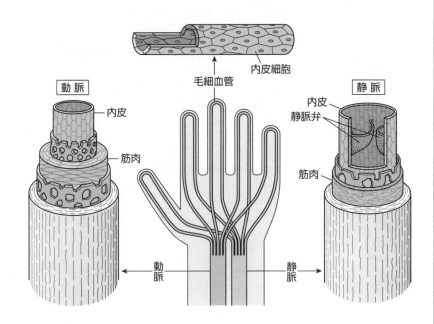

▲図4：血管の構造

発展

●神経伝達物質の発見

　1921年，**レーウィ**さんは，２匹のカエルからそれぞれ心臓をとり出し，一方の心臓Ａは，**副交感神経**を１本だけ残して残りは全部切りとり，もう１つの心臓Ｂは，神経を全部切りとりました。心臓は神経を全部切りとられても，<u>自動性</u>によって動き続けるんだったね。

　下図のように，その２つの心臓にチューブやビーカーをとりつけて，一方の心臓Ａからもう一方の心臓Ｂへ**リンガー液***を送る装置をつくり，心臓Ａにつながっている副交感神経に電気刺激を与えると，心臓Ａの拍動は遅くなりました。そして，電気刺激を与えていないのに，ちょっと遅れて心臓Ｂの拍動も遅くなったんだ。不思議だね。この結果から，神経がつながっていない心臓Ｂの拍動が遅くなったのは，神経が直接心臓の拍動を遅くしているわけじゃないことがわかるね。

　実は，心臓Ａから心臓Ｂに送られたリンガー液の中には，副交感神経が分泌した物質が入っていたんだ。その物質は，心臓Ａの拍動を遅くしたあとに，リンガー液と一緒に心臓Ｂに移動して，心臓Ｂの拍動を遅くしたんだね。のちに，この物質は**アセチルコリン**とよばれる物質であることがわかったんだよ。

　自律神経系などの神経系において，情報の伝達を担う神経細胞（ニューロン）の長く伸びた軸索とよばれる突起の末端は，情報を伝達する相手となる細胞（ニューロンや筋肉の細胞）とわずかな間隙をおいて接しているんだ。この部分は**シナプス**とよばれ，シナプスでは，軸索の末端から**神経伝達物質**とよばれる化学物質が放出されて，隣接する細胞に情報が伝えられます。神経伝達物質として，副交感神経の末端から放出される**アセチルコリン**，交感神経の末端から放出される**ノルアドレナリン**がよく知られているよ。

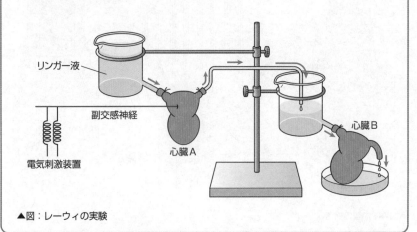

▲図：レーウィの実験

　＊リンガー液…血清と同じイオン組成・塩類濃度・pHをもち，実験などで体液の代わりに用いられる溶液。

Step 3 内分泌系による情報の伝達と調節

◢ ホルモンと内分泌腺

P.113で少し話したように，ホルモンというのは，動物体内の内分泌腺（分泌は「ぶんぴつ」とも読む）など特定の部分でつくられる化学物質です。ホルモンは，**血液によって全身に運ばれ，微量で特定の組織や器官の働きに影響を与える**んだよ。このようなホルモンの働きに関わる器官などをまとめて内分泌系とよびます。内分泌系の中枢は間脳の視床下部です。つまり，視床下部が，自律神経系と内分泌系を統合する中枢の役割をもっているんです。

▼外分泌腺と内分泌腺

分泌を盛んに行う細胞を腺細胞といいます。そして，腺細胞が集まった組織を腺とよびます。分泌というのは，細胞の中でつくった物質を細胞の外へ出す働きだよ。下図の外分泌腺と内分泌腺をよく見てください。

汗を分泌する汗腺や，だ液を分泌するだ腺などの外分泌腺は，細胞がすき間なく並んで，井戸みたいな構造になっているね。外分泌腺の腺細胞内でつくられた分泌物は，排出管という通路を通って，体外に出ていきます。ここでの体外というのは，消化管の内側も指します。

これに対して，ホルモンを分泌する内分泌腺には**排出管がありません**。腺細胞内でつくられた分泌物であるホルモンは，血液中（つまり，体内）に分泌され，**血液の流れによって全身へ送られる**んだよ。つまり，外分泌腺と内分泌腺の違いを一言でいうと，**排出管の有無**になるわけ。

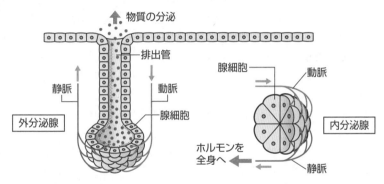

▲図11：外分泌腺と内分泌腺

2 ヒトの内分泌腺とホルモンの働き

▼ヒトの主な内分泌腺の分布

　下図は，ヒトの主な内分泌腺が存在する位置やその形を示したものです。

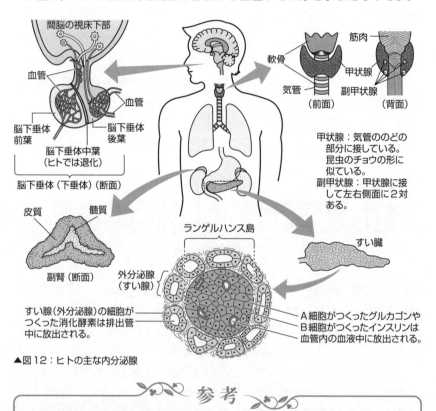

甲状腺：気管ののどの
　　　部分に接している。
　　　昆虫のチョウの形に
　　　似ている。
副甲状腺：甲状腺に接
　　　して左右側面に２対
　　　ある。

すい腺（外分泌腺）の細胞が
つくった消化酵素は排出管
中に放出される。

A細胞がつくったグルカゴンや
B細胞がつくったインスリンは
血管内の血液中に放出される。

▲図12：ヒトの主な内分泌腺

参考

●ホルモンの発見

　ホルモンの発見前は，すい液の分泌は神経からの刺激によるものだと考えられていました。ところが，1902 年に，**ベイリス**さんと**スターリング**さんが，すい臓の神経を切断しても，塩酸（胃液の成分）を**十二指腸**に注入すると，**すい液が分泌される**ことを発見したんです。さらに，切り出した十二指腸に塩酸を加えたあとにすりつぶし，その絞り汁をすい臓に入る血管内に注入しても，すい液が分泌されました。

　これらの実験から，胃液が十二指腸に作用するとある物質がつくられ，その物質が血液中を移動してすい臓に達すると，すい液の分泌が促進されると考えられたんです。そして，その物質は**セクレチン**と名づけられました。これが，初めて名前がつけられたホルモンなんです。

▼ヒトの内分泌腺とホルモンの働き（まとめ）

このあと，いろんなホルモンが出てくるので，そのときに左ページの図と下表と合わせて何度も確認するんだよ。

内分泌腺		ホルモン	働き
間脳の 視床下部		放出ホルモン	脳下垂体のホルモン分泌の促進
		放出抑制ホルモン	脳下垂体のホルモン分泌の抑制
脳下垂体（下垂体）	前葉	成長ホルモン	からだ全体の成長の促進，骨の発育促進，タンパク質合成の促進，（血糖濃度の上昇）
		甲状腺 刺激ホルモン	チロキシンの分泌促進， 甲状腺の発育・機能促進
		副腎皮質 刺激ホルモン	糖質コルチコイドの分泌促進， 副腎皮質の発育・機能促進
	後葉	バソプレシン （抗利尿ホルモン）	腎臓の集合管での水の再吸収の促進， 血圧の上昇
甲状腺		チロキシン	体内の化学反応（代謝）の促進， 成長と分化の促進，（血糖濃度の上昇）
副甲状腺		パラトルモン	血液中のカルシウムイオン濃度の上昇
副腎	髄質	アドレナリン	血糖濃度の上昇（グリコーゲン*の分解促進），心拍数の増加
	皮質	糖質コルチコイド	血糖濃度の上昇 （タンパク質からの糖の合成を促進）
		鉱質コルチコイド	体液中の無機塩類の調節 （腎臓でのナトリウムイオンの再吸収とカリウムイオンの排出を促進）
すい臓（ランゲルハンス島）	A細胞	グルカゴン	血糖濃度の上昇 （グリコーゲンの分解を促進）
	B細胞	インスリン	血糖濃度の低下（グリコーゲンの合成と組織での糖の消費を促進）

▲表3：ホルモンの特徴と働き

*グリコーゲンは，多数のグルコースが結合した炭水化物（多糖類）であり，肝臓や筋肉に多く蓄えられている。

3 ホルモンと標的器官

　ホルモンは，血液の流れ（血流）にのって，からだの中をぐるぐる回るけど，どこにでも作用するわけではなく，作用する相手を選ぶんだ。ホルモンが作用する特定の器官を標的器官といいます。

　例えば，すい臓のランゲルハンス島 B 細胞から分泌される**インスリンの標的器官は肝臓や筋肉**で，脳下垂体後葉（下垂体後葉）から分泌される**バソプレシンの標的器官は腎臓**です。もっと詳しくいうと，バソプレシンが作用する組織は腎臓の集合管 （☞ P.147, 148） という部位の内壁（上皮組織といいます）なのです。

　標的器官には，下図のように，表面または内部に特定のホルモンとだけ結合することができる受容体とよばれる構造をもつ標的細胞があります。**ホルモンが標的細胞の受容体と結合する**と，それが引き金になって細胞の活動（酵素や遺伝子の働き）が変化するんだ。ホルモンは，受容体をもたない細胞には結合できないので，作用することができません。

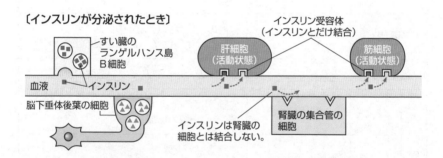

〔インスリンが分泌されたとき〕

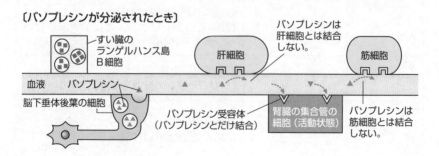

〔バソプレシンが分泌されたとき〕

▲図13：ホルモンと標的細胞

④ 視床下部と脳下垂体

　ホルモンには，内分泌腺の腺細胞ではなく，神経細胞（ニューロン）でつくられるものもあるんです。神経のくせにホルモンをつくってるんだよ。このような変な細胞を，<u>神経分泌細胞</u>といいます。例えば，<u>脳下垂体後葉</u>から放出される<u>バソプレシン</u>などの脳下垂体後葉ホルモンは，脳下垂体後葉でつくられるんじゃないんだ。いいかな？

　下図を見てごらん。**バソプレシン**は，まず，間脳の**視床下部**にある神経分泌細胞の一部（細胞体）でつくられ，神経分泌細胞内を輸送されて，脳下垂体後葉へ送られたあと，血管の中に放出（分泌）されます。それから血流にのってからだ中をめぐったあと，**腎臓**に作用して，水の再吸収（☞ P.148）を促進するんだ。

　これに対して，<u>脳下垂体前葉</u>（<u>下垂体前葉</u>）には多数の腺細胞があり，細胞ごとに異なったホルモン，例えば**成長ホルモン**や**甲状腺刺激ホルモン**，**副腎皮質刺激ホルモン**がつくられています。そして，これらの腺細胞に，「自分のつくったホルモンを分泌しろ！」という命令を出しているのが，視床下部の<u>神経分泌細胞</u>でつくられた，甲状腺刺激ホルモン放出ホルモンなどの放出ホルモンなんだよ。

　このように，各種の放出ホルモンをつくる神経分泌細胞は，バソプレシンをつくる神経分泌細胞とは別のものです。注意してね。

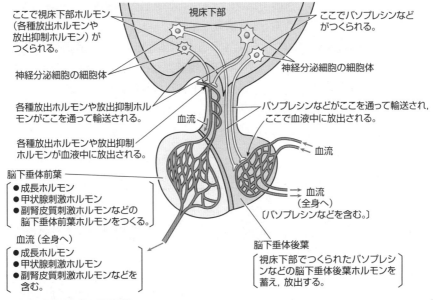

ここで視床下部ホルモン（各種放出ホルモンや放出抑制ホルモン）がつくられる。

視床下部

ここでバソプレシンなどがつくられる。

神経分泌細胞の細胞体

神経分泌細胞の細胞体

各種放出ホルモンや放出抑制ホルモンがここを通って輸送される。

血流

バソプレシンなどがここを通って輸送され，ここで血液中に放出される。

各種放出ホルモンや放出抑制ホルモンが血液中に放出される。

血流

脳下垂体前葉
［ ●成長ホルモン
　●甲状腺刺激ホルモン
　●副腎皮質刺激ホルモンなどの
　　脳下垂体前葉ホルモンをつくる。］

血流（全身へ）

血流（全身へ）
［ ●成長ホルモン
　●甲状腺刺激ホルモン
　●副腎皮質刺激ホルモンなどを
　　含む。］

血流
（全身へ）
〔バソプレシンなどを含む。〕

脳下垂体後葉
［ 視床下部でつくられたバソプレシンなどの脳下垂体後葉ホルモンを蓄え，放出する。］

▲図14：視床下部と脳下垂体

♣情報の伝達と体内環境の維持

5 フィードバック

　結果（最終的につくられたもの）が原因（はじめの段階）にさかのぼって作用することを，フィードバックといいます。ヒトも含めた動物では，いろんなホルモンの分泌量が，フィードバックによって調節され，それによって恒常性が保たれているんです。

▼チロキシンの分泌調節

　チロキシンは，甲状腺から分泌されるホルモンで，細胞の代謝・成長・分化を促進する働きなどをもっています。動物において**代謝**といえば，主に**呼吸**のことです。このような働きをもっているチロキシンの分泌調節のしくみをお話しします。下図を見て。

　視床下部にある**神経分泌細胞**から分泌される**放出ホルモン**（甲状腺刺激ホルモン放出ホルモン）は，血流によって**脳下垂体前葉**に運ばれ，そこにある腺細胞に作用します。すると，その作用によって，脳下垂体前葉からの甲状腺刺激ホルモンの分泌が**促進**されるんです。甲状腺刺激ホルモンは，血流によって**甲状腺**に運ばれ，甲状腺の腺細胞からの**チロキシン**の分泌を促進するんだ。チロキシンは体中の色々な細胞に作用して代謝・成長・分化を促進する働きの他に，**視床下部**に作用して**放出ホルモン**の分泌を抑制したり，**脳下垂体前葉**に作用して**甲状腺刺激ホルモン**の分泌を抑制したりすることもできるんです。ですから，チロキシンの分泌が促進され，高濃度のチロキシンを含んだ血液が**視床下部**や**脳下垂体前葉**に届くと，視床下部からの甲状腺刺激ホルモン放出ホルモンの分泌や，脳下垂体前葉からの甲状腺刺激ホルモンの分泌が抑制されるんだよ。その結果，**甲状腺**からの**チロキシン**の分泌が**抑制**されて，血液中のチロキシン濃度が**低下**するわけです。

　このように，結果が原因を抑制するようなフィードバックを負のフィードバックといいます[*]。

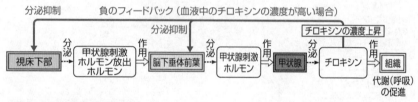

▲図15：チロキシンの分泌調節

　＊結果が原因を促進する場合は正のフィードバックとよばれる。

Step 4 体内環境の維持のしくみ

■ 血糖濃度の調節

血液中のグルコース（ブドウ糖）を血糖といい，その濃度を血糖濃度（血糖値）といいます。正常なヒトの血糖濃度（質量%）は約 0.1%です。血液 100mL 中に約 100mg* のグルコースが含まれているという意味なので，100mg/100mL とも表せます。

▼血糖濃度が低下したとき

血糖濃度が正常よりも異常に低くなることは，全身の細胞で，呼吸基質であるグルコースが不足すること，つまり，生命の危機につながるんだ。だから，血糖濃度が低下したときは，その回復のためのルートが複数あり，ヒトでは血糖濃度は約 70 〜 110mg/100mL になるように調節されているわけ。

血糖濃度の低下した血液が間脳の視床下部に流れ込むと，視床下部から交感神経を通って，すい臓のランゲルハンス島の A 細胞に命令がいくんだ。この A 細胞は，それ自身でも血糖濃度の低い状態（低血糖）を感知して，グルカゴンの分泌を促進します。

視床下部は交感神経を通じて，副腎髄質にも命令を出し，副腎髄質からはアドレナリンの分泌が促進されるよ。

さらに，極度の低血糖の状態が続くと，視床下部から放出ホルモン（副腎皮質刺激ホルモン放出ホルモン）が分泌されるんだ。この放出ホルモンにより，脳下垂体前葉からの副腎皮質刺激ホルモンの分泌が促進され，この刺激ホルモンにより，副腎皮質から糖質コルチコイドの分泌が促進されるんだ。いいかな？

グルカゴンとアドレナリンは，肝臓や筋肉に作用して，グリコーゲンをグルコースに分解する反応を促進します。一方，糖質コルチコイドは，タンパク質からグルコースをつくる反応を促進するんだ。このように炭水化物以外の物質からグルコースをつくることは，糖新生とよばれます。これらの反応によって，血糖濃度が上昇していくんだね**。

---

*正常なヒトの血糖濃度を，「空腹時で血液 100mL あたり 70〜110mg」と表すこともある。
** 甲状腺から分泌されるチロキシンや，脳下垂体前葉から分泌される成長ホルモンも，血糖濃度の上昇に関与している。

▼血糖濃度が上昇したとき

　食後などに，グルコースがいっぱい溶けた血液がすい臓に流れ込むと，血糖濃度の高い状態（**高血糖**）を感知した**すい臓のランゲルハンス島のB細胞**から分泌される，**インスリン**の量が増加します。**インスリン**は，**血糖濃度**を低下させるために，筋肉や脂肪組織などの細胞内にグルコースをとり込んだり，グルコースを細胞の呼吸の材料として使ったり，肝臓や筋肉でグルコースから**グリコーゲン**を**合成**する反応を促進します。

　血糖濃度の上昇は，**視床下部**でも感知されます。すい臓単独でも血糖濃度は感知できるんだけど，これは保険なんだよ。**視床下部**が血糖濃度の急激な上昇を感知すると，**副交感神経**を通って，すい臓に命令がいくんだ。すい臓が気づいていないとまずいからね。

　このように，血糖濃度の調節では，**交感神経**や**副交感神経**が，すい臓や副腎などに作用して，それらから分泌される**ホルモン**が働いている，つまり，自律神経系とホルモンが協調して働いているんだね＊。

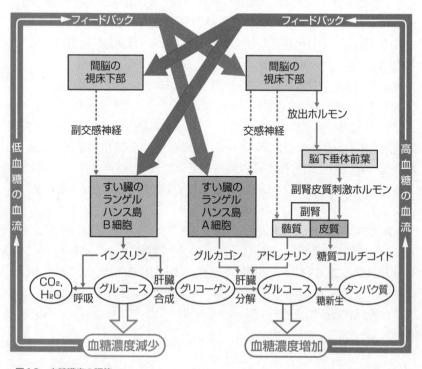

▲図16：血糖濃度の調節

＊交感神経や副交感神経は，直接肝臓に作用して，グリコーゲンの分解の促進や抑制をすることで，血糖濃度の調節をすることもできる。

▼血糖濃度とホルモン濃度の変化

　右図は，健康な人が食事をしたときの**血糖濃度**と，血液中の**インスリン**，**グルカゴン**の濃度をグラフにしたものです。食後はデンプンなどの炭水化物がグルコースなどに消化（分解）され，血液中に吸収されるので，血糖濃度（——）が上がるよね。すると，ただちに血糖濃度を下げる働きをもつ**インスリン**の分泌量（——）が増加するんだ。逆に，**グルカゴン**の分泌量（——）は減っていきます。

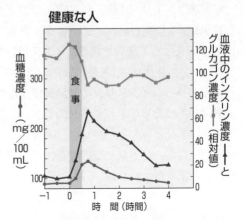

▲図17：健康な人の食事による血糖濃度とホルモン濃度の変化

　その結果，血糖濃度が下がってくると，今度は**インスリン**の分泌が抑制されます。そして，血糖濃度がもっと下がると，今度は**グルカゴン**の分泌が盛んになって，……。この繰り返しで，食事で血糖濃度が上がりすぎないようにし，空腹時には血糖濃度が下がりすぎないようにしているわけです。

▼糖尿病

　糖尿病という病気を知っているかな？　血糖濃度が高い状態が慢性的に続く病気です。糖尿病になると血液中のグルコース量が多すぎることで，腎臓（☞ P.146～149）でろ過されるグルコース量が，再吸収されるグルコース量よりも多くなってしまい，尿中にグルコースが出てしまうことがあります。

　ここで，気をつけてほしいことがあるんだ。尿中にグルコースが出てしまうことがあるといったけど，糖尿病は，ぼうこうや腎臓の病気ではありません。血糖濃度を調節するしくみがうまく働かないために**血糖濃度が高い状態（高血糖）が続き**，それによって種々の症状が出てしまうんです。

　病気がひどくなると，高血糖に伴う**合併症**，例えば，糖尿病性失明や，腎機能不全，四肢の組織の壊死，などが起こってしまうことがあります。これらの症状が出るのはいずれも毛細血管が多く集まる組織で，高血糖による毛細血管の損傷が原因とされています。

08

♣ 情報の伝達と体内環境の維持

　糖尿病は，**1型（I型）糖尿病**と**2型（II型）糖尿病**の大きく2つに分けられます。1型糖尿病は，すい臓ランゲルハンス島のB細胞が自己免疫疾患（☞P.196）によって破壊されて，**インスリンが分泌されない**ことで起こるタイプだよ。2型糖尿病は，生活習慣病の糖尿病ともよばれ，B細胞は存在するけど，そこからの**インスリンの分泌量が少なかったり，インスリンの標的細胞に異常があったり**して起こるものです。ここでいう標的細胞の異常とは，インスリンの受容体の量が少ない，インスリンの受容体がインスリンをうまく受容できない，インスリンの受容体がインスリンを受容したあとの情報が細胞内にうまく伝えられない，などです。

　健康な人では，前ページの図17でも見たように，食後にインスリンの分泌が促進されるんだけど，1型糖尿病の人では，右図のように食後もインスリンの濃度がほとんど上昇しないんだ。だから，血糖濃度がもとの値に戻らなくて，上昇した状態のままになってしまうんだね。

　これに対して2型糖尿病の人では，1型糖尿病の人とは違って食後のインスリンの濃度は上昇します。でも，インスリンの分泌量の少ない人では，インスリンの濃度の上昇が遅いので，健康な人のようには血糖濃度が下がらないし，受容体の働きの悪い人は，インスリンの濃度が上昇してもあまり効果がなく，やっぱり血糖濃度は下がらないんだ。

　1型糖尿病や2型糖尿病の食後の血糖濃度やインスリン濃度

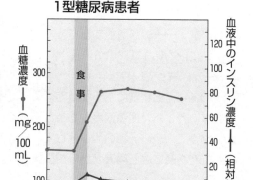

▲図18：1型糖尿病患者の食事による血糖濃度とインスリン濃度の変化

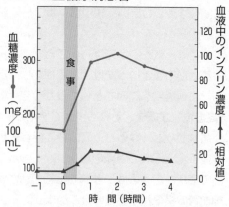

▲図19：2型糖尿病患者の食事による血糖濃度とインスリン濃度の変化

の変化の違いをよく理解しておいてください。

参　考

●ホルモンと糖尿病

　これまでお話ししてきたように，血糖濃度を上昇させるホルモンは複数種類（アドレナリン，グルカゴン，糖質コルチコイドなど）あります。

　これは，動物は過去の長い進化の歴史で常に飢餓（きが）の恐怖と戦ってきたので，飢餓に対応して血糖濃度を維持しようとする方向，つまり血糖濃度を上昇させる方向に適応してきたためであると考えられています。

　仮に，血糖濃度を上昇させるホルモンが1種類しかなく，その分泌が滞ってしまうと，たとえ一時的でも食物を得られない場合，血糖濃度が低下して，生存が危うくなってしまいますよね。でも，血糖濃度を上昇させるホルモンが複数種類あると，血糖濃度が長期にわたって低下してしまうのを“あの手この手で”防ぐことができると考えられています。

　一方，長い歴史のなかで，動物が十分な食物を飽きるほど食べることができた時代はほとんどなかったので，血糖濃度を低下させるホルモンはインスリンの1種類のみで十分だったと考えられているんだ。

　現代の先進国のように，食料が十分に確保できる状態で，ヒトがさらに血糖濃度を上昇させるような高カロリーの食事をとり続けると，今度は血糖濃度を下げることが重要になってきたんだね。しかし，血糖濃度を下げるホルモンはインスリンの1種類のみなので，そのインスリンの分泌がうまくいかなくなると，糖尿病になってしまうようになったんです。

　糖尿病には1型糖尿病と2型糖尿病があるよね。このうち，2型糖尿病は生活習慣病の一つといわれています。

　生活習慣病は，食生活・運動・喫煙などの生活習慣が発症に大きく関与する疾患の総称です。具体的には，糖尿病，脳卒中，心臓病，脂質異常症（高脂血症），高血圧，がんなどがあげられます。

1型糖尿病は，B細胞が破壊されていて，インスリンがほとんど分泌されないことが原因で起こるんだ。
2型糖尿病は，生活習慣病の一つで，インスリンの分泌量が少ないとか，受容体の働きが悪いとかが原因なんだネ。

❷ 体温の調節

魚類や両生類，八虫類のような変温動物は，外界の温度変化に伴って，体温が変化しますが，鳥類やヒトなどの哺乳類のような**恒温動物**の体温は，ほぼ一定です。これは，「寒い」という刺激（寒冷刺激）を受けたら体温を上げ，「暑い」という刺激（暑熱刺激）を受けたら体温を下げる調節が行われるからなんだよ。この調節を行っている中枢は，間脳の視床下部にあります。

▼寒いとき

真冬には，エアコンやストーブをつけて，部屋の内部で**熱を発生（発熱，産熱）**させる。そして，開いていた窓を閉めたり，カーテンを閉めたりして，**熱の放散（放熱）を抑制**，つまり部屋から熱を逃がさないようにするよね。ヒトの体内でも同じようなことが起こって，体温が調節されているんだ。このときのしくみを示したのが下図です。血糖濃度の調節と同じように，この体温の調節でも，自律神経系と内分泌系（ホルモン）が協働しています。

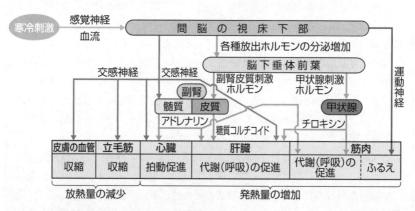

▲図20：寒冷刺激＊を受けたときの体温の調節

寒くなると，血液の温度が低下し，それを視床下部が感知するんだ。また，皮膚で受けた寒冷刺激の情報は，感覚神経を介して視床下部に伝えられます。すると視床下部は，交感神経を通じて，**皮膚の血管や立毛筋を収縮**させたり，**心臓の拍動**や**肝臓での代謝（呼吸）**を**促進**したりします。血管を収縮させて細くすると，血管から逃げる熱を減らせるんだ。それから，ヒトには無理だけど，多くの動物は立毛筋を収縮させて毛を立てて，毛の間に断熱効果が高

＊寒冷刺激時には，汗腺を刺激する交感神経は働かない。

い空気の層をつくるんだ。また，心臓の拍動が促進されると，心臓の筋肉の収縮によって熱が発生すると共に，からだ中の細胞に血液がたくさん送られて，呼吸が盛んになるんだよ。特に肝臓の細胞でね。

　視床下部からは，各種の放出ホルモンが分泌されて，その働きによって脳下垂体前葉からの甲状腺刺激ホルモンの分泌が促進され，甲状腺から**チロキシン**が分泌されます。**チロキシンは代謝（呼吸）を促進**するホルモンだから，チロキシンを受けとった肝臓や筋肉の細胞では，呼吸量が増加し，酸素やグルコースの消費量が増えます。その結果，体温が上昇するんだよ。

　さらに，**交感神経**は**副腎髄質**を刺激して，**アドレナリン**を分泌させます。また，視床下部から分泌される放出ホルモンの働きによって，脳下垂体前葉からの**副腎皮質刺激ホルモン**の分泌が促進され，副腎皮質からの**糖質コルチコイド**の分泌が促進されます。**アドレナリン**や**糖質コルチコイド**は，肝臓や筋肉などに作用して代謝を促進するので，発熱量が増加するんだよ。

　さらに，視床下部は，運動神経を通じて筋肉にふるえ（意志によらない筋肉の連続的な収縮）を起こさせます。このときにも熱が発生するんだ。

▼暑いとき

　暑さによる体温の上昇や，皮膚で受けた暑熱刺激も，血液の温度上昇や感覚神経を介して**視床下部**で感知されます。すると，各種放出ホルモンの分泌が抑制され，チロキシンや糖質コルチコイドの分泌も抑制されるので，**発熱量が減少**します。また，**交感神経**が汗を出す汗腺に作用して**発汗**を促進します。汗は，蒸発するときにまわりから熱を奪うんだ。それから，**副交感神経**によって**心臓の拍動が抑制**されて発熱量が減少するんです。また，一部の交感神経の働きが抑制され，**皮膚の血管が拡張**して放熱量が増加し，副腎髄質からのアドレナリンの分泌が抑制されて，発熱量が減少します。

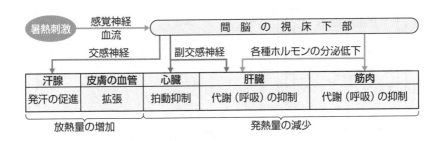

▲図21：暑熱刺激を受けたときの体温の調節

●肝臓の構造と働き

　肝臓は，恒常性において重要な役割を担っていて，ホルモンや自律神経系の働きを受けて，血糖濃度の調節や体温の調節において大活躍する器官なんだ。

　ヒトの肝臓は，横隔膜の下にある**最大の内臓器官**で，その重さは 1 ～ 2kg にもなります。肝臓には心臓から出た血流の約 3 分の 1 が流れこみ，次ページの図のように，**肝動脈**，**肝静脈**，肝門脈などの血管と胆管が通っています。

(1)　**肝動脈**…肝動脈は，大動脈から枝分かれした動脈で，その血管内に流れている動脈血は，肝動脈が細かく枝分かれした毛細血管を介して，肝臓の細胞に**酸素を供給**します。

(2)　**肝静脈**…肝静脈は，大静脈に合流する静脈で，その血管内には肝臓で多量の酸素を離し，多量の二酸化炭素を受けとった静脈血が流れているんだ。

(3)　**肝門脈**…下図を見て。ふつう，ある組織や器官（例えば腎臓）の毛細血管は，合流して静脈（例えば腎静脈）になり，さらに大静脈に合流します。

　これに対して，ある組織や器官（例えば小腸）の毛細血管が合流してできた静脈が，大静脈に合流する前に再び枝分かれをして，ある組織や器官（例えば肝臓）の毛細血管になるとき，**毛細血管と毛細血管の間の静脈を門脈**（例えば肝門脈）というんだよ。

　肝門脈は，消化管と肝臓をつないでいる血管で，小腸などの消化管から吸収され，血液中に入ったグルコースなどの栄養分が，いきなり全身の血液中に配られることのないように，いったん肝臓に蓄えるためのルートとなってます。

　また，肝門脈はひ臓と肝臓をつないでいて，ひ臓で破壊された赤血球の成分であるビリルビン（☞ p.142）を含む血液を肝臓に運び込むためのルートにもなっているんです。

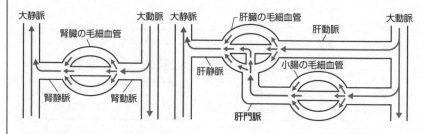

▲図1：腎臓と肝臓付近の血流

(4) 胆管…胆管は血管ではなく，肝臓でつくられた胆汁を胆のうに輸送する役割をもっています。

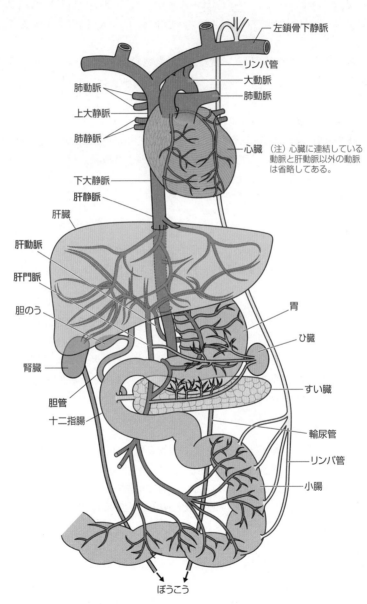

左鎖骨下静脈
リンパ管
大動脈
肺動脈
肺動脈
上大静脈
肺静脈
心臓　（注）心臓に連結している動脈と肝動脈以外の動脈は省略してある。
下大静脈
肝静脈
肝臓
肝動脈
肝門脈
胆のう
腎臓
胆管
十二指腸
胃
ひ臓
すい臓
輸尿管
リンパ管
小腸
ぼうこう

▲図2：肝臓と周辺の器官と循環系

　では，肝臓のお話に移ろう。肝臓には，直径1 mmほどの大きさの<u>肝小葉</u>という基本単位が**約50万個**存在しているんだ。肝門脈と肝動脈を流れてきた血液は肝小葉内で合流したあと，<u>中心静脈</u>内に入ります。肝小葉の類洞とよばれる毛細血管では，肝細胞と血液の間で，様々な物質のやりとりが行われているんだ（☞図3）。

　肝臓は，非常に多くの酵素を含み，様々な物質の生成や分解などを行うので，「体内の化学工場」とよばれることもあるんだよ。

▼血糖濃度の調節

　小腸で吸収された**グルコース**は，<u>肝門脈</u>を介して肝臓に入っていきます。肝臓は，このグルコースの一部を**グリコーゲン**に合成して貯蔵したり，グリコーゲンを分解してグルコースにして，血液中に戻します。これによって，肝臓は<u>血糖濃度</u>（**血糖値**）を調節しています（☞ P.133～134）。

▼解毒作用

　アルコールなどの有害な物質が血液によって肝臓に運ばれると，酵素による分解などで，無害な物質に変えられます。これを<u>解毒作用</u>とよびます。

▼尿素の合成

　動物の体内では，タンパク質やアミノ酸が分解されて，**アンモニア**（NH_3）が生じます。アンモニアは，生物にとって非常に有害なので，細胞内にためておくわけにはいかず，細胞外に放出されるんだ。放出されたアンモニアは血液によって肝臓に運ばれ，肝臓で比較的害の少ない<u>尿素</u>に変えられます。尿素は<u>腎臓</u>に運ばれて尿中の物質になり，体外に排出されます。

▼その他の働き

　<u>胆汁</u>は，肝臓の肝細胞で生成され，いったん**胆のう**に蓄えられたあと，**十二指腸**に分泌されます。胆汁には，脂肪を分解する酵素の働きを助ける物質が含まれていて，脂肪の消化に関与します。また，肝臓では古くなった**赤血球が破壊**され，そのときヘモグロビンの分解で生じた**ビリルビン**という色素や，解毒作用で生じた不要な物質なんかも胆汁に含まれているんだ。

　さらに肝臓では，活発に化学反応が行われていて，そのとき発生した熱は，**体温の保持**に役立ちます。また，肝臓は血しょう中に含まれるアルブミンなどの**タンパク質を合成**したり，**不要なタンパク質やアミノ酸を分解**したりする働きをもっています。これによって，血液中の成分を調整しているんだよ。

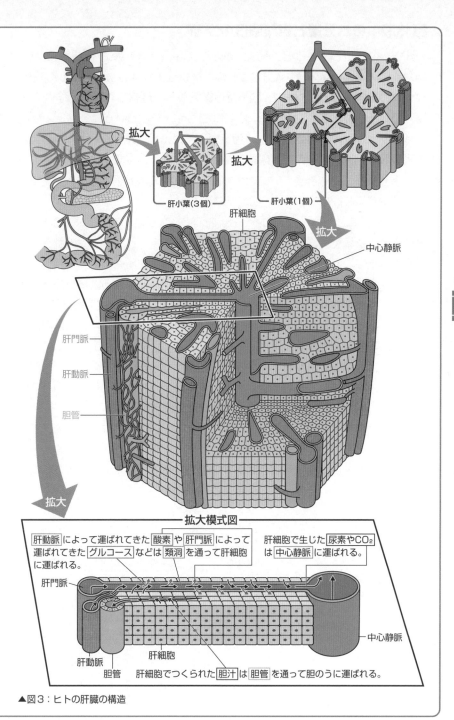

肝細胞

肝小葉(3個)

肝小葉(1個)

中心静脈

肝門脈

肝動脈

胆管

拡大

拡大

拡大

拡大

─ 拡大模式図 ─

肝動脈 によって運ばれてきた 酸素 や 肝門脈 によって
運ばれてきた グルコース などは 類洞 を通って肝細胞
に運ばれる。

肝細胞で生じた 尿素やCO₂
は 中心静脈 に運ばれる。

肝門脈

肝動脈

胆管

肝細胞

肝細胞でつくられた 胆汁 は 胆管 を通って胆のうに運ばれる。

中心静脈

▲図3：ヒトの肝臓の構造

❸ 体液中の水分量と塩類濃度の調節

　汗をかいたりしてからだから水分が失われると, 体液中の水分量が減少し, 相対的に体液の塩類濃度（塩分濃度）(☞ P.145) は上昇するよね。すると, それが間脳の**視床下部**で感知され, **脳下垂体後葉**からの**バソプレシン**の放出（分泌）が促進されます。この辺は, P.131 でもやったよね。

　バソプレシンの作用によって, 腎臓の集合管という部位 (☞ P.148) からの**水の再吸収**が促進されるので, 尿量が減少します。その結果, からだから失われる水分量が減少します。いいかえれば, 体液中の水分量は増加し, 塩類濃度は**低下**するわけです。

　また, 発汗により水分が失われると, 血液の総量が減少するため, 血圧（血液によって血管壁の受ける圧力）が低下しますが, バソプレシンの働きにより低下した血圧が回復します。さらに, 腎臓には, 血圧を感知するしくみがあり, このしくみが血圧の低下を感知すると, 副腎皮質から**鉱質コルチコイ
ド**の分泌が促進されます。鉱質コルチコイドは腎臓の細尿管 (☞ P.146) や集合管でのナトリウムイオン（Na^+）の再吸収を促進し, それに伴って水の再吸収量も増加するんです。

　おっと, 大切なことがもう１つありました。からだの水分の減少が, 間脳にある飲水中枢に感知されると, のどの渇きが起こり, 水を飲むという行動（飲水行動）をすることも忘れてはいけませんね。

　一方, 飲料や食物として多量の水を摂取すると, 体液の塩類濃度の低下が感知され, バソプレシンの放出が抑制されて, 集合管からの水の再吸収量が減少します。その結果, 尿量が増加するので, 体液中の水分量は減少するんです。

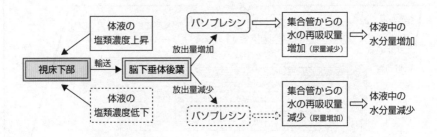

▲図22：バソプレシンの分泌調節

●体液の塩類濃度

　ここで，溶液の**塩類濃度**について確認しておこう。まず，**溶液**とは，水など
の液体に水以外の物質（分子やイオンなど）が溶け込み，均一に混ざり合った
ものです。溶液を構成する成分のうち，水などを**溶媒**，分子やイオンなどの物
質（粒子）を**溶質**といいます。そして濃度は，**一定の溶液の量（重量や体積）
に対する溶質の量**（重量や溶質粒子の数）**の割合**のことです。ふつうは，「この
食塩水（水に食塩〔NaCl〕のみが溶けている溶液）の濃度は 0.6g/100g（また
は 0.6%）である」とか，「このグルコース水溶液（水にグルコースのみが溶け
ている溶液）の濃度は 0.10g/mL である」のようないい方をするんだ。

　それでは，動物の体液のよう
に，色々な溶質を含む溶液では，
濃度はどのように表されるんだ
ろう。

　右表を見てください。ヒトの
血しょう中には，多くの種類の
溶質が様々な濃度で存在してい
るね。

　だから，単に「体液の濃度」と
いっても，どの溶質の濃度を指
しているのかわからないよね。

　表中の「無機イオン」と示さ
れた物質に注目して！　これら

種類		濃度 (g/100mL)
有機物	タンパク質	7~9
	グルコース	0.10
	尿素	0.03
	尿酸	0.004
	クレアチニン	0.001
無機イオン	Na^+（ナトリウムイオン）	0.30
	K^+（カリウムイオン）	0.02
	Ca^{2+}（カルシウムイオン）	0.008
	NH_4^+（アンモニウムイオン）	0.001
	Cl^-（塩化物イオン）	0.37
	PO_4^{3-}（リン酸イオン）	0.009
	SO_4^{2-}（硫酸イオン）	0.003

▲表：ヒトの血しょう中の溶質

の物質は，下図のように，塩（「しお」ではなく「えん」と読みます）とよばれ
る物質が水に溶けて生じたもので，電気的な性質（＋，－で表されている性質）
をもつようになっています。

　だから，各種の無機イオンは，**無機塩類**または塩類（「しおるい」ではなく
「えんるい」と読みます）ともいわれ，**各種の無機イオンの濃度の合計**は<u>塩類濃
度</u>ともいわれるんだ。

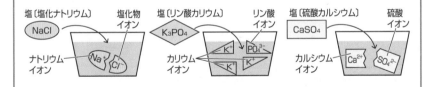

参考

●ヒトの腎臓の構造と働き

　脳下垂体後葉ホルモン（バソプレシン）（☞ P.131）や糖尿病（☞ P.135），体液中の水分量と塩類濃度の調節（☞ P.144）などの説明で出てきた<u>腎臓</u>についてお話ししておきます。

　腎臓は，肝臓とともに恒常性にとって重要な働きをもつ器官なんです。どのように重要かというと，腎臓の働きによって，体液の塩類濃度がほぼ一定に保たれたり，体液中の老廃物がとり除かれたりするんだ。

▼ヒトの腎臓の構造

　ヒトのからだの背中側には，握りこぶしぐらいの大きさの**腎臓**が左右に１対（計２つ）あります。腎臓の内部には，尿をつくる構造上の単位である**腎単位**（**ネフロン**）が１つの腎臓につき約 100 万個あります。腎単位は，<u>腎小体</u>（**マルピーギ小体**）と<u>細尿管</u>（**腎細管**）からできています。そして，腎小体は，**毛細血管**が曲がりくねってボール状になった<u>糸球体</u>を<u>ボーマンのう</u>が包み込むような構造をしています。

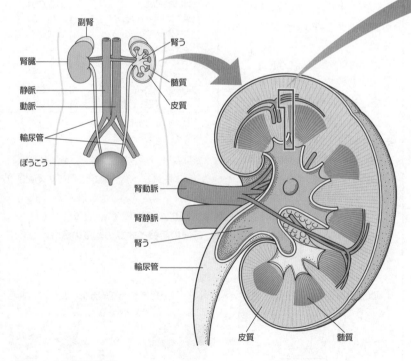

▲図１：ヒトの腎臓の構造

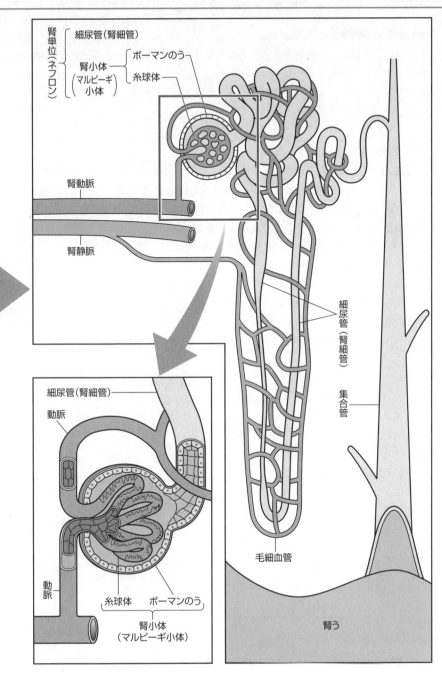

腎単位（ネフロン）
　細尿管（腎細管）
　腎小体（マルピーギ小体）
　　ボーマンのう
　　糸球体

腎動脈

腎静脈

細尿管（腎細管）

集合管

毛細血管

腎う

細尿管（腎細管）

動脈

動脈

糸球体　　ボーマンのう

腎小体（マルピーギ小体）

▲図2：腎単位（ネフロン）

▼ヒトの腎臓の働きと尿生成

　腎臓は，体液中の老廃物を除去する器官でもあるといったけど，具体的には，腎臓は体液から<ruby>尿素<rt>にょうそ</rt></ruby>などの老廃物をとり出し，それを水に溶かして尿（オシッコ）をつくっています。尿はやがて体外に排出されるので，腎臓は，排出器官ともよばれます。

(1) 尿の生成過程

　腎臓で尿が生成される過程を見ていこう。まず，<ruby>腎動脈<rt>じんどうみゃく</rt></ruby>を通ってきた血液が<ruby>腎小体<rt>けっきゅう</rt></ruby>にやってきます。ここで，血液中の成分のうち，血球やタンパク質などの大きな物質以外，つまり，グルコース，<ruby>無機塩類<rt>むきえんるい</rt></ruby>，水，尿素などが糸球体からボーマンのうへこし出されます。この過程を**ろ過**とよび，ろ過された液を原尿といいます。つまり，「血しょう－タンパク質＝原尿」となるんだ。

　原尿はボーマンのうから細尿管に送られ，**集合管**へ向かいます。この間に，原尿中から必要な物質は**毛細血管**に戻るんだ。この過程を<ruby>再吸収<rt>さいきゅうしゅう</rt></ruby>とよびます。再吸収されるのは，グルコースのほぼ全部，水の99%，無機塩類の大部分です。

　尿素も一部が再吸収されます。「あれっ!?　尿素は老廃物だから再吸収してはダメなんじゃない？」と思うよね。でも，尿素を全部捨てると，体液の塩類濃度が低くなりすぎるんだ。腎臓の働きは，**体液の塩類濃度を調節**することだったよね。この２つの内容は微妙にリンクしていて，どちらか一方だけを行うことはできないんだ。

　水は，<ruby>集合管<rt>しゅうごうかん</rt></ruby>でも**再吸収**されます。その結果，濃縮された尿が<ruby>腎う<rt>じん</rt></ruby>に集められます。そのあと，尿は**輸尿管**を通って**ぼうこう**へ移動します。つまり，腎臓は尿をつくる器官で，ぼうこうは腎臓のつくった尿を一時的にためておく器官なんだ。間違えないように。

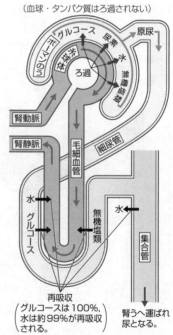

▲図３：腎臓でのろ過と再吸収

(2) 尿量

　成人の尿量は，個人差はあるけど1日約1〜2Lです。それに対して，原尿の量は1日170〜180Lにもなるんだ。血液は体重の$\frac{1}{13}$なので，例えば体重65kgのヒトの血液は5kg（体積は約5L，そのうち血しょうは約2.5L）だ。

　血液は腎臓を通過する間に，その**血しょうの一部**がろ過されて原尿となります。ここで注意！　腎臓を通過する血液中の血しょうすべてがろ過されるわけじゃないよ。だから，全血液量が約5L（血しょうは約2.5L）のヒトでは，全血液は1日に何百回も腎臓を通過して，老廃物がとり除かれてキレイな血液になっているんだ。それに，塩類濃度も一定に保たれているんだよ。

(3) ヒトの血しょう・原尿・尿の成分の比較

　下表は，血しょう・原尿・尿に含まれる成分と濃縮率を示したものです。濃縮率というのは，**血しょう中の濃度で，尿中の濃度を割ったもの**です。

$$濃縮率 = \frac{尿中の濃度（\%）}{血しょう中の濃度（\%）}$$

濃縮率の高い物質ほど人体にとって有害で，体外に排出する必要がある物質であり，濃縮率が低い物質ほど人体にとって有用で，体内に残しておく必要がある物質なんだ。例えば，ナトリウムイオン（Na⁺）のように，濃縮率が1に近い物質は，糸球体でろ過されて原尿の成分となったあと，原尿が細尿管を通る間に，水とほぼ同じ割合で再吸収される物質なんだ。このように，腎臓は，物質ごとに再吸収などの割合（濃縮率の大小）を変えて，体液の塩類濃度を一定に保つ働きをしているんです。

成分		血しょう(%)	原尿(%)	尿(%)	濃縮率
水（無機物）		90 〜 93	99	95	——
有機物	タンパク質	7 〜 9	0	0	0
	グルコース	0.1	0.1	0	0
	尿素	0.03	0.03	2.0	67
	尿酸	0.004	0.004	0.05	13
	クレアチニン	0.001	0.001	0.075	75
無機塩類	アンモニア	0.001	0.001	0.04	40
	ナトリウムイオン（Na⁺）	0.32	0.32	0.35	1.1
	カリウムイオン（K⁺）	0.02	0.02	0.15	7.5

▲表：血しょう・原尿・尿中の成分比較（重量%）と濃縮率

♣ 情報の伝達と体内環境の維持

ヒトの血液

▼**血液の成分**

　ヒトの体液のうち，血液について勉強していきましょう。ヒトの血液は，体重の約 $\frac{1}{13}$ を占めています。これは，P.149 でも話したけど，体重 65kg のヒトの体内には 5kg（体積だと約 5L）の血液があるということなんだよ。

　この血液は，有形成分である<u>血球</u>と，液体成分である<u>血しょう</u>からできています。血液の重さの約 55％を占めるのが血しょうで，**血しょうの重さの約90％は水**，その他の成分は，タンパク質やグルコース，脂質などの有機物や，

無機塩類です。血しょうは，体内環境を形成するとともに，栄養分，ホルモン，老廃物などを運搬する役割を担っているんだ。

　<u>血球</u>には，<u>赤血球</u>，<u>白血球</u>，<u>血小板</u>の 3 種類があって，それぞれ下表に示したように，特有の形や働きをもっています。それから，血球のもとになる細胞は，骨髄（☞ P.162）でつくられます。

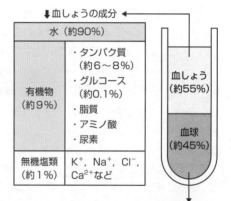

↓血しょうの成分

水 （約90％）	
有機物 （約9％）	・タンパク質 　（約6〜8％） ・グルコース 　（約0.1％） ・脂質 ・アミノ酸 ・尿素
無機塩類 （約1％）	K^+，Na^+，Cl^-， Ca^{2+}など

↓血球の種類と特徴

血球の種類	赤血球	白血球	血小板
形・特徴	円盤形で核がない* ヘモグロビンをもつ	不定形で核がある	不定形で核がない
大きさ	直径6〜9μm	直径6〜25μm	直径2〜4μm
数 （血液1mm³中）	男子：約500万 女子：約450万	4000〜9000	15万〜40万
主な働き	酸素の運搬	免疫	血液凝固

▲表4：ヒトの血液の成分

　＊哺乳類の赤血球には核がない。

▼赤血球の働き

　では，血球の働きについて，赤血球と血小板の順に説明していきます。白血球については，P.164以降で詳しく話します。まずは赤血球からね。

　からだ中のほとんどすべての細胞は，酸素を用いて呼吸を行い，生きていくのに必要なエネルギーをとり出しているんだったよね。

　肺で血液中にとり込まれた酸素は，ほとんど水に溶けないので，血しょうでは運ばれずに，赤血球によってからだ中に運搬されます。これは，**赤血球が** ヘモグロビン(Hb) という**タンパク質**をもっているからできることなんです。

　ヘモグロビンは，**酸素濃度が高いところでは酸素と結合しやすく，酸素濃度が低いところでは酸素を離しやすい**という性質をもっているので，赤血球は，酸素濃度が高い肺で酸素と結合し，酸素濃度が低い組織で酸素を離すという，酸素の運び屋としての役割を担うことができるんだよね。

　酸素と結合しているヘモグロビンを，酸素ヘモグロビン（HbO₂）といいます。ヘモグロビンは暗い赤色（暗赤色）なんだけど，酸素ヘモグロビンは**鮮やかな赤色（鮮紅色）**をしているんだ。

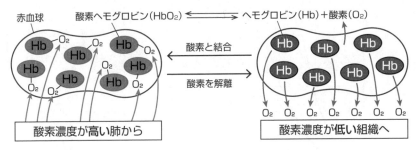

▲図23：酸素ヘモグロビンとヘモグロビン

●酸素と二酸化炭素の運搬

▼血液による酸素の運搬

　酸素ヘモグロビンの割合が**酸素濃度**（O₂濃度）によってどのように変化するかを表したグラフは，**酸素解離曲線**とよばれ，次ページに示すようにゆるやかなＳ字形になります。また，このグラフからは，酸素ヘモグロビンの割合が，**二酸化炭素濃度**（CO₂濃度）の違いによっても変化することがわかるんだ。

08

♣ 情報の伝達と体内環境の維持

151

　まず，グラフの横軸は，血液中の酸素濃度です。縦軸は，酸素ヘモグロビンの割合，つまり，全ヘモグロビンのうちの酸素と結合しているヘモグロビンの割合（％）です。全ヘモグロビンの数を分母，酸素ヘモグロビンの数を分子にして，100をかけた数だね。では，グラフを読んでみよう。

　肺を構成する小さな袋状の組織を肺胞といいます。**肺胞では，酸素濃度が高く**（下図では100），**二酸化炭素濃度が低い**んだ。一方，肝臓や腎臓，手や足などの**組織では，酸素濃度は低く**（下図では30），**二酸化炭素濃度は高い**。
　下図では，酸素濃度100の肺胞中の酸素ヘモグロビンの割合は96％，酸素濃度30の組織では，酸素ヘモグロビンの割合は30％だね。いいかえれば，肺胞では全ヘモグロビンの96％が酸素と結合しているけど，組織では全ヘモグロビンの30％しか酸素と結合していないんだ。つまり，**96－30＝66（％）のヘモグロビンが組織で酸素を離した**ことになります。

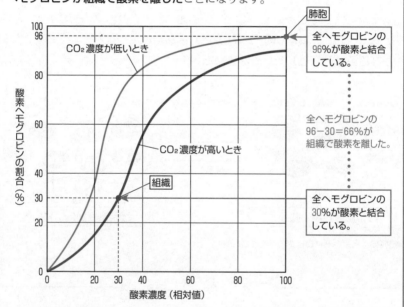

▲図：酸素解離曲線

▼血液による二酸化炭素の運搬

　動物の組織の細胞では，血液で運ばれてきた酸素（O_2）を吸収して，二酸化炭素を放出する呼吸が行われているよね。
　組織で放出された二酸化炭素は，赤血球に含まれている酵素の働きによって，すばやく炭酸（H_2CO_3）になります。そして，生じた炭酸は**炭酸水素イオン**

（HCO₃⁻）と水素イオン（H⁺）になり，炭酸水素イオンは血しょう中に溶けて肺まで運ばれます。肺では，赤血球によってこれとは逆の反応が起こって，生じた二酸化炭素は体外に放出されます。

　また，二酸化炭素の一部は，赤血球中のヘモグロビンと結合して，肺まで運ばれるんです。このとき，ヘモグロビンが二酸化炭素と結合する部位は，ヘモグロビンが酸素と結合する部位とは異なっています。

　赤血球は，酸素と二酸化炭素の両方の運搬にとって重要なんだね。

▼血液凝固

　血液が血管の外に出ることを**出血**，出血が止まることを**止血**＊といいます。もし，怪我などで血管が破れて出血したとき，止血が起こらないと，血液が体外にどんどん出ていってしまうよね。それに，血管が破れているところから細菌が入ってくるかもしれないしね。だから，通常は出血すると止血が起こるんです。

　止血の過程は2つに分けられます。下の図24を見て。まず，血管が破れたところ（①）に<u>血小板</u>が集まって，破れた部分に栓をします（②）。これが止血の1つ目の過程（一次止血）なんだけど，血小板が集まってできる栓は不安定で，血管からはずれやすいんだ。次の過程で，この弱点が補われます。

つまり，出血が起こると，血液中に**フィブリン**という繊維状のタンパク質が形成され，網状になって血小板の栓を補強するんだ（③）。この網が**赤血球や白血球をからめとって**，ネバリ気が強い<u>血ぺい</u>になります（④）。血ぺいの「ぺい」は「餅」という字

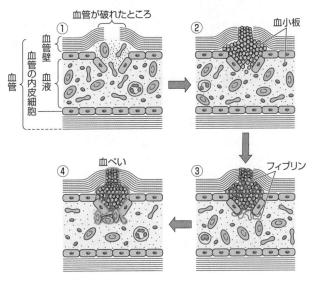

▲図24：血液凝固

＊止血は，「出血が止まること」の他に，「出血を止めること」の意味ももっているので，「出血を止める方法」を<u>止血法</u>ということもある。

だから，餅状に固まるんだ。これで，血管が破れたところにできた栓が安定して，はずれなくなります（二次止血）。この一連の過程は<u>血液凝固</u>と呼ばれます。

血管の破れたところは，血ぺいで止血されている間に修復されます。修復されると，もう血ぺいは必要なくなるので，これを溶かすしくみが存在します。このしくみは，<u>線溶</u>（**フィブリン溶解**）とよばれます。

怪我などによる血管の損傷とは異なるけど，注射器で新鮮な血液を採取し，試験管に入れてしばらく放置すると，**血液凝固**が起こって，暗赤色のかたまり（沈殿）と，やや黄色い上澄みに分離します。

このかたまりが<u>血ぺい</u>で，上澄みを<u>血清</u>といいます[*]。

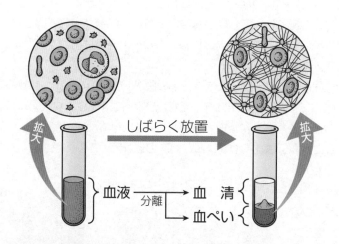

しばらく放置

血液 ─ 分離 → 血　清
　　　　　　 → 血ぺい

▲図25：血ぺいと血清

ところで，**血ぺい**は，もともと血液中にあったのかな？　いえいえ，こんなネバリ気の強いかたまりが血液中に流れていたら，血管が詰まって大変だ。では，「血ぺいはどうやってできるのか？」をこれから説明するよ。

血液が，本来接触していないもの（傷ついた血管の組織，または注射器の素材，試験管のガラスなど）に触れたり，血液中に本来存在しない物質が流れ込むと，血しょう中に含まれている各種の**凝固因子**の活性化や，血小板からの**凝固因子**の放出が起こるんだ。これらの因子の働きによって，フィブリンのもとになる物質が**フィブリン**に変化し，血ぺいをつくるんだよ。

[*]血液から血球を取り除いた残りの液体が血しょうであり，血しょうから血液凝固に働く成分を取り除いた残りの液体が血清である。

●血液凝固と凝固の阻止

▼血液凝固の詳しいしくみ

血液凝固でフィブリンが形成されるまでの過程を，もう少し詳しく説明するね。

血しょうや血小板から放出された様々な凝固因子は，血しょう中の**カルシウムイオン**（Ca^{2+}）と協調して働き，**プロトロンビン**というタンパク質を**トロンビン**という酵素に変化させます。そして，トロンビンが**フィブリノーゲン**というタンパク質に作用することで，**フィブリン**が形成されます。

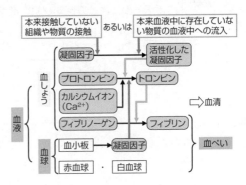

▲図：血液凝固の詳しい過程

▼血液凝固の阻止法

もし，線溶が起こらないなどの原因で，血管内の血ぺいがそのまま放置されてしまうと，塊（血栓）となって血管を詰まらせ，脳梗塞や心筋梗塞を引き起こす場合があるんだ。梗塞って聞いたことあるよね？ **梗塞**とは，血管が詰まって血液が循環できなくなり，その周囲の細胞が酸素不足になって死ぬことなんだ。梗塞が起こると大変なので，正常な状態の血管内には，血液凝固を阻止する物質や血ぺい（血栓）を溶かす物質が含まれているんだ。

体外にとり出した血液を凝固させないためには，次のような方法があります。
①**クエン酸ナトリウム**を加えることにより，カルシウムイオンを不溶性の塩であるクエン酸カルシウムとして沈殿させ，除去する。これによってトロンビンが形成されなくなる。
②**低温**に保つことにより，トロンビンなどの酵素の働きを抑制する。
③ガラス棒でかき回すことにより，フィブリンを除去する。

この本の半分は越えたよ。さあ，もうひと頑張りだ！

確認テスト

問1 下の文中の ア ～ カ に適切な用語を入れよ。

生体には，体内環境を一定に保とうとするしくみ（性質）がある。これを ア といい，その働きは イ や内分泌系によって調節されている。 ウ の視床下部によって感知された血糖濃度，体温，体液の塩類濃度などの体内環境の変化は， イ によって各臓器や器官に伝わる。 イ は エ と オ の２つに分けられ，両者は拮抗的（対抗的）に働く。例えば，消化管の運動に対しては， エ は カ 的に， オ は促進的に働く。

問2 下の文中の（ a ）～（ i ）に適する語をそれぞれ記せ。

血液中に含まれるグルコースの濃度（血糖濃度）は，一定の範囲内に調節されている。運動などをして血糖濃度が低下すると，間脳の（ a ）がそれを感知し，（ b ）の興奮を介して副腎髄質を刺激し，（ c ）を分泌させる。また，血糖濃度の低下は，すい臓の（ d ）のA細胞からの（ e ）の分泌も促進する。これらのホルモンは，（ f ）や筋肉のグリコーゲンをグルコースに分解する反応を促進する。また，副腎皮質から分泌される（ g ）は，タンパク質をグルコースに変える反応を促進することにより，血糖濃度を上昇させる。

糖質を多量にとると血糖濃度が一時的に上昇するが，この血液がすい臓を流れると，（ d ）のB細胞からの（ h ）の分泌が促進される。また，血糖濃度の上昇は間脳の（ a ）を刺激し，その刺激は（ i ）を通じてすい臓に伝わり，（ h ）の分泌が促進される。（ h ）は各細胞でグルコースの消費を促すと共に，（ f ）でグルコースからグリコーゲンへの合成を促すため，血糖濃度が低下する。

問3 下図は，寒い場合の体温調節に関わる内分泌系などの役割を示したものである。図の **(a)** には内分泌腺の名称を，**(b)** ～ **(f)** にはホルモンの名称を入れよ。

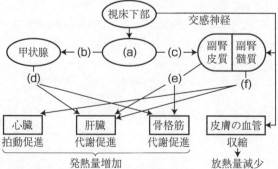

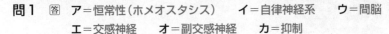

問1　答　ア＝恒常性（ホメオスタシス）　　イ＝自律神経系　　ウ＝間脳
　　　　エ＝交感神経　　オ＝副交感神経　　カ＝抑制

▶生体には，まわりの環境が変化しても，体内の状態を一定の範囲内に保つ**恒常性（ホメオスタシス）**という性質が備わっている。恒常性は，**自律神経系**と**内分泌系**によって調節されている。

　自律神経系は，拮抗的（対抗的）に働く**交感神経**と**副交感神経**からなり，中枢は**間脳の視床下部**である。交感神経は，からだを活動状態にする働きをもつので，心臓の拍動を促進するが，胃・腸などの消化管の働きは**抑制**する。副交感神経は，交感神経とは逆に，からだを安静状態に保つ。

問2　答　a＝視床下部　　　　　b＝交感神経　　　　c＝アドレナリン
　　　　d＝ランゲルハンス島　　e＝グルカゴン　　　f＝肝臓
　　　　g＝糖質コルチコイド　　h＝インスリン　　　i＝副交感神経

▶血糖濃度の調節の中枢は，**間脳の視床下部**にあり，ここで感知された血糖濃度の情報は**自律神経系**と**内分泌系**によって伝えられ，各器官で恒常性を保つための調節が行われる。

　血糖濃度を上昇させるホルモンである**グルカゴン**と**アドレナリン**は，**肝臓**や**筋肉**に作用して，グリコーゲンをグルコースに分解する反応を促進する。また，**糖質コルチコイド**は，タンパク質からグルコースをつくる反応を促進する。

　一方，血糖濃度を低下させるホルモンである**インスリン**は，グルコースを筋肉などの細胞内にとり込んだり，細胞の呼吸の材料として使ったり，肝臓や筋肉でグルコースからグリコーゲンを合成する反応を促進したりする。

問3　答　(a)＝脳下垂体前葉（下垂体前葉）　　(b)＝甲状腺刺激ホルモン
　　　　(c)＝副腎皮質刺激ホルモン　　　　　(d)＝チロキシン
　　　　(e)＝糖質コルチコイド　　　　　　　(f)＝アドレナリン

▶寒冷刺激は，**間脳の視床下部**で感知され，視床下部からは，各種放出ホルモンが分泌される。放出ホルモンの刺激により，**脳下垂体前葉（下垂体前葉）**から副腎皮質刺激ホルモンや甲状腺刺激ホルモンが分泌され，副腎皮質からは**糖質コルチコイド**が，甲状腺からは**チロキシン**が分泌される。また，視床下部は，**交感神経**を通じて皮膚の血管を収縮させる。さらに，交感神経は，副腎髄質を刺激して心臓の拍動や代謝を促進する働きをもつ**アドレナリン**を分泌させる。

08

♣ 情報の伝達と体内環境の維持

Theme 09

免疫

Step 1　生体防御

　私たちの身のまわりには，肉眼では見えないような小さな生物（一般的には微生物といいます）がたくさんいます。細菌（原核生物）や菌類（真核生物），また生物ではないけど，ウイルス（☞ P.64）などがウヨウヨしているんだ。これらは，いずれも「私たち自身（ヒト）」とは異なったものなので，「異物」とよばれます。このような異物のうち，ヒトに寄生し病気を引き起こすものを「病原体」といいます。

　そういう連中から見ると，ヒトは有機物の塊で，温度や pH が一定しているので，空調完備の素敵なホテルのように見えるんだろうね。それも，ルームサービスつきのスイートルームのように。だから彼らは，常にヒトの体内に入ってこようとするんだ。

　ここで質問です。なぜ，「病原菌」といわずに「病原体」というのでしょう？　それは，細菌や菌類のような生物だけではなく，ウイルスのような構造体や，生物がつくり出す毒素（タンパク質）のような物質なども病気を引き起こすことがあるからです。これらをまとめて「病原体」というんだよ。

ヒトの病原体となるウイルスの例として，
・インフルエンザウイルス
・SARS コロナウイルス 2
（コロナウイルス）

ヒトの病原体となる細菌の例として，
・サルモネラ菌
・結核菌
・赤痢菌
などがある。

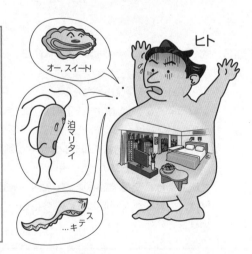

オー，スイート！

ヒト

泊マリタイ

ス
…キテ

◾ 生体防御の種類

　病原体にどんなに気に入られても，病原体は健康にとっての「敵」だから，ヒトは，そのような敵の体内への侵入を防いだり，体内に入ってきた敵を殺して排除したりするしくみをもっています。このようなしくみは**生体防御**とよばれ，ヒト以外の生物にも備わっていて，体内環境を一定に保つために役立っているんだ。ここでは，ヒトの生体防御について学習していこう。

　生体防御は，ヒトのからだを構成する多くの細胞のうち，暇なものが気まぐれで片手間にやっているのではなく，生体防御を担う特別な細胞がシステマティックに働くことで成り立っているんです。

　病原体を含めた種々の異物に対する生体防御は，大きく次の3つの段階から成り立っています。ここでは簡単に話しますが，第一段階は異物が体内に入らないようにするシステム，いわば**異物の侵入阻止バリア**だね。第二段階は，体内に入ってきた異物を細胞が食べてやっつけてしまうシステムで，これを**自然免疫**といいます。第三段階は，自然免疫をすり抜けて生き残り，大暴れをする異物と戦うシステムで，これを**獲得免疫（適応免疫）**といいます。なお，第一段階の異物の侵入阻止バリアも自然免疫に含め，生体防御は自然免疫と獲得免疫の2つの段階からなるという考え方もあります。

　おっと，ここで**免疫**という言葉が出てきたね。免疫とは，体内に入ってきてしまった異物を排除して，「疫（感染症*の意味です）」の苦痛から「免」れることです。だから，免疫は，**病気に対する抵抗力**と考えていいんだよ。

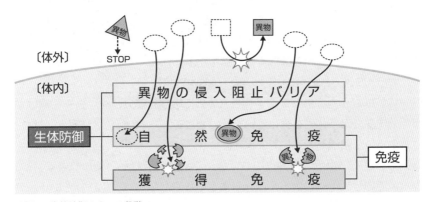

▲図1：生体防御の3つの段階

---

*感染症…感染（病原体が体内に侵入し，増殖の準備を進めること）によって起こる病気のこと。その原因となる病原体として，細菌，ウイルス，寄生虫などがある。病原体が侵入した部位と感染部位は異なることも多い。感染症の例としては，インフルエンザ，新型コロナウイルス感染症（COVID-19），SARSなどがある。

❷ 異物の侵入阻止バリア（生体防御の第一段階）

　では，第一段階の異物の侵入阻止バリアからいきましょう。異物は，皮膚や
粘膜（ねんまく）などを通過して体内に侵入しようとするんだ。これを防ぐために，様々
なしくみが働いているんだよ。そのしくみは，ヒトが生まれながらにもってい
るもので，**物理的防御**や**化学的防御**があります。

❶物理的防御

　まずは，物理的防御から。皮膚（ひふ）の最外層は，死んだ細胞と特定のタンパク
質が合わさって**角質層**（かくしつそう）とよばれます。この硬い組織により異物の侵入と体内
の水分が蒸発することを防ぐと共に，死んだ細胞を垢（あか）として脱落させること
でも異物の侵入を防いでいるんだ。そして，この角質層を突破した異物に対
しては，角質層の内側の細胞が体内への侵入を防ぐのです。

　気管（きかん）・**気管支**（きかんし）・**消化管**（しょうかかん）などの粘膜（ねんまく）でも物理的防御のしくみが働いていて，
体内への異物の侵入阻止バリアとなっています。「ちょっと待って！　気管・
気管支・消化管って体内にあるんじゃないの？　粘膜って何？？」

　ダブルクエスチョンズにお答えしましょう。
体内では，体外環境とは異なった環境がたくさ
んの細胞をとり囲み，体液で満たされているん
だ。これを**体内環境**（内部環境）というんだった
よね。ということは，気管や肺の内部にある気
管支のように，**空気**（呼気と吸気）**の通り道**や，
食道・胃・腸のように**食物や排出物の通り道**は，
体液で満たされていないので，からだの内部に
存在していても，**体内ではなく体外**なんだよ。

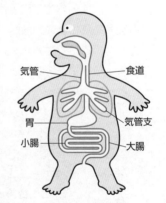

　だから，右図では肌色の　　　の部分が体内で，
――の線はからだの外部にある体表（体外に接する部分）を，――の線はか
らだの内部にある体表を表しています。そして，――の部分は**粘膜**とよばれ，
ネバネバした**粘液**（ねんえき）を分泌しています。

　気管などでの**繊毛**（せんもう）の運動（これによって粘液の流れがつくられます）や，
口・鼻でのせき，くしゃみ，たんによって異物が体外へ放出されているんで
す。これも物理的防御だね。いいかな？　なお，鼻水（鼻汁）も物理的防御
に一役かっています。

❷化学的防御

　次は，化学的防御ね。胃液・涙・だ液・汗・尿などは酸性であり，酸性環境に弱い細菌の増殖を抑制します。特に，強い酸性の塩酸（胃酸）を含む**胃液**は，食物と共に入ってきた微生物を，胃の中で殺してしまうんだ。もし胃液がなかったら，食物があり，暖かくて湿っていて暗い胃の中は，微生物の巣になるだろうね。化学的防御は，まだあるよ。汗，涙，だ液などには<u>リゾチーム</u>という酵素が含まれていて，この酵素によって，細菌の細胞壁が破壊されます。細胞膜を破壊する**ディフェンシン**というタンパク質も含まれます。これらの作用で細菌は死んでしまうので，体内に入ることができないんだよ。

　それから皮膚や腸の中には，もともと多くの細菌が生息しているんだ。このような細菌は，**常在菌**とよばれ，生息する部位によってその種数はほぼ一定で，さらに，細菌の種の相互間で均衡が保たれています。常在菌が生活していることで，常在菌以外の細菌の生活が妨げられ，体内への侵入が防がれることになるんです。

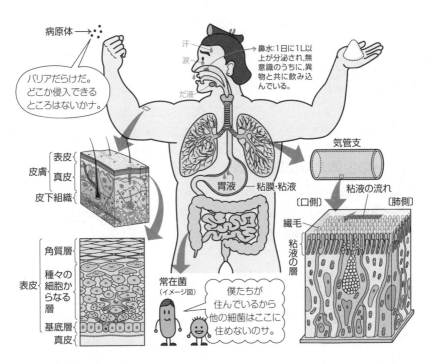

▲図２：生体防御の第一段階

❸ 自然免疫（生体防御の第二段階）

　では，生体防御の第二段階についてザッとお話ししておきましょう。第一段階である "異物の侵入阻止バリア" がどんなによくできたシステムでも，それを突破して体内に入ってくる異物はいるんだ。例えば，怪我をして傷ついた皮膚や血管，虫に刺された部位から侵入してくる病原体などです。

　このような異物に対しては，第二段階が働きます。この段階では，マクロファージ・好中球・樹状細胞などという細胞が異物の侵入部位付近で，認識した異物を片っ端から食べて，排除してくれます。また，NK 細胞（ナチュラルキラー細胞）というリンパ球は，外部からの異物が侵入した細胞や，病原体に感染した細胞を排除してくれます。このような生体防御の第二段階は人が生まれながらに（自然に）もっているため，先天的な免疫，あるいは自然免疫とよばれるのです。自然免疫の詳しいお話はあとでね。

❹ 獲得免疫（生体防御の第三段階）

　生体防御の第三段階についても軽く触れておこうか。第二段階の**自然免疫**では，**マクロファージ**や**好中球**などが，異物を片っ端から食べてくれるけど，この**食作用**の能力には限界があり，これらの細胞は細菌などをある程度食べると，耐えきれなくなって破裂してしまうんだ。

　そこで，第三段階が登場するわけだね。この段階では，リンパ節やひ臓などで**樹状細胞**からの情報を受けた**T細胞**や**B細胞**＊とよばれる**リンパ球**が異物を排除してくれます。生体防御の第三段階は，人が生まれたあとで徐々に備わってくる，つまり，生まれたあとで獲得されるので，獲得免疫（または，適応免疫）とよばれます。獲得免疫の詳しいお話もあとでしますね。

❺ ヒトの生体防御に関わる器官や組織

　生体防御の第一段階，第二段階，第三段階が起こる部位と，それらの段階に関与する器官や細胞を次ページの表と図に示しました。免疫に関与する細胞は，免疫担当細胞（**免疫細胞**）ともよばれ，すべて骨髄の造血幹細胞からつくられるんだ。

　マクロファージ・好中球・樹状細胞・NK細胞・B細胞・T細胞は，赤血球のように赤い色素（ヘモグロビン）を含まないので白血球とよばれます。また，特に**NK細胞**，**B細胞**，**T細胞**は，血管内よりリンパ管内に多く存在するので，リンパ球とよばれます。

＊このB細胞は，ランゲルハンス島のB細胞とは異なる細胞である。

	生体防御が起こる部位・器官	生体防御に関与する細胞
第一段階 （異物の侵入阻止バリア）	全身の体表（皮膚や粘膜）	気管・消化管・皮膚などの表面の細胞
第二段階（自然免疫）	異物の侵入部位	マクロファージ・好中球・（樹状細胞）・NK細胞
第三段階（獲得免疫）	リンパ節・ひ臓など	T細胞・B細胞・樹状細胞

▲表1：生体防御が起こる部位と関与する細胞

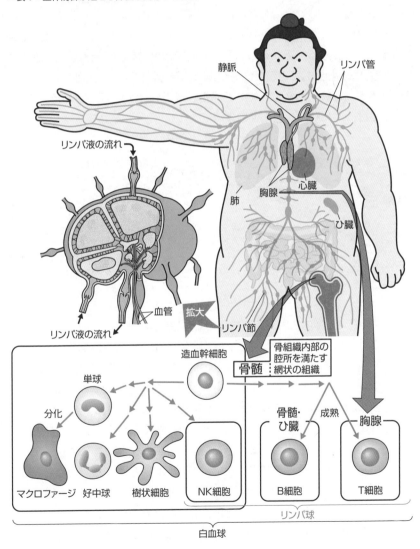

▲図3：免疫に関わる器官と免疫担当細胞

Step 2 自然免疫

　生体防御の第二段階である自然免疫についてお話しします。

　まず，自然免疫で働く細胞の名称を覚えようね。マクロファージ，好中球，樹状細胞という３種類の白血球で，これらは，いずれも食細胞とよばれるグループに属します。そして，もう１種類がNK細胞（ナチュラルキラー細胞）というリンパ球で，これは食細胞ではありません。注意してね。

　食細胞というのは食作用を行う細胞のことです。食作用＊というのは，下図に示すように，ある細胞がその周囲に存在する異物を細胞膜で袋状に包み込み，細胞内にとり込むことです。とり込まれた袋は，もとから細胞内にあった分解酵素を含む袋と融合し，袋内で異物は消化（分解）・吸収されるんです。食細胞には，生体防御や恒常性の維持に働くものが多いんだ。

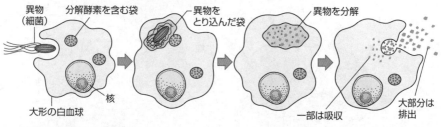

▲図４：白血球による食作用

　自然免疫では，体内に入ってきた異物に対して，食細胞は以前にその異物に出合ったかどうかによらず，幅広く認識してどんどん排除します。また，食細胞は，異物である細菌やウイルスなどに共通する特有の成分と，自己の成分の違いを認識したうえで，異物のみをとり込むので，**ふつうは体内にある自分自身の細胞を食べたり傷つけたりすることはありません。**

　病原体のなかには，食細胞から逃れて，体内の細胞内に侵入するものもいるんだ。このように細胞内に入り込んだ病原体にも，病原体に入り込まれた細胞（感染細胞）にも，食細胞は手出しができないんですね。そこで登場するのがNK細胞です。NK細胞は，ウイルスなどに感染した細胞を感知すると，血管から組織へ出て，その細胞を破壊してしまうんです。

　では，自然免疫のしくみを詳しく見ていきましょう。

＊「食作用は，細胞がその周囲に存在する異物をとり込んで分解して排除することである。」という記述もある。

1 病原体侵入直後

※P.170〜171の4コマ漫画各列の「1コマ目」に対応

マクロファージ・好中球・樹状細胞などの食細胞や，NK細胞は，いずれも骨髄中で造血幹細胞から分化したあと，血管内に入り，血液の流れ（血流）にのって全身を回ります。その際，**マクロファージ**や**樹状細胞**の一部は血管からしみ出し，からだ中の組織にとどまり，異物の侵入に備えるんだ。これに対して，**好中球**は，異物の侵入していない正常な組織では血管からしみ出ることはなく，血管内を流れながら，出番を待っているわけです。

だから，皮膚が損傷して病原体などが体内に侵入した直後は，下図のように，毛細血管の外にマクロファージと樹状細胞が少し待機しているんだね。

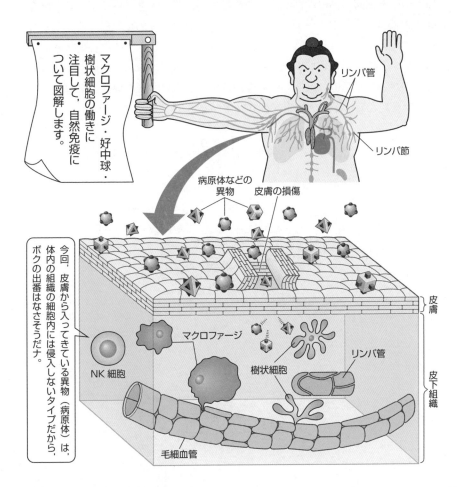

▲図5：自然免疫（病原体侵入直後）

❷ マクロファージの食作用

※ P.170〜171の4コマ漫画各列の「2コマ目」に対応

　皮膚の損傷などに伴い，皮下組織に病原体などの異物が侵入してくる（感染する）と，<u>マクロファージ</u>や**樹状細胞**などが**食作用**により異物をとり込み，分解してしまいます。ここで注意！　**樹状細胞の食作用は非常に弱い**ので，異物の排除という点では，樹状細胞はほとんど役に立っていないんだ。侵入してくる異物の数は非常に多いから，それでは困るよね。

　そこで，孤軍奮闘しているマクロファージは，ある物質を分泌して援軍を要請するんだ。「好中球よ，血管から出でよ。そして，我と共に戦え！」ってね。具体的には，**マクロファージが分泌する物質**によって，毛細血管を構成している細胞間の結合が弱まり，**血管が拡張**して血流量が増えるので，**好中球**や**単球**（マクロファージ予備軍）などの細胞や種々の物質が血管からもれ出してくるんです。その結果，感染部位は，熱をもって赤く腫れた状態になるんだ。これを<u>炎症</u>といいます。炎症は，痛みやかゆみなどを伴う不快な反応ですが，感染部位（患部）にマクロファージや好中球を集め，食作用を促進させることで，組織の回復を促す効果があるんだよ。

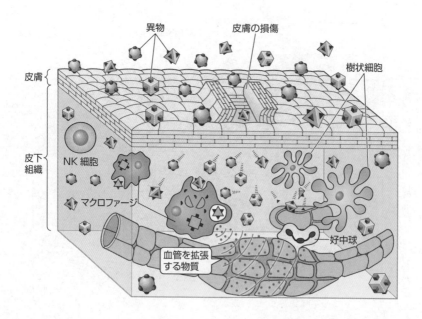

異物
皮膚の損傷
樹状細胞
皮膚
皮下組織
NK 細胞
マクロファージ
好中球
血管を拡張する物質

　▲図６：自然免疫（マクロファージの食作用）

3 好中球の食作用

※P.170～171の4コマ漫画各列の「3コマ目」に対応

　マクロファージの働きによって拡張した血管からは，たくさんの好中球が
もれ出してきます。**好中球は数が多いだけでなく，1つ1つの食作用も強いん**
だ。好中球は，頑張って異物を食べます。どんどん食べるんです。でも，前に
も話したように，好中球がもつ食作用の能力には限界があります。好中球は，
異物をある程度食べると，耐えきれなくなって破裂してしまうんだ。

　こうして死んだ好中球は，膿となって体外に出るか，体内でマクロファー
ジの食作用によって食べられてしまうんだ。このような好中球の死骸である
膿は，時として傷口でジュクジュクしていることがあるけど，「膿ッ。バッチ
イ，バッチイ！」などといわないでね。君たちを病原体から守るために戦っ
て死んだ細胞の遺体なんだからね。

　ところで，マクロファージは**食作用**をもち，**炎症**を引き起こす他に，もう1
つ働きがあるんです。マクロファージは間脳の視床下部にある体温調節の中
枢に働きかけて，体温の上昇（**発熱**）を促すことができるんだよ。高い体温
は，細胞やウイルスの増殖を抑制すると共に，免疫に関わる細胞の活動（食
作用など）を高める働きがあるんです。

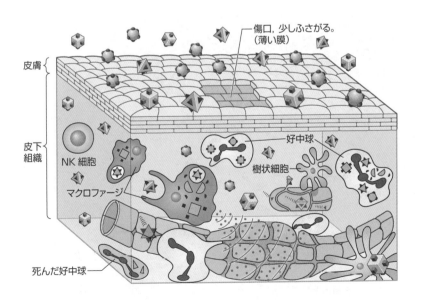

▲図7：自然免疫（好中球の食作用）

4 病原体排除

※P.170〜171の4コマ漫画各列の「4コマ目」に対応

　<u>樹状細胞</u>は，食細胞なんだけど，その食作用の能力は，マクロファージや好中球に比べて非常に弱く，異物をパクパク食べて排除するというより，少しの異物をとり込み，その**異物の特徴を認識する**方が得意なんだ。そして，リンパ管内に入って，リンパ液の流れにのって，**リンパ節**に行くのです。樹状細胞はリンパ節内で，<u>Ｔ細胞</u>というリンパ球に「こんな異物が侵入してきました！」と伝える能力（**抗原提示能力**）をもっています※。樹状細胞のこのような能力については，獲得免疫のところでお話しします。

　異物のなかには，マクロファージや好中球の食作用から逃れたものもいて，そのような異物のうち，ウイルスなどの一部は体内の細胞内に侵入し，そこで増殖するんです。するとウイルスに侵入された細胞（感染細胞）は，「私はウイルスに侵入されています」というサインとなる物質を，その細胞膜表面に出すんだ。

　NK細胞は，感染細胞表面にあるサインとなる物質を直接認識すると，感染細胞の細胞膜を破壊して，細胞内から出てきたウイルスを食細胞などに排除させます。それから細胞内に侵入したウイルス以外の異物は，リンパ管内や血管内に入って，リンパ液や血流にのって**リンパ節**や**ひ臓**に運ばれます。

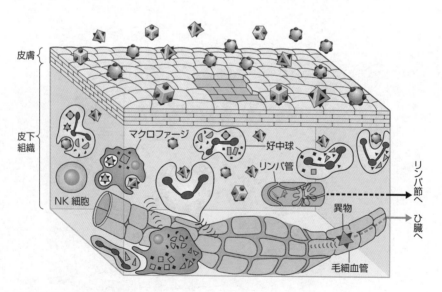

▲図8：自然免疫（病原体排除）

※抗原提示能力は，マクロファージにも備わっているが，免疫系における抗原提示の主役は樹状細胞である。

▼自然免疫のまとめ

　自然免疫に関与する細胞の働きや特徴をまとめると，下の表のようになります。

	マクロファージ	好中球	樹状細胞	NK細胞
形態	大形でアメーバ状。分解酵素を含む袋を多数もつ。	血管の細胞と細胞の間を湾曲してくぐりぬけられるように核が分節している。 分解酵素を含む袋	多数の樹枝状突起を出している。	球形の細胞で，大形の丸い核をもち，運動性がある。
存在部位と分化	骨髄中の造血幹細胞から分化した単球が，組織に移動して，マクロファージに分化。	骨髄中の造血幹細胞から分化し，血管内に存在。異物が侵入すると組織へ移動。	骨髄中の造血幹細胞から分化した未成熟な樹状細胞が，組織に移動して成熟。	T細胞と共通の造血幹細胞が胸腺に行かず，骨髄に残って分化するとNK細胞になる。
自然免疫における働き	①組織において，異物を食作用によってとり込む。②炎症の誘起。③体温の上昇（発熱の促進）。	炎症部位の血管から組織に出て，異物を食作用でとり込む。	未成熟な樹状細胞は，組織において食作用で異物をとり込み，成熟するとリンパ管内に入る。	病原体に感染した細胞の表面に起こる変化を感知し，その細胞を直接攻撃して，破壊する。
食作用	強い	強い	弱い（食作用は，未成熟なときのみ）	なし
その他	自然免疫の主役であるが，獲得免疫でも働いている。	血液中を流れている白血球の60〜70%を占める。	獲得免疫で，抗原提示という重要な役割をもつ。	ある種のがん細胞（腫瘍細胞）を直接攻撃・破壊する。

▲表2：自然免疫に関与する細胞のまとめ

　また，P.170〜P.171では，それぞれの食細胞，病原体（異物）の立場から見た自然免疫の過程をマンガにしてみたよ（NK細胞は省略しました）。
　16コマあるマンガのうち，4列ある縦の4コマは，それぞれ病原体，マクロファージ，好中球，樹状細胞の立場から見た自然免疫の過程です。4行ある横の4コマは，それぞれ「病原体侵入直後」「マクロファージの食作用」「好中球の食作用」「病原体排除」の過程での出来事を示しています。

09

♣
免疫

169♣

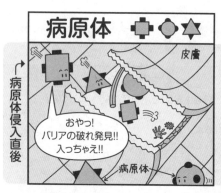

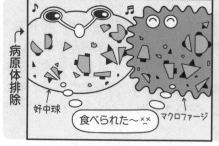

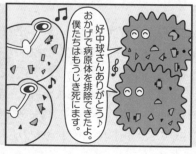

好中球　 　樹状細胞　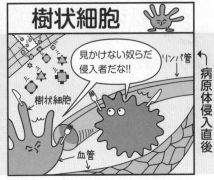

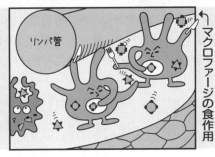

09

♣
免疫

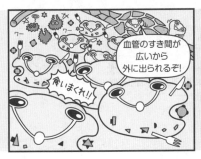

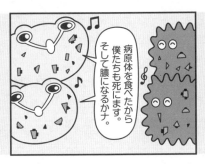

Step 3 獲得免疫（適応免疫）

1 獲得免疫の特徴

やっと，生体防御の第三段階である**獲得免疫（適応免疫）**にたどりついたね。**異物の侵入阻止バリア**（第一段階）と**自然免疫**（第二段階）をすり抜けてきた異物，しぶとい病原体などを特異的に認識して排除するしくみを**獲得免疫**といいます。

自然免疫と獲得免疫のそれぞれを，国を外敵から守る軍隊にたとえると，生まれつき備わっており，異物を幅広く認識して，できる範囲で排除する**自然免疫**は常備軍。一方，生まれたあとで備わり，特定の異物を徹底的に排除する**獲得免疫**は対テロリスト用の特殊部隊といえるかな。

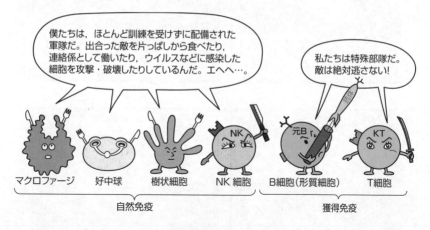

さらに，この特殊部隊（**獲得免疫**）は，敵（異物）を排除する兵士と武器（システム）の違いによって，２つのチームに分けられるんだ。１つは，本隊（主な免疫担当細胞）がミサイル（**抗体**）を発射する兵士（**B 細胞**）からなるミサイル部隊（**体液性免疫**）で，もう１つは，本隊が刀をもったサムライ（**キラー T 細胞**）からなる武士団（**細胞性免疫**）といえるんです。

なお，B 細胞と T 細胞はどちらも**骨髄の造血幹細胞から分化**する**リンパ球**だけど，**B 細胞は骨髄から出てリンパ節やひ臓に移り**，そこで成熟*します。一方，**T 細胞は骨髄から出て胸腺に移り**，そこで成熟*します。いいね。

＊B細胞やT細胞の成熟とは，免疫担当細胞として働くことができる細胞へと分化することである。

▼B細胞とT細胞による抗原の認識

　ヒトの体内で成熟した**B細胞**やT**細胞**などのリンパ球は，病原体などの異物（**非自己**）と，もともと自分の体内にあるもの（**自己**）とを見分けるしくみ（自然免疫で働く細胞とは異なるしくみ）をもっているんだ。このしくみによってリンパ球に非自己として認識され，リンパ球の特異的な攻撃の対象となる異物を抗原といいます。

　リンパ球は，自身の細胞の表面に存在する特定の部位（ここでは結合部位とよぶことにします）で異物と結合することで，**抗原**を認識するんだよ。

　自然界には，ヒトに抗原として認識される物質は，数百万種類以上はあるといわれています。では，体内に存在する数百万～数千万個以上のリンパ球は，数百万～数千万種類以上もの抗原に対する結合部位をもっているんでしょうか？　もっているんだよ。リンパ球の結合部位は数百万～数千万種類あるわけ。でも，1つ1つのリンパ球が細胞表面に数百万～数千万種類の抗原との結合部位をもっているんじゃなくて，**1つのリンパ球にはたった1種類の抗原と結合する部位**しかないんだ。だから，どんな構造の抗原が侵入しても，それに対応できるリンパ球は必ず存在するんだけど，それは1種類の抗原に対してたった1個だけです。これでは心もとないよね。

　体内に侵入してくる抗原の持ち主はツワモノだよ。それも1個や2個じゃないんだ。たくさんのツワモノたちと戦うには，1個のリンパ球が体細胞分裂によって増殖し，同じ抗原と結合できる部位をもった細胞集団（特殊部隊）になる必要があるんだよ。**獲得免疫**は，B細胞やT細胞が1種類の抗原に対抗するための細胞集団を形成することによって起こる，ともいえるね。

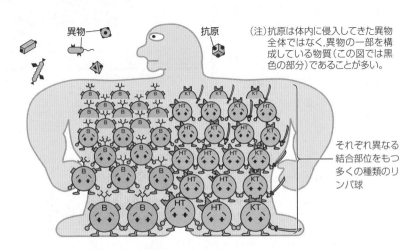

異物　　　　　抗原

（注）抗原は体内に侵入してきた異物全体ではなく，異物の一部を構成している物質（この図では黒色の部分）であることが多い。

それぞれ異なる結合部位をもつ多くの種類のリンパ球

2 体液性免疫

体液性免疫は，**B細胞**から分化した**形質細胞（抗体産生細胞）**が産生・分泌（放出）する**抗体（免疫グロブリン**というタンパク質）が，細胞外に存在しているウイルス・細菌・毒素などの抗原と結合し，それらを排除するシステムです。まず，このシステムのポイントをマンガで理解しよう！

①**抗体**は，血液中やリンパ液中を浮遊しています（抗体の構造は，P.204の発展に示しておきます）。

②**抗体**は，侵入してきた**抗原**と特異的に結合（抗原抗体反応）します。

③抗原抗体反応によって，ウイルスや細胞の病原性や感染力は低下し，毒素の毒性は弱まります。

④抗体と結合した抗原は，**マクロファージ**などの**食作用**を受けやすくなります。

血液やリンパ液からすべての細胞をとり除いても，抗体（免疫グロブリン）の効果は失われないので，抗体による免疫を「細胞によらない」という意味で「体液性」免疫とよびます。

　体液性免疫で重要な**抗体**をつくるのは<u>B細胞</u>です。でも，B細胞は，そのままでは抗体をつくることはできないんだ。抗体をつくって（産生して）分泌できるのは，**B細胞が分化して<u>形質細胞</u>（<u>抗体産生細胞</u>）とよばれるようになったときだけ**なんだよ。さらに，特定の抗原に対応するたった1個のB細胞が形質細胞に分化して抗体を分泌しても，非常に多数の抗原に対しては"焼石に水"なんだ。そこで，B細胞は体細胞分裂によって**増殖**したあとに，形質細胞に分化するんです。このような増殖と分化は，**リンパ節やひ臓**で起こります。

　これから，B細胞が形質細胞になる過程を勉強するけど，まずはリンパ球の移動と分布からお話ししますね。

▼リンパ球の移動と分布

　骨髄でつくられたB細胞は，血管内に入り，血流によって<u>リンパ節</u>やひ臓に運ばれ，それらの場所にしばらくとどまります。また，**骨髄でつくられ，胸腺で成熟したT細胞**は，血管内に入り，血流によって<u>リンパ節</u>やひ臓に運ばれ，それらの場所にしばらくとどまります。

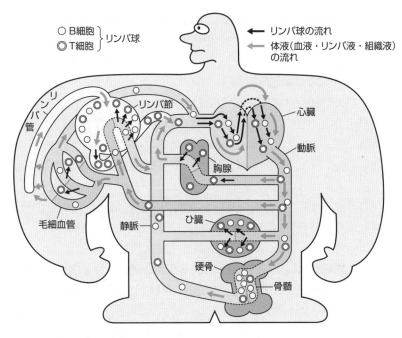

▲図9：リンパ球と体液の流れ

▼ B細胞とT細胞の活性化

　リンパ節内にとどまった多数の**B細胞**のうち，リンパ節に運ばれてきた異物（**抗原**）と結合できたたった１個のみが「少し活性化」します（☞図10 ①）。

　この少しの活性化によってB細胞は形質細胞になるかというと，そう簡単にはいかないんだよ。B細胞が形質細胞になるまでには，「完全に活性化」されなければならなくて，そのためには**T細胞**の関与が必要なんです。

　T細胞には，ヘルパーT細胞，キラーT細胞などの種類があるんだけど，体液性免疫で働くのは，**ヘルパーT細胞**です。リンパ節にしばらくとどまっていたヘルパーT細胞も，抗原によって活性化されるんだけど，その活性化には，**樹状細胞**（☞ P.168）の関与が必要なんだ。樹状細胞は，自然免疫でも出てきたけど，感染部位で異物をとり込んで，リンパ管内を通ってリンパ節にまでやってきます。そこで，とり込んだ異物を分解して抗原を含む断片を切り出して細胞の表面に移し，細胞外に見せる（提示する）んです。

　この提示されるものが**抗原情報**，提示することが**抗原提示**です。誰に提示するかって？　もちろん，お相手は**ヘルパーT細胞**です[*]（☞図10 ②）。

　ヘルパーT細胞は，樹状細胞が提示した抗原と結合することで**活性化**し（☞図10 ③），**増殖**します（☞図10 ④）。こうして増えたヘルパーT細胞の一部は，リンパ節から出て，リンパ液や血液で組織に運ばれるんだ（☞図10 ⑤）。

▼ 形質細胞への分化と抗原抗体反応

　次に，**少し活性化されたB細胞**と，リンパ節内で増殖した**活性化ヘルパーT細胞**とが出合い，お互いそれぞれの特定の部位で結合します。このとき，B細胞はヘルパーT細胞に抗原提示し（☞図10 ⑥），抗原提示を受けたヘルパーT細胞は「お返しに」とばかりにB細胞を**完全に活性化**するわけです（☞図10 ⑦）。

　こうして完全に活性化されたB細胞は**増殖**し（☞図10 ⑧），それらのうちの一部はやがて**形質細胞**（**抗体産生細胞**）に分化します（☞図10 ⑨）。

　多数の形質細胞はリンパ節内に残り，B細胞を活性化した抗原と特異的に結合する**抗体**（**免疫グロブリン**）を多量につくり，細胞外に放出します（☞図10 ⑩）。

[*]ヘルパーT細胞に抗原提示をする細胞には，樹状細胞のほかにマクロファージやB細胞などがあるが，活性化されていないT細胞を活性化することができるのは樹状細胞のみである。

放出された抗体は，リンパ節から出て（☞図10 ⑪），全身の血液・リンパ液・組織液などの体液中に含まれ，そこで出合ったウイルスや細菌や毒素などの**抗原と結合**します。抗原と抗体の特異的な結合を<u>抗原抗体反応</u>といい，これによって抗原抗体複合体がつくられます。

　このようなB細胞の活性化・増殖・形質細胞への分化，ヘルパーT細胞の活性化・増殖などは，**ひ臓**でも起こるんだよ。

　病原体の病原性や感染性は，抗原に抗体が結合することで低下します。また，病原体は目印がついたような状態になるので，ヘルパーT細胞によって活性化された**マクロファージ**や**好中球**などの**食細胞**に非自己として認識されやすくなり，**食作用**によって排除されるんだ。これが，体液性免疫のしくみです。P.180～185では，このしくみをていねいにマンガにしたので，これまでの説明と合わせて何度も楽しく見直しておいてください。

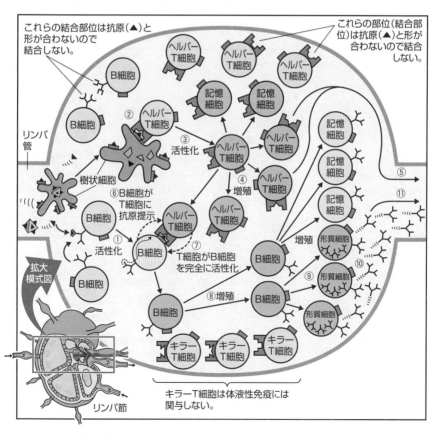

▲図10：体液性免疫のしくみ

▼免疫記憶

　ある**抗原**が初めて（１回目に）ヒトの体内に侵入すると，**B細胞**や**ヘルパーT細胞**がそれぞれ１個ずつ活性化され，増殖・分化し，抗原を排除する能力が高まります。このような現象（反応）を<u>一次応答</u>（いちじおうとう）といいます。抗原を排除する能力の高低を体液性免疫における抗体量の多少とみなして（抗体量が多いほど抗原を排除する能力が高いということです），その量の変化を調べると，下のグラフのようになります。

　このグラフを見ると，抗原が侵入してから１週間程度で抗体量が増加し始め，さらに10日程度（抗原侵入後，約18日目）で抗体量が最大になることがわかるね。**形質細胞**は，抗体をジャンジャン放出したあと，抗原が減るに従って死に，体液中の抗体もどんどん分解されていくので，**抗体量は時間と共に減少します**。

　一次応答で活性化し，増殖した**B細胞のうちの一部**（約半数）は，形質細

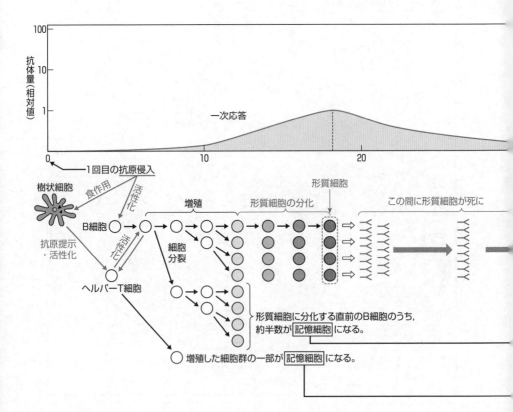

　▲図11：免疫記憶

胞になる直前で分化を停止し，記憶細胞（記憶B細胞）となって，形質細胞が死に絶えたあとも，長い間（ものによっては10年以上も）体内で生き続けます。

　1回目と同じ抗原が再び体内に侵入した場合には，記憶細胞が**ただちに増殖して形質細胞に分化し，多量の抗体を産生・分泌**するようになるんです。このようなしくみを，免疫記憶といいます。

　一次応答で活性化し，増殖した**ヘルパーT細胞のうちの一部**も，**記憶細胞（記憶ヘルパーT細胞）になって**体内で生き残り，免疫記憶に関与します。

　1回目と同じ抗原が再び体内に侵入した場合，一次応答の場合と比べて活性化されるB細胞（記憶B細胞）の数が著しく多く，また活性化されるまでの時間や，形質細胞に分化するまでの時間も著しく短いんだ。したがって，同じ抗原の2回目以降の侵入では，**一次応答よりも速く多量の抗体が産生**されます。このような現象（反応）を二次応答というんだ。

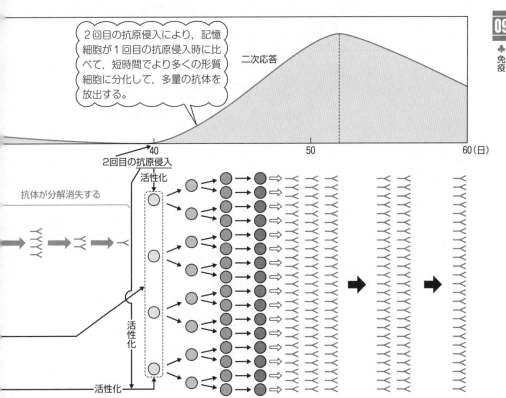

2回目の抗原侵入により，記憶細胞が1回目の抗原侵入時に比べて，短時間でより多くの形質細胞に分化して，多量の抗体を放出する。

二次応答

40　　　　　　　　　50　　　　　　　　　60（日）

2回目の抗原侵入

活性化

抗体が分解消失する

活性化

活性化

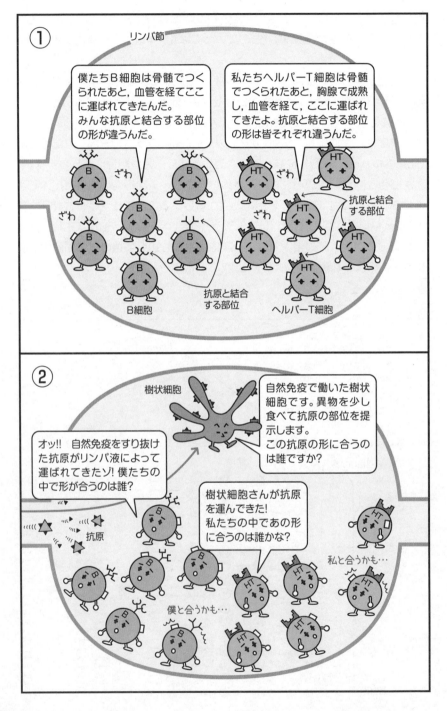

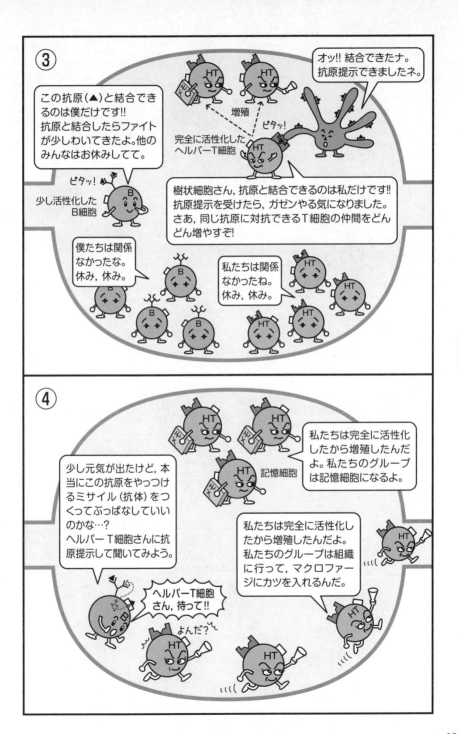

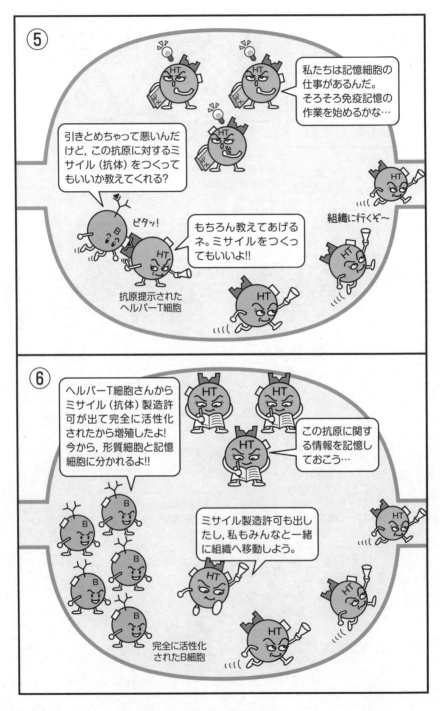

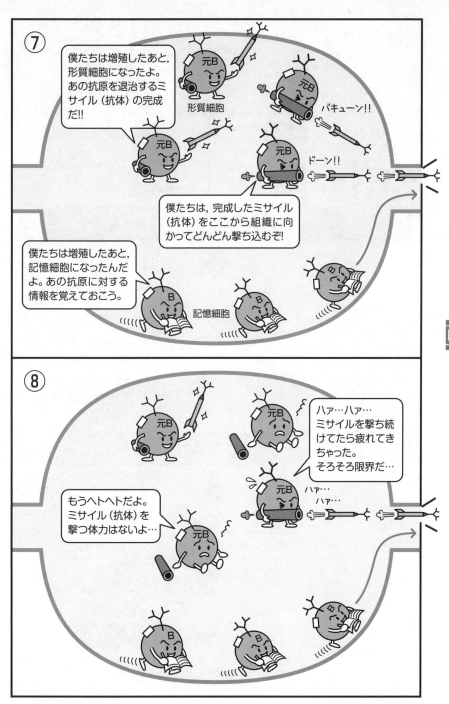

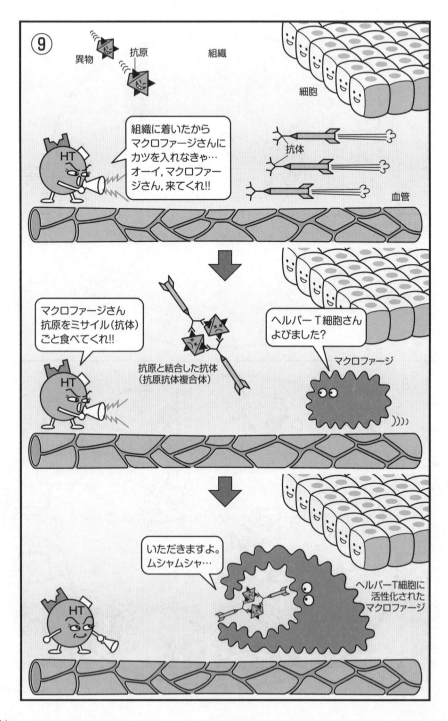

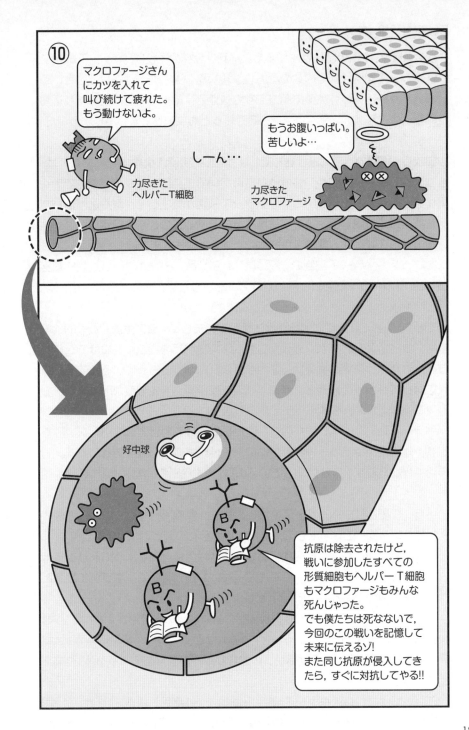

3 細胞性免疫

　次は**細胞性免疫**の話をしましょう。細胞性免疫の主役は, **キラーT細胞**です。**キラーT細胞**は, その名のとおり "殺し屋" なんだ。何を殺すかというと, 自然免疫と体液性免疫の両方をすり抜けて, 組織の**細胞内にもぐり込んだ異物**（ウイルスや細菌など）を, **細胞もろとも攻撃**して殺してしまうんだ。

　つまり, 細胞の内部に逃げ込んでしまったウイルスや細菌などに対しては, 自然免疫で働く食細胞や, 体液性免疫において細胞間（外）の体液中で働く抗体は, 手も足も出せないので, **キラーT細胞**が登場して, 敵が逃げ込んだ隠れ家（**感染細胞**）ごと攻撃・破壊するのです。このとき, **細胞外**へ逃げ出したウイルスなどは, **食細胞や抗体**によって排除されます。

　あれっ？　キラーT細胞の "殺し屋" っぷりは, P.164 でやった **NK細胞**（**ナチュラルキラー細胞**）と同じでは？　と思った君。そのとおりです。NK細胞はキラーT細胞と同じタイプの "殺し屋" なんです。

　でもね, 両者には違いもあるから注意してください。**自然免疫**で働く NK 細胞は, ウイルスが隠れていそうな細胞（感染細胞）を幅広く見つけて, それらを片っ端から攻撃・破壊する能力を生まれながらにもっているんです。これに対してキラーT細胞は, 特別な情報を受けて, 特定の敵が隠れている細胞（感染細胞）のみをネライ撃ちするのです。

　キラーT細胞は, はじめから殺し屋として働けるわけではないんだ。そうです。体液性免疫でのB細胞みたいに, 活性化される必要があるんです。その活性化に必要な役割をはたしているのは, **樹状細胞**です。

　キラーT細胞は, ヘルパーT細胞と同様に, **胸腺**で分化したあと, 血液によって**リンパ節**に運ばれてきて, そこにしばらくの間とどまります。

　組織で異物をとり込んだ**樹状細胞**は, 体液性免疫と同じように, リンパ管内を通ってリンパ節にまでやってきて（☞図12 ①）, そこで, **キラーT細胞とヘルパーT細胞の両方**に**抗原提示**をします（☞図12 ②）。

　このとき, ヘルパーT細胞は樹状細胞の抗原提示のみで活性化されて（☞図12 ③）, 増殖することができる（☞図12 ④）けど, キラーT細胞のなかには, その活性化に, **ヘルパーT細胞からの働きかけ**が必要なものもあるんです（☞図12 ⑤）。

　こうして活性化した**キラーT細胞**（☞図12 ⑥）は**増殖**します（☞図12 ⑦）。増殖したキラーT細胞は, リンパ管内を通ってリンパ節から出ていった（☞図12 ⑧）

あと，血管内に入ります。そして，血流にのって感染部位までたどりついたら，血管外の組織に出て，自分が活性化された抗原情報と同じ抗原を提示している感染細胞を攻撃するんだ。そのあと，攻撃された感染細胞や病原体は，**マクロファージの食作用**によって排除されます。

　増殖した**ヘルパーＴ細胞**の方は，リンパ管内を通ってリンパ節から出ていった（☞図12 ⑨）あと，血管内に入り，血流にのって感染部位までやってきて，**マクロファージの食作用を増強させる**働きをします。

　このような細胞性免疫におけるキラーＴ細胞やヘルパーＴ細胞の活性化や増殖は，**ひ臓**内でも見られます。また，細胞性免疫でも，**キラーＴ細胞由来の記憶細胞（記憶キラーＴ細胞）**や，**ヘルパーＴ細胞由来の記憶細胞（記憶ヘルパーＴ細胞）**がつくられ，**免疫記憶が成立**するよ。

　じゃあ，ここまでの内容について，次のページからマンガにしてあるので，見直しておくんだよ。

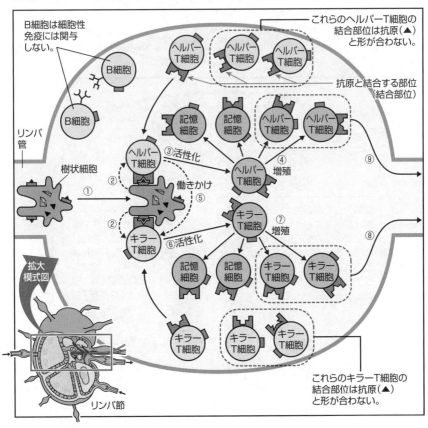

▲図12：細胞性免疫のしくみ

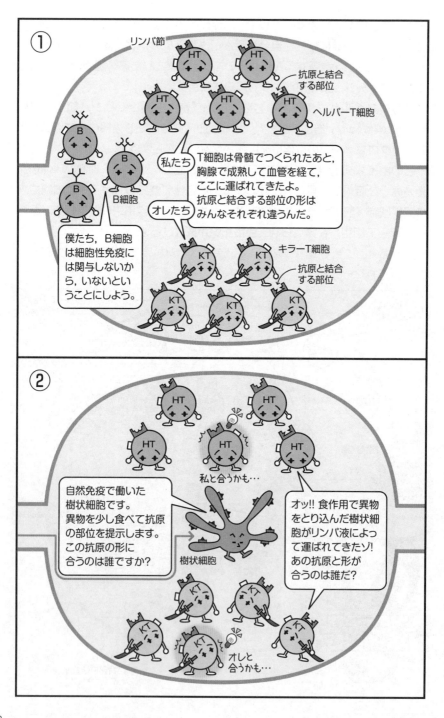

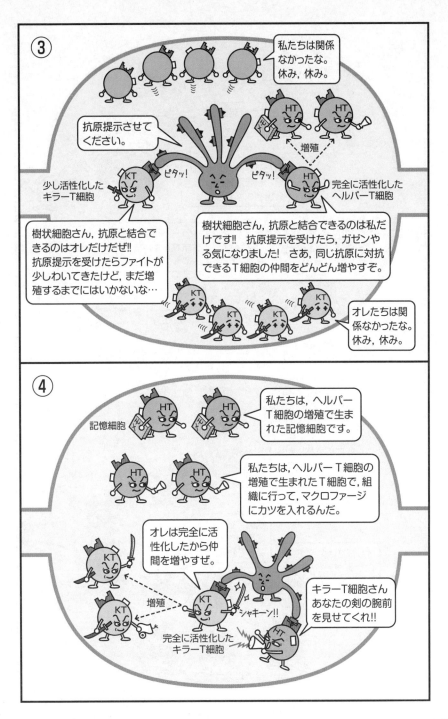

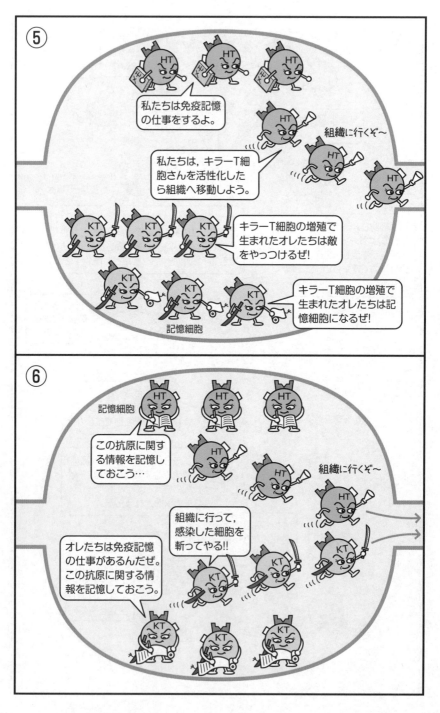

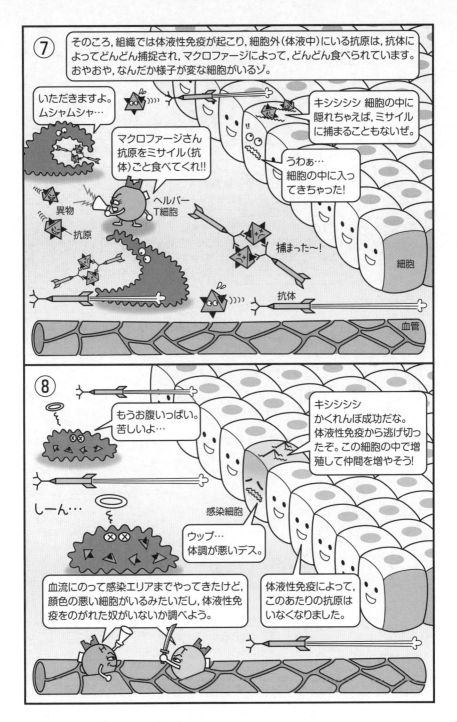

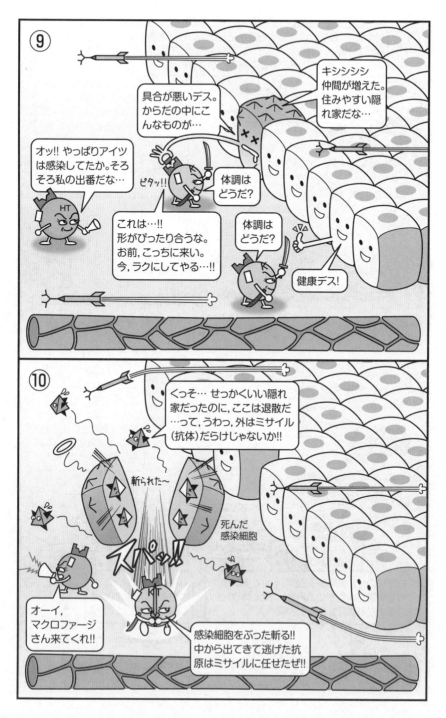

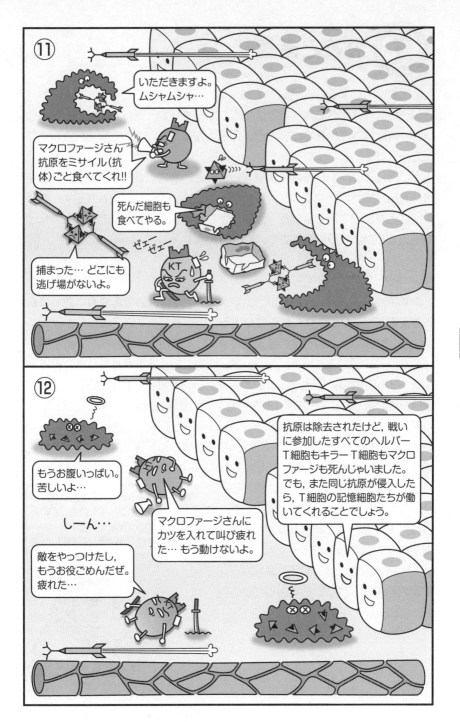

免疫と医療

　前にもいったように，「免疫」とは，「疫（感染症）」の苦痛から「免」れるという意味で，病気に対する抵抗力のことだったね。そして，私たちのからだは，病原体などの異物から，**自然免疫**と**獲得免疫**という二重の免疫システムで守られているわけだね。

　ということは，私たちは，病気をしないということかな？　いやいや，結構いろんな病気にかかるよね。これらの中には，免疫システムが正常に働かないことが原因で起こる病気（医学の世界では，これを疾患といいます）が結構あるんだ。今からそれについて説明するよ。

1 アレルギー

　まずは，アレルギーからお話しましょう。**同じ抗原の再刺激に対して過剰な反応が起こり，人体に悪影響が出る**ことがあります。この反応をアレルギーといいます。このときの悪影響とは，じんましん，くしゃみ，ぜんそく，目のかゆみなどのことだよ。アレルギーを引き起こす抗原となるものをアレルゲンといいます。つまり，アレルギーという免疫反応が起こると，つらい症状が現れます。これって，「疫を免れる」の意味に反するよね。

　アレルギーによる症状が出る人（アレルギー疾患をもつ人）は近年著しく増加しているんだ。その例としては，花粉がアレルゲンとなる花粉症や，鶏卵など特定の食物がアレルゲンとなる食物アレルギーなどが有名だね。

　アレルギー疾患の代表例ともいえる花粉症は，スギやヒノキ，ブタクサなどの花粉のように，人体にとって毒性（有害性）が低いと考えられていたものが抗原となって起こるアレルギーで，くしゃみや涙，鼻水などの症状が現れるんだ。詳しいしくみについては，次ページの発展で説明します。

日本人の３人に１人はなんらかのアレルギーをもっているという報告もあるよ。
実は私も花粉症に苦しんでいるんだ（ブヒブヒ）。

●花粉症の発症のしくみ

粘膜に付着した花粉の一部（抗原）が，体内に侵入してB細胞と結合すると，B細胞は形質細胞に変化し，IgEという抗体（通常の抗体はIgGといいます）を産生するようになります。そして，このIgEは**マスト細胞**の受容体に結合するんです。

2回目以降に侵入した花粉の一部がマスト細胞の受容体上の抗体に結合すると，マスト細胞から**ヒスタミン**とよばれ，血流増加や，白血球誘引作用をもつ物質が分泌されるので，強い炎症が起こり，鼻水・くしゃみ・眼のかゆみなどの症状が出る。

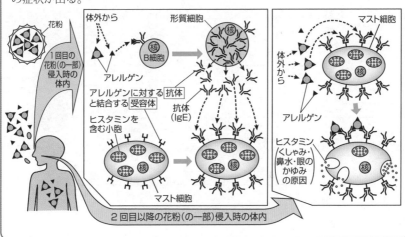

急性のアレルギーを<u>アナフィラキシー</u>といい，アナフィラキシーのうちで，全身性の強い症状（血圧低下や呼吸困難など）を示すことを，<u>アナフィラキシーショック</u>といいます。ハチに刺された経験のあるヒトが，同種のハチに再度刺された場合アナフィラキシーショックを起こすことがあるので，要注意だ!!!

▲図13：アナフィラキシーショック

② 自己免疫疾患

　病原体などの異物が体内に入ってきたとき，それは非自己，つまり抗原と認識されて排除されるんだったね。このように，免疫系では，自己と非自己を区別し，非自己のみを抗原として認識することができるんだ。

　もし自分自身のからだをつくっている物質（自己）に反応するＴ細胞やＢ細胞が存在すると，その細胞は常に強い刺激を受けて，自己を抗原と認識して傷つけてしまうことになるよね。そうならないようにするため，自己に反応するＴ細胞やＢ細胞は，成熟の過程で選別され，排除されたりその働きが抑制されたりするしくみが備わっています。このしくみによって自己に対して獲得免疫が働かない状態がつくられ，この状態を<u>免疫寛容</u>といいます。

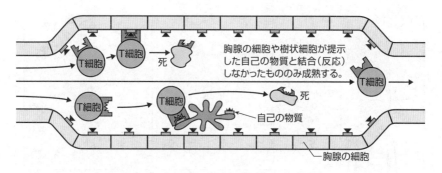

▲図14：免疫寛容の獲得

　でも，この免疫寛容がうまく獲得できなかった場合，**自己の成分を抗原として認識し，免疫反応を起こしてしまう**ことがあります。これによって起こる病気を，<u>自己免疫疾患</u>といいます。

　自己免疫疾患としては，自分自身の関節の組織が抗原として認識・攻撃され，関節が炎症を起こしたり変形したりしてしまう**関節リウマチ**や，すい臓のランゲルハンス島にあるインスリンを分泌するＢ細胞が抗原として認識・攻撃される**１型糖尿病**がよく知られています。それから，全身の筋力が低下する重症筋無力症も自己免疫疾患だよ。

免疫系では，異物（非自己）の種類の区別（認識），と自己と非自己の区別が行われるんだナ。

3 免疫不全

　アレルギーや自己免疫疾患は，過剰な免疫反応の例でした。これに対して，**免疫システムが正常に働かない**こと（**免疫不全**）で起こる病気もあるんだ。

　このような病気には，胸腺を失ったマウス（☞ P.204）などに見られる先天的な免疫不全のように，生まれつき免疫に関わるシステムや細胞の一部がなくなることで引き起こされるものや，<u>HIV（ヒト免疫不全ウイルス）</u>の感染によって引き起こされる<u>エイズ（AIDS，後天性免疫不全症候群）</u>などがあります。エイズは，HIV が**ヘルパー T 細胞**に感染し，これを破壊してしまうため，細胞性免疫と体液性免疫の両方が機能しなくなることによって起こる病気です。

　ここで質問です。「日和見感染*」とは，何と読むでしょう？　「ひよりみかんせん」と読みます。**日和見感染**とは，疲労やストレス，加齢などによって免疫の働きが低下すると，健康な人では通常発病しない病原性の低い病原体に感染し，発病することだよ。例えば，カンジダ菌は，皮膚などに常に存在する病原性の低い菌類（カビの仲間）だけど，免疫力が低下すると，内臓に侵入して機能低下を引き起こすことがあるんだ。エイズの患者は，このような日和見感染による感染症（日和見感染症）にかかりやすくなるんだよ。

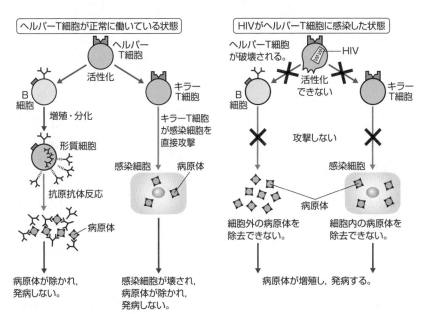

▲図 15：HIV 感染による免疫機能の破壊

＊日和見とは，「日和」つまり天候を見て出発するかどうか決めるという意味で使われていたが，転じて物事の成り行きを見て有利な方を選択するという意味に使われる。

●ABO式血液型

　ヒトの<u>血液型</u>のうち，よく知られているのが ABO 式血液型です。ABO 式血液型とは，異なる血液型の血液を混合したときに，血球どうしが接着して塊となる反応（<u>凝集反応</u>）をもとに分類された血液型なんだよ。凝集反応とは，赤血球の表面に存在し，抗原に相当する<u>凝集原</u>と，血清中に存在し，抗体に相当する<u>凝集素</u>との間に起こる抗原抗体反応のことです。

　A 型の赤血球には凝集原 A のみが，B 型の赤血球には凝集原 B のみが，AB 型の赤血球には凝集原 A と凝集原 B の両方が存在し，O 型の赤血球にはいずれの凝集原も存在しません。また，A 型の血清中には凝集素 β（抗 B 抗体）のみが，B 型の血清中には凝集素 α（抗 A 抗体）のみが，O 型の血清中には凝集素 β と凝集素 α の両方が存在し，AB 型の血清中にはいずれの凝集素もない。凝集原 A と凝集素 α，または，凝集原 B と凝集素 β が結合すると，凝集反応が起こるんだ。

　A 型のヒトの血清（凝集素 β を含む血清）と，B 型のヒトの血清（凝集素 α を含む血清）に対する各血液型（の凝集原）の反応は，下の表のようになります（表の中の＋は凝集反応が起こることを表し，－は凝集反応が起こらないことを表す）。そして，ヒトの血液型は，A 型のヒトの血清と B 型のヒトの血清に対する＋・－のタイプによって決めることができるんだ（－・＋なら A 型，＋・－なら B 型，＋・＋なら AB 型，－・－なら O 型のように）。

　ちなみに，輸血が可能か不可能かは，凝集反応の有無（表の＋・－）だけでは決まらず，輸血量や化学的性質など様々な要素が関係してきます。

βとB，αとAだけが凝集反応を起こして＋になるゾ ▼ヒトの血清	A型の血液 凝集原	A型の血液 凝集素	B型の血液 凝集原	B型の血液 凝集素	AB型の血液 凝集原	AB型の血液 凝集素	O型の血液 凝集原	O型の血液 凝集素
	赤血球 A	β	B	α	B A	なし	なし	β α
A型の 血清 β（βを含む）	－ （βとAは反応しない）		＋ （βとBは反応する）		＋ （βとBが反応する）		－ （βに反応する凝集原がない）	
B型の 血清 α（αを含む）	＋ （αとAは反応する）		－ （αとBは反応しない）		＋ （αとAが反応する）		－ （αに反応する凝集原がない）	

▲表：ABO式血液型の凝集反応（ヒトの血清と各血液型の凝集反応の有無）

4 拒絶反応

　動物が他の個体から皮膚などの組織や，心臓などの器官（臓器）の移植を受けた際（このとき，組織や臓器を提供する側をドナー，受け取る側をレシピエントという）に見られる免疫反応を拒絶反応といいます。拒絶反応では，ドナーからの組織や臓器が非自己として認識され，**NK 細胞**や**キラー T 細胞**によって攻撃されて定着せずに脱落します。これを防ぐために，皮膚移植や臓器移植の際には，レシピエントのキラー T 細胞の働きを抑えておく必要があるのです。

発展

● MHC と臓器移植

　脊椎動物のからだを構成する細胞の表面には，自己の細胞であることを示す目印として働くタンパク質があって，これらは **MHC 抗原**とよばれるんです。

　MHC 抗原は**主要組織適合（性）複合体抗原**，**主要組織適合（性）抗原**，MHC 抗原，MHC タンパク質ともよばれます。また，ヒトの MHC 抗原は，**HLA**（ヒト白血球（型）抗原）ともよばれるんです。

　MHC 抗原は，個体ごとに立体構造が少しずつ異なり，他の個体と一致する確率は非常に低いので，他人の細胞と自己の細胞の区別を可能にしているんです。

　他人からの臓器移植では，レシピエントのキラー T 細胞やヘルパー T 細胞が，ドナーの臓器の細胞表面にある MHC 抗原を異物として認識し，移植された臓器を攻撃することにより，拒絶反応が起こります。これに対して，MHC 抗原が一致する人からの臓器移植では，拒絶反応が起こりにくいのです。

　近年，有効な免疫抑制剤が開発されたことにより，MHC 抗原が完全に一致していない場合でも臓器移植が可能になっているんです。臓器移植で使われる免疫抑制剤は，いくつかの種類がありますが，T 細胞の活性化を抑制したり，T 細胞などのリンパ球の増殖を抑制したりする働きがあるんだ。例えば，シクロスポリンという免疫抑制剤は，白血球の増殖をつかさどる物質の分泌を抑制することで，臓器移植にともなう拒絶反応を抑制することが知られています。ただし，免疫抑制剤には拒絶反応の抑制作用がありますが，細菌やウイルスなどによる感染症にかかりやすくなるという副作用もあるんです。

⑤ ワクチンと予防接種

　今回のテーマは免疫と医療でしたが，ここまでは，アレルギー・自己免疫疾患・免疫不全など，免疫の異常による病気や，ＡＢＯ式血液型での凝集反応や移植の際の拒絶反応の話をしてきました。ここからは私たちの身のまわりにある様々な病気に対する予防法や治療法についてお話ししましょう。

　まずは，**ワクチン**と**予防接種**についてです。ヒトは，**免疫記憶**のおかげで一度かかった病気には二度目はかからない，またはかかりにくいんです。でも，症状が非常に重く，死に至ることがあるような病気には，一度かかって発症したらアウト，二度目はありませんよね。

　こういう病気では，その病原体を体内に侵入させないことが大切だよね。病原体がほとんどいない南極などで暮らすといいかも。でもそれは無理なので，病原体が体内に侵入しても発症を防ぐことが大切です。そのためには，一度かかったらアウトとなるような病原体を，あらかじめ死滅させたり病原性を弱めたりしたあとに，それをヒトに注射して，病気を発症させずに**一次応答を人工的に引き起こさせます**。その後，実際の病原体が体内に侵入したとしても，免疫記憶によって，即座に**強い二次応答が引き起こされる**ので，病気の発症が未然に防がれたり，症状がやわらげられたりするんだね。

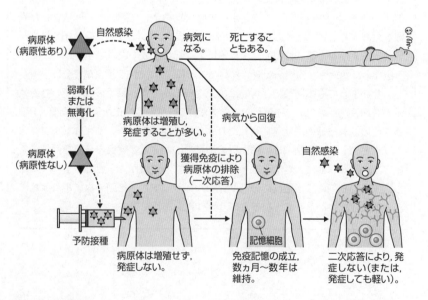

　▲図16：予防接種

無毒化あるいは弱毒化させた病原体や毒素などの抗原として接種するものをワクチンといい，ワクチンを接種して発症を防ぐことを予防接種といいます。

　例えば，**インフルエンザのワクチンは，ニワトリの卵の中でインフルエンザウイルス**を増殖させ，これを薬品で処理することにより，無毒化してつくられます。インフルエンザウイルスにはいろんな型があり，流行する型は年によって様々です。また，非常に大人数分のワクチンの作製には時間がかかるので，インフルエンザワクチンは，翌年流行する型を予測して，毎年新たにつくられます。しかし，予測と異なる型が流行すると，感染が大流行することがあるんだよ。

予防接種は，殺したり弱めたりした病原体（ワクチン）を体内に入れて，一次応答を起こすことで，本当の病原体に感染したときに，すぐ二次応答が起こるようにしているんだ ナ。
ワクチンといえば，記憶に新しい新型コロナウイルスワクチンでは，病原体や毒素そのものではなく，それらをつくる設計図のコピーに相当する mRNA が用いられたけど，ちゃんと二次応答が起こって，病気の発症や症状の悪化が抑制されたね。

　予防接種は，18世紀末に，**ジェンナー**さんという人が天然痘という病気に対して初めて行いました。その後，パスツールさんなどによってワクチンの開発が進み，治療法がなく，合併症や重い後遺症を起こしたり，生命に関わったりするような感染症のいくつかを予防できるようになったのです。

　予防接種のおかげで，どれだけ多くの人の命が救われたかわかりません。現に，この私は発症するとアウトな病気の多いアフリカに10回以上行きました。でも天然痘（今はもうありませんが，昔はありました*），黄熱病，破傷風，コレラなどのワクチンの接種を受けているので，いまだに生きています。どうです？　私をミスターワクチンとよんでもいいですよ（笑）。

*天然痘は，死亡率の高いウイルス感染症の1つで，過去に多くの患者・死者を出したが，天然痘ワクチンの接種（種痘）が普及したので，1980年に世界保健機関（WHO）が天然痘根絶を宣言した。

　免疫を医療に応用した例として，**BCG 接種**や**ツベルクリン反応検査**があるね。BCG は，弱毒化した**結核菌**の**ワクチン**で，ツベルクリン反応検査は，結核菌に対する免疫ができているかどうかを調べるために行う検査法です。

　ツベルクリン反応検査は，結核菌のタンパク質を皮下に注射し，注射した部位が赤く腫れた場合は結核菌に感染した経験があること（陽性）を示し，赤く腫れない場合は感染した経験がないこと（陰性）を示します。ツベルクリンで赤く腫れるのは，**細胞性免疫に伴い，注射した部位にマクロファージが集まり，そのマクロファージによる炎症反応が強く起こった結果のアレルギー反応**なんです。だから，陰性の人は，結核に対する免疫（**細胞性免疫**）が備わっていないので，結核にかかる可能性があるから，BCG 接種（予防接種）を受けるんだ。結核は，昔，英語で consumption（消耗）とよばれたくらい，シンドイ病気なんだよ。かからないように気をつけようね。

６ 血清療法

　予防接種さえしておけば，人は一生平穏に暮らせるかというと，そうではないんだな。長い人生，時には，マムシやハブなどの毒ヘビにかまれたりすることがあるかも。このような場合，自分自身の体内で，ヘビの毒素（**ヘビ毒**）に対する抗体がわんさかつくられればいいんだけど，実際には，その前にアウトになってしまいます。したがって，助かるためにはヘビ毒に対する**抗体を注射**して，体内に入った毒素を抗原抗体反応により，無毒化しなければなりません。

　抗体を含む血清を**抗血清**といい，抗血清による**治療法**を**血清療法**といいます。血清療法に用いられる抗体（抗血清）は，次のようにつくられます。

　ウマなどにヘビ毒を**抗原**として与えると，**一次応答**が起こり，抗体が少量つくられます。抗体がつくられて抗原抗体反応が起こるまでは，ウマはつらい思いをするよね。でも，ウマはこの抗体のおかげで死にません（ウマが死なない程度の量のヘビ毒を与えます）。２〜３週間後に，再びヘビ毒を抗原としてウマに注射することにより，**二次応答**を起こさせるんだ。このとき，ウマの血液中には**多量の抗体**が含まれています。

　このように，ヘビ毒に対する多量の抗体を含むウマの血液から得た血清を注射して，ヘビにかまれた人の命を守るのが，血清療法です。なお，動物の血清に含まれる成分が，ヒトにとって抗原として免疫記憶されてしまうこと

があるので，同じ血清療法を２度行えない場合があるんだ。ちょっと残念。

▲図17：血清療法

　血清療法は，1890年に北里柴三郎さんとドイツのベーリングさんによって破傷風およびジフテリアに対する治療法として開発されました。

　破傷風やジフテリアなど，毒性が強く，自分自身のつくり出す抗体だけでは対処できない感染症にも，血清療法は有効な治療法なんです。

　最後に，予防接種と血清療法について下の表にまとめたので，よく確認してそれぞれの内容を説明できるようにしておくんだよ。

	予防接種	血清療法
内容・目的	抗原（ワクチン）の接種による免疫の獲得（病気の予防）	抗体（血清）の投与による病気の治療
例	結核菌(BCG)，百日咳・ジフテリア・破傷風などの細菌の毒素，天然痘(種痘)・はしか・日本脳炎・ポリオ・インフルエンザ・狂犬病などのウイルスのワクチン	ジフテリア・破傷風・ヘビ毒などに対する血清

▲表3：予防接種と血清療法の比較

●免疫と最近の医療

▼抗体の構造

　抗体は，免疫グロブリンというタンパク質で，右図のようにL鎖という小さいポリペプチド（アミノ酸がつながったもの）と，H鎖という大きいポリペプチドが２本ずつ結合してできたY字形の構造をしているんです。

　L鎖とH鎖の先端部は**可変部**とよばれ，抗原と結合する部位で，抗体の種類によって構造が異なっています。可変部以外の部位は**定常部**といいます。

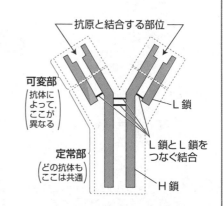

抗原と結合する部位

可変部
抗体によって，ここが異なる

定常部
どの抗体もここは共通

L鎖

L鎖とL鎖をつなぐ結合

H鎖

▼ヌードマウス

　胸腺が遺伝的に存在しないマウスがいます。このマウスでは，T細胞がほとんどないので免疫系がほとんど働かず，体毛もほとんどありません。そこで，このマウスは**ヌードマウス**（裸のマウス）とよばれます（下図）。

　ヌードマウスは，他の個体からの組織やがん細胞（腫瘍細胞）の移植に対して拒絶反応を示さないため，免疫学や医学の研究に利用されています。

寒い

▼抗体医薬

　血清には，特定の病原体に対する抗体のほかに，血清を採取した動物自身の多種多様な成分が含まれています。血清をくり返し投与すると，血清中の多様な成分に対する抗体が，患者の体内でつくられるリスクがあります。ですから，以前は破傷風やジフテリアなどの感染症治療に広く用いられていた血清療法は，現在ではヘビ毒の治療以外にはほとんど行われていません。

　近年では，特定の物質に対する抗体を量産する技術が開発され，炎症に関わる物質や，がん細胞の増殖に関わる物質に対する抗体がつくられており，それぞれ関節リウマチによる炎症や，がんに対する画期的な治療薬になっている。このような，特定の物質に対する抗体を用いた治療薬を，**抗体医薬**とよぶ。

●がんと免疫（ 参考 の内容も含む）

　がん細胞は，もともとは自身の細胞だったけど，何らかの異常により細胞分裂が止まらなくなり，無秩序に増殖するようになった異常な細胞で，正常な細胞とは異なる成分をもっています。そのため，体内では異物と認識され，免疫による排除の対象となるんです。

　がんに対する免疫で中心となるのは，**NK 細胞**や**キラー T 細胞**です。NK 細胞は体内を動き回っていて，がん化した細胞やウイルスに感染した細胞の表面に起こる変化を識別すると，その細胞を攻撃・破壊するんです。キラー T 細胞が特定の異常な細胞を攻撃するのに対し，NK 細胞は異常な細胞であればどれも同じように攻撃できるのです。この辺は，P.186 でもお話ししましたよね。

　このような免疫担当細胞ががんばっても，がん細胞はなかなかしぶといんだ。だからといって，免疫担当細胞ががんばり過ぎると，急激な免疫反応や，過剰な免疫反応が起こって，正常な組織の細胞が傷害を受けたり，自己免疫疾患を発症したりすることがあるのです。ですから，キラー T 細胞には，自己に対する免疫反応や過剰な免疫反応を抑制するしくみが備わっているんだ。キラー T 細胞は，特定の部位でがん細胞特有の物質を認識し，活性化されるとその細胞表面に PD-1 という受容体を出すようになります（下図①）。この受容体を介して情報を受け取ると，キラー T 細胞の働きが抑制されてしまうんです。

　がん細胞には，キラー T 細胞の PD-1 と結合する分子（PD-L1）をもち，キラー T 細胞を不活性化し，攻撃から逃れるしくみをもつものもあるんです（下図②）。

　近年，PD-1 に対する抗体（抗 PD-1 抗体）を治療薬（オプジーボなど）として患者に投与することで，がん細胞の PD-L1 が PD-1 と結合してキラー T 細胞の働きを抑制してしまうことを防ぎ，キラー T 細胞によるがん細胞の攻撃を促す研究が進んでいるんです（下図③）。この治療薬（治療法）の開発のきっかけをつくった本庶佑さんは，2018 年にノーベル生理学・医学賞を受賞しました。

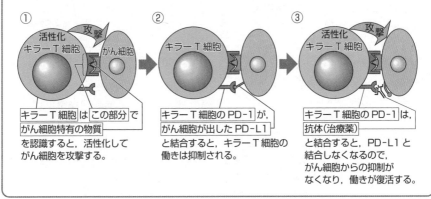

確認テスト

　体内への異物の侵入を防いだり，体内に侵入した異物を排除したりするしくみを ① 防御という。このしくみは，３つの防御機構からなる。

　１つ目は，皮膚や粘膜などによって体内への異物の侵入を防ぐ機構である。気管内部の粘膜からは常に ② が分泌され， ③ の運動によってつくられる ② の流れによって，侵入した異物が ② と共に外へ排除される。このような物理的な防御の他に，化学的な防御も見られる。

　２つ目は，動物が生まれながらにもっているため， ④ 免疫とよばれ，体内に侵入した様々な異物を食細胞が幅広く認識して排除する機構である。血液中の好中球などの食細胞は，異物をとり込んで分解する。この働きを ⑤ という。組織液中では，血液中の単球から分化した ⑥ が ⑤ によって異物を排除する。

　３つ目の機構は，生まれながらにもっているものではなく，異物の種類や侵入した回数によって変わるので， ⑦ 免疫とよばれる。

　　 ⑦ 免疫は，さらに ⑧ 免疫と ⑨ 免疫に分けられる。この免疫における異物排除の主役は， ⑧ 免疫ではB細胞から分化した ⑩ 細胞から放出される ⑪ であり， ⑨ 免疫では ⑫ T細胞である。

　　 ⑧ 免疫と ⑨ 免疫には，次のような共通点がある。

1. 　 ⑤ で異物をとり込み，活性化した ⑬ 細胞が，抗原提示を行う。
2. 　 ⑭ T細胞によって免疫反応が制御されている。
3. 　異物が排除されたあと，再び同じ異物が体内に侵入した場合， ⑮ 細胞がすぐに増殖して，すばやく異物が排除される。

　上記の３．を確かめるために，ある動物に病原体Ａ（抗原Ａ）を感染させ，その後の ⑧ 免疫の反応を調べた。さらに，この動物に一定の時間をあけて再び病原体Ａを感染させた場合と，病原体Ｂ（病原体Ａとは異なる抗原Ｂ）を感染させた場合のそれぞれについて，その後の免疫の反応を調べた。その結果を右図に示す。

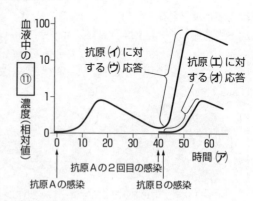

問１　文中の空欄 ① ～ ⑮ に適する語をそれぞれ答えよ。

問２　図中の空欄(ア)～(オ)に最も適する語またはアルファベットをそれぞれ答えよ。ただし，(ア)は時間の単位である。

問1 答 ①＝生体 ②＝粘液 ③＝繊毛 ④＝自然 ⑤＝食作用
⑥＝マクロファージ ⑦＝獲得（適応） ⑧＝体液性 ⑨＝細胞性
⑩＝形質（抗体産生） ⑪＝抗体 ⑫＝キラー ⑬＝樹状
⑭＝ヘルパー ⑮＝記憶

▶生体防御の機構をまとめると，以下のようになる。

<table>
<tr><td rowspan="3">生まれつき備わっている</td><td rowspan="2">生体防御第一段階</td><td rowspan="2">体内への異物の侵入を防ぐバリアシステム</td><td>物理的</td><td>●気管内の繊毛の運動による粘液の流れ
●皮膚の角質層
●せき・くしゃみ・鼻水　など</td></tr>
<tr><td>化学的</td><td>●強い酸性の胃液
●リゾチームを含む涙　など</td></tr>
<tr><td>生体防御第二段階</td><td>自然免疫</td><td colspan="2">食細胞（マクロファージ・好中球・樹状細胞など）の食作用による，異物の排除</td></tr>
<tr><td rowspan="2">生後に得られる</td><td rowspan="2">生体防御第三段階</td><td rowspan="2">獲得（適応）免疫
・樹状細胞による抗原提示
・ヘルパーT細胞による制御
・記憶細胞による免疫記憶</td><td>体液性免疫</td><td>B細胞から分化した形質細胞（抗体産生細胞）が放出する抗体による，細胞外に存在する異物の排除</td></tr>
<tr><td>細胞性免疫</td><td>キラーT細胞による，細胞内に存在する異物の排除</td></tr>
</table>

09
♣ 免疫

問2 答 (ア)＝日 (イ)＝A (ウ)＝二次 (エ)＝B (オ)＝一次

▶初めて生体内に侵入した抗原（病原体などの異物）に対する免疫反応を**一次応答**という。一次応答では，リンパ球の活性化に時間がかかるため，**獲得免疫**が働き出すのに1週間以上の日数を要する。

　生体に再度同一の抗原が侵入したときに起こる免疫反応を**二次応答**という。1回目の抗原侵入時には，増殖したT細胞やB細胞の一部が**記憶細胞**（記憶T細胞や記憶B細胞）となって残るので，再度，同一の抗原が侵入した場合には，記憶細胞がすぐに増殖して，**体液性免疫**や**細胞性免疫**が働くので，二次応答では迅速かつ強い反応が起こる。

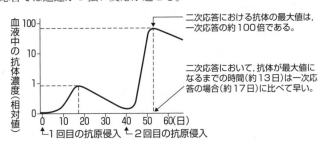

二次応答における抗体の最大値は，一次応答の約100倍である。

二次応答において，抗体が最大値になるまでの時間（約13日）は一次応答の場合（約17日）に比べて早い。

第3部 CHECK✓TEST

> ここまでやってきた内容をちゃんと理解しているかな？
> 試験で重要になる箇所をチェックするから，答えられない
> 部分はもう一度本文に戻ってやり直すんだぞ!!

Theme 08：情報の伝達と体内環境の維持

□□□① ヒトの体液は大きく３つに分けられる。それぞれの名称を言って！

(☞ P.111)

□□□② 体内の恒常性に関わる情報伝達のしくみは大きく２つに分けられる。何と何？ (☞ P.112)

□□□③ ヒトの神経系は大きく２つに分けられる。それぞれの名称を答えて！ (☞ P.113)

□□□④ ヒトの脳は５つに分けられる。それぞれの名称は？ (☞ P.114)

□□□⑤ ヒトの神経系の全体像を模式的に図示して！ (☞ P.115)

□□□⑥ 自律神経系の中枢の名称は何？ (☞ P.116)

□□□⑦ 自律神経系は２つに分けられる。それぞれの名称を言って！

(☞ P.116)

□□□⑧ 自律神経系のうち，脊髄のみから出ている神経の名称は何？

(☞ P.116)

□□□⑨ 自律神経系のうち，瞳孔の拡大，気管支の拡張，胃・小腸の運動促進を行うのは，それぞれ何とよばれる神経？ (☞ P.117)

□□□⑩ 自律神経系による心臓の拍動調節について説明して！ (☞ P.119)

□□□⑪ 心臓の左心室から流れ出た血液が腎臓を通って，再び心臓の左心室に戻る過程（経路）を，心臓の部位名，血管名を明示しながら説明して！ (☞ P.120～124)

□□□⑫ 心臓の拍動をつくり出す部位の名称を言って！ (☞ P.125)

□□□⑬ 動脈，静脈，毛細血管の構造の違いを言って！ (☞ P.125)

□□□⑭ 外分泌腺と内分泌腺の構造上の違いを言って！ (☞ P.127)

□□□⑮ のどの位置にある内分泌腺を２つ答えて！ (☞ P.128)

□□□⑯ 副腎から分泌されるホルモンを３つ答えて！ (☞ P.129)

□□□⑰ ホルモンが作用する特定の器官を何と言う？ また，この器官の細胞表面などに存在し，特定のホルモンとのみ結合する構造（物質）は何？ (☞ P.130)

□□□⑱ ホルモンを合成・分泌することができる神経細胞を何と言う？　また，そのような細胞によって合成され，脳下垂体後葉から放出されるホルモン名を言って！ (☞ P.131)

□□□⑲ チロキシンの分泌を例に，フィードバックについて説明して！ (☞ P.132)

□□□⑳ 血糖濃度を上昇させる働きをもつ主なホルモンを３つ言って！ (☞ P.133〜135)

□□□㉑ 血糖濃度が上昇したとき，どのようなホルモンが，どこから分泌されて，どのように働くかについて説明して！ (☞ P.134)

□□□㉒ １型糖尿病と２型糖尿病の違いを言って！ (☞ P.136)

□□□㉓ 寒冷刺激を受けたヒトでは，発汗，心臓の拍動，代謝，皮膚の血管はそれぞれどのように変化する？ (☞ P.138〜139)

□□□㉔ 肝臓につながっている太い血管の名称を３つ言って！ (☞ P.140)

□□□㉕ 肝臓において，有害なアンモニアからつくられる，比較的毒性の少ない物質の名称を言って！ (☞ P.142)

□□□㉖ 肝臓でつくられ，十二指腸で働く液体の名称は何？ (☞ P.142)

□□□㉗ 体液中の水分量と塩類濃度の調節について，ホルモンの働きを含めて説明して！ (☞ P.144)

□□□㉘ ヒトの腎臓において，尿をつくる構造上の単位の名称と，腎臓１つあたりに含まれる数を答えて！ (☞ P.146)

□□□㉙ 原尿とは何？　簡単に説明して！ (☞ P.148)

□□□㉚ 原尿中の物質は，どこからどこへ再吸収されるの？ (☞ P.148)

□□□㉛ ヒトの血液は，液体成分と有形成分に分けられる。液体成分の名称と，その成分中の物質名を３つ言って！ (☞ P.150)

□□□㉜ ヒトの血液の有形成分は３つに分けられる。それらの名称を数の多い順に言って！　また，それらの名称を大きい順に言って！ (☞ P.150)

□□□㉝ ヘモグロビンが酸素と結合しやすくなる条件を１つ言って！　また，ヘモグロビンの色は酸素と結合する前後でどのように変わる？ (☞ P.151)

□□□㉞ 血ぺいはどのようにつくられるか，説明して！ (☞ P.153〜154)

□□□㉟ 血しょうと血清の違いを説明して！ (☞ P.154)

Theme 09：免疫

□□□① 体内への異物の侵入を防ぐ化学的防御の例を２つ言って！ (☞ P.161)

□□□② 自然免疫を担当する細胞の名称を４つ言って！ (☞ P.162)

□□□③ 免疫を担当する細胞のすべては，"ある細胞"から分化する。"ある細胞"の名称と存在部位をそれぞれ答えて！　また，免疫を担当する細胞のうち，リンパ球に属するものをすべてあげて！

(☞ P.162〜163)

□□□④ 炎症について，簡単に説明して！ (☞ P.166)

□□□⑤ B細胞とT細胞はそれぞれどこで成熟するかな？ (☞ P.172)

□□□⑥ 体液性免疫に関与するリンパ球の名称をすべて言って！

(☞ P.174〜177)

□□□⑦ 体液性免疫において，抗原提示を行う主な細胞は何？ (☞ P.176)

□□□⑧ 体液性免疫において，二次応答は一次応答とどのような点が異なっている？　また，そのような差異が生じた理由は何？　ていねいに説明して！ (☞ P.178〜179)

□□□⑨ 体液性免疫のしくみを説明して！ (☞ P.175〜185)

□□□⑩ 細胞性免疫は，体液性免疫が作用できない異物に対して働く免疫である。その異物とはどのようなものか言って！ (☞ P.186)

□□□⑪ 免疫担当細胞のうち，細胞性免疫でのみ働く細胞は何？ (☞ P.186)

□□□⑫ NK細胞とキラーT細胞の共通点と相違点を説明して！ (☞ P.186)

□□□⑬ 細胞性免疫のしくみについて説明して！ (☞ P.186〜193)

□□□⑭ アレルギーとは何？　説明して！ (☞ P.194)

□□□⑮ アナフィラキシーショックについて説明して！ (☞ P.195)

□□□⑯ 自己免疫疾患の例として，関節に関する病気と筋肉に関する病気の名称をそれぞれ言って！ (☞ P.196)

□□□⑰ 後天的に免疫不全を引き起こす病原体の名称を答えて！ (☞ P.197)

□□□⑱ A型のヒトの血清で凝集反応が起こるのは，何型の人？　すべて答えて！ (☞ P.198)

□□□⑲ 拒絶反応について説明して！ (☞ P.199)

□□□⑳ ワクチンって何？　簡単に説明して！ (☞ P.201)

□□□㉑ 予防接種と血清療法をそれぞれ説明して！ (☞ P.200〜203)

□□□下図の**(1)〜(14)**のそれぞれ
に適する語を答えて！(☞ P.121)

□□□下図の**(1)〜(12)**に適する
語を入れて！(☞ .P.147〜148)

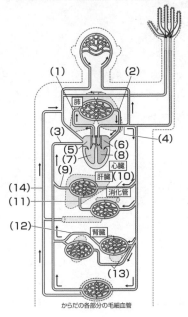

からだの各部分の毛細血管

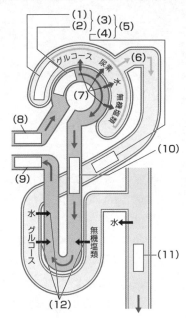

□□□下図の**(1)〜(12)**のそれぞれに適する語を，**〔ア〕〜〔カ〕**のそれぞれに
適するホルモン名を答えて！

(☞ P.134)

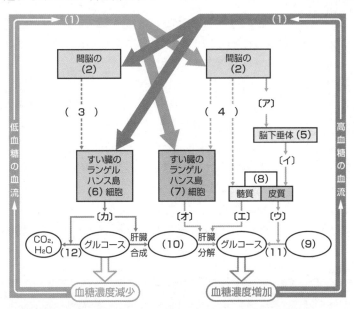

肝腎な話

　「からだの器官の中で，最も重要なものを2つあげて」といわれたら？「脳と心臓」かな。テレビドラマの刑事モノでは，脳とか心臓とかを撃たれて死んでしまう人が多いからな。でもね，実は，「肝臓と腎臓」という器官も大切なんだ。

　肝臓は代謝，つまり体内のいろんな化学反応において中心的役割をはたす器官で，いわば「総合化学工場」だ。一方，腎臓は，血液の組成維持において中心的役割をはたす器官で，いわば「お掃除職人」だ。この両者が連携プレーをする。まず，肝臓が，体内で生じた有毒なアンモニアを，比較的毒性の少ない尿素に変えて，血液中に放出する。次に，腎臓が，血液から尿素をとり出して，体外に排出するために尿をつくる。これで血液が，常にきれいな状態に保たれる。すごい。だから，とっても重要なことを，「肝腎なこと」あるいは，「肝腎要」というんだね（ただし，"肝心"と書くことも多いけどね）。

　第3部では，肝臓も，腎臓も，脳も，心臓もやったね。そして，それらをもつヒトが，環境に対してどのように反応しているかについて勉強したね。この本の特色は，もちろん巨大できれいな図です。でもね，図だけではなく，漢字も一文字もおろそかにせず，ていねいに見ていこう。だって，「賢臓」って書いてたら賢くないもんな。

　ところで，動物のからだの部分を表す漢字には，「月」がついていることが多いけど，この「月」のよび方を知ってる？　月偏（つきへん）じゃないよ。この「月」は，「肉」という字が変化したもので，肉月（にくづき）というんだ。確かに「月」は，「肉」という字に似てなくはないけど，もしかしたら，昔の人が，動物のリズムが月の満ち欠けの影響を受けることを知っていて，わざと「月」にしたのかな。

　いずれにしても，生物の勉強に限らず，どんなことでも「はじめ」が肝腎。「ていねいに」やることが肝腎。

第 **4** 部

生物の多様性と生態系

BIODIVERSITY AND ECOSYSTEM

Theme 10
植生と遷移

Step 1 様々な植生

　ここまでは，生物の多様性と共通性という観点から，個々の生物体がもつ構造の精密さや，しくみ（機能）の巧妙さの一端をお話ししてきました。

　でも，どのようにすぐれた構造やしくみをもつ生物でも，たった１個体（１人，１匹，１本，１個）では生きていけません。**生物は，身のまわりの生物や水・空気・気温・土壌などといった環境と互いに関わり合って生きているん**だ。いいかえれば，生物は，それぞれが**生活する環境に適応**＊した生活様式を**発達させている**のです。だから，多様な環境がある地球上には，多種多様な生物が存在しているわけね。

　これらの生物のうち，まず**植物**に注目して，植物と環境との関係について，これからお話しします。その前に，少し用語の確認をしておくね。

▼草本と木本

　一般に，植物といったら草や木のことだけど，生物学では「草」のことを**草本**（または草本植物），「木」のことを**木本**（または木本植物）あるいは**樹木**といいます。ところで，草本と木本の違いがわかる？　草本は**木部**（茎や根に存在し，水の通路として働く**道管や仮道管などからなる組織**）があまり発達しない植物，つまり茎が細く，短命な植物で，木本は発達した木部，つまり太い茎（幹）や根をもち，草本に比べると長命な植物のことだよ。

▼生活形

　生物の生活様式を反映した形態のことを<u>生活形</u>といい，植物は生活形で分類することができます。植物の生活形は，**葉や茎などの形態によって特徴づけられる**んだ。例えば，樹木は，寒い地方に多く生育し，針状または鱗片状の葉をつける**針葉樹**と，暖かい地方に多く生育し，幅の広い葉をつける**広葉樹**とに分けられます。また，寒さの厳しい冬季や乾燥の厳しい乾季にいっせ

＊生物がその生活環境で生存・繁殖するうえで有利な特性をもつことを，適応という。

いに葉を落とす**落葉樹**と，いっせいには落葉しない**常緑樹**とに分けることもできます。また，乾燥地域に生育し，肥厚した葉や茎の組織に多量の水分を含む植物は，**多肉植物**とよばれています。

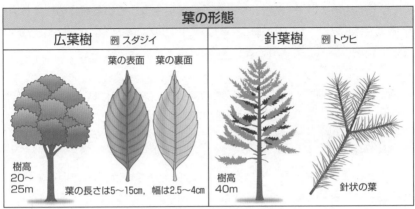

葉の形態	
広葉樹 　例 スダジイ	針葉樹 　例 トウヒ
葉の表面　葉の裏面	
樹高20〜25m　葉の長さは5〜15cm，幅は2.5〜4cm	樹高40m　針状の葉

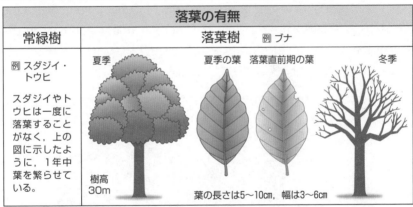

落葉の有無	
常緑樹	落葉樹　例 ブナ
例 スダジイ・トウヒ	夏季　夏季の葉　落葉直前期の葉　冬季
スダジイやトウヒは一度に落葉することがなく，上の図に示したように，1年中葉を繁らせている。	樹高30m　葉の長さは5〜10cm，幅は3〜6cm

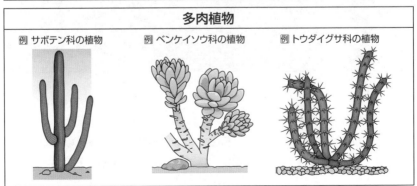

多肉植物

例 サボテン科の植物　　例 ベンケイソウ科の植物　　例 トウダイグサ科の植物

▲図1：植物の生活形

1 **植生とその成り立ち**

　地球上には，多種多様な植物が生育してるけど，ある地域（場所）に注目したとき，そこに生育している植物の集まり（集団）のことを植生といいます。"ある地域に生育している植物の集まり" とは，なんとも漠然とした定義だね。そうなんだよ。「植生」は，**ある地域に生育している植物の集まり**を，その地域の広さや，その地域に生育している植物の種などに基準を設けないで，全体的に漠然と示す用語で，次のように使われるんです。

> 森林の植生，草原の植生，落葉樹林の植生，常緑樹林の植生，学校周辺の植生，神社の境内の植生，河川敷の植生，公園の植生，植林地の植生，牧草地の植生，丘陵の植生，山地の植生，海岸周辺の植生　などなど

　植生という言葉は，日本ではあまり一般的ではないけど，欧米諸国，特に英語圏では，植物や植生を意味する vegetation という語がよく使われます。欧米人は，「roadside vegetation（道端の植生）」「Vegetation covers the slope.（植生が斜面を覆っているワ。）」「There is little vegetation on the top of the mountain.（山の頂上には植生がほとんどない。）」のように，サラッというんだよ。日本語で「みどり」みたいな感じかな。

▼**植生の分類**

　地球上の様々な植生は，その外観の様相や，植物の種の構成などの基準をもとに，分類（類型化）*することができます。**植生の外観の様相**は相観とよ

*植生がなんらかの基準に従って類型化されたものは，群落とよばれる。

ばれ，相観は，**個体数が多く，占有している空間が最も大きい種**によって決定づけられるんだ。このような種は，優占種とよばれます。

植生は，相観によって，森林，草原，荒原に大別されます。

①**森林** 幹や根が発達している木本が優占する植生。草原と比べて植生の空間が大きく，様々な種類の高木や低木*，草本などが生育して，複雑な構造をつくっていることが多い。

②**草原** 草本が優占する植生。一般には，地表の50％以上が草本に覆われている植生。森林に比べて植生の構造は単調である。

③**荒原** 生育する植物の個体数や種類数が少なく，草本や低木がまばらに生育する植生。

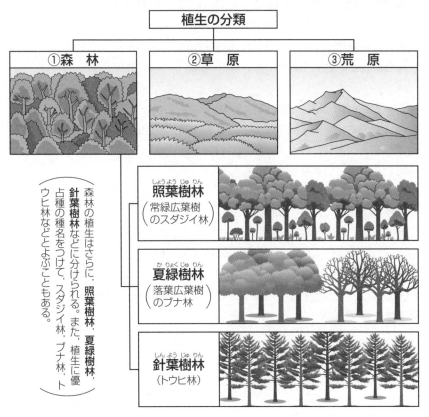

▲図2：植生の分類

＊3〜5mを超える高さの木本を高木，それ以下の木本を低木ということが多いが，人の背丈（1.5〜2.0m）を超える木本を高木ということもある。また，高木と低木の中間の高さの木本を亜高木ということもある。

② 森林の植生と階層構造

　森林は，「木」を5つも使って書くけど，同じ種類で同じ高さの樹木だけから構成されているわけじゃなくて，様々な種の様々な高さの植物から構成されているんだよ。いい？　そして，それらの植物の葉や枝は，垂直（鉛直）方向に層状に分布することがあるんだ。このように，**植生が垂直方向に示す層状の構造**は，階層構造とよばれ，発達した森林では，上から高木層，亜高木層，低木層，草本層，地表層などの層が見られます。

　また，森林の最上層の葉が茂る部分（枝も含む）がつながり合った全体を林冠といいます。これに対して，森林の最下層の地表面付近を林床といいます。

　このような階層構造は，**熱帯・亜熱帯・暖温帯などの森林のように，多くの種類の植物が繁茂する植生でよく発達し**，熱帯の森林（☞ P.253）では7〜8層が認められることもあります。一方，亜寒帯で見られる植物の種類が比較的少ない針葉樹林（☞ P.259）では，階層構造があまり発達しなくて，2層しか認められないこともあるんです。

　森林では，光・温度・湿度などの環境が場所によって異なっていて，特に光環境は，高さによって大きく異なっています。林冠に到達した太陽光は，密に繁った上層の葉によって，吸収されたり散乱したりするので，下層に向かうにしたがって弱くなっていくんです。

　図3の左下のグラフを見てごらん。林冠に到達した太陽光の強さが100%（横軸が10（m）のとき，縦軸は100（%））だとすると，太陽光が亜高木層を通過する頃には，その光の強さ（相対照度）は林冠の約10%（横軸が2（m）のとき，縦軸は約10（%））に，林床では数%（横軸が約0（m）のとき，縦軸は約2〜3（%））になってしまうんだ。このように，森林の樹木が環境（森林内の照度）に与えるような働き，つまり，**生物の生活が環境に影響を与える働き**を環境形成作用（☞ P.268）といいます。

　一般に，林冠や高木層には日なたで強い光の当たるところでよく生育する植物や葉が存在し，低木層や林床には比較的弱い光でも生育できる植物や葉が存在します。そのため，階層構造のそれぞれの層では，その高さでの光の強さに適応した植物や葉が生育することになるんだね。

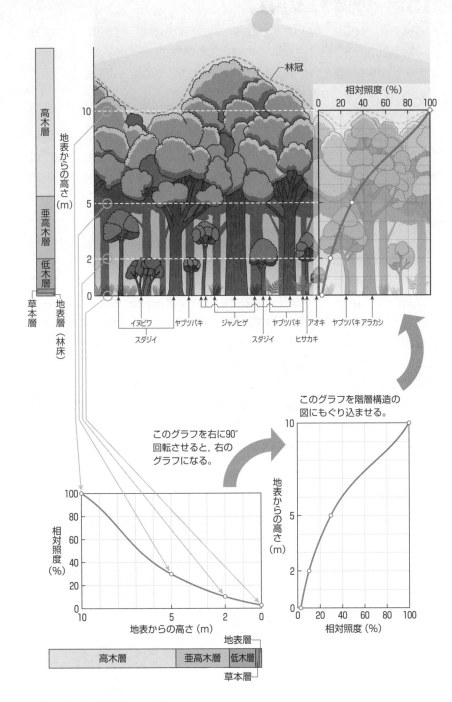

▲図3：森林の階層構造と光の強さ

3 森林内の光環境と光合成

　森林では，林冠に到達した光が林床に向かうにしたがって弱まっていくから，各階層には，それぞれの光環境に適応した植物が見られるんだったね。そこで，光環境の影響を強く受ける光合成の速度が，光の強さの変化に伴って，どのように変化するかを考えてみましょう。

　これを考えるためには，いろんな強さの光のもとに植物を置き，単位時間（例えば１分間とか１時間）あたりの二酸化炭素（CO_2）の吸収量（二酸化炭素吸収速度）や酸素（O_2）の放出量（酸素放出速度）を測定する必要があるね。この測定値は，**単位時間あたりの光合成量**，つまり光合成速度を表しているはずだから。ところが，実際はそうカンタンではないんだナ。

　植物は，光合成だけでなく，**ミトコンドリアで酸素を吸収して二酸化炭素を放出する呼吸**もやっているんだったね。「エッ，植物には肺があるの？」「植物はスーハー，スーハーと息してるの？」といっている君。生物学では，呼吸とは「**細胞が酸素を用いて有機物を分解し，生命活動に必要なエネルギーをとり出すこと**」なんだ。静かにジーッとしている植物だって，生きていくためにはエネルギーが必要だろ？　だから，植物は，肺ももっていないし，息もしていないけど，呼吸はしているの。それも１日中，昼も夜も。

　この呼吸で放出された**二酸化炭素は，ミトコンドリアから葉緑体にわたされて**光合成の材料になるんだよ。それでも足りない分の二酸化炭素は，気孔から吸収されるんです。だから，単位時間あたりの二酸化炭素の吸収量を測定しても，光合成速度を調べたことにはならないんだよ。

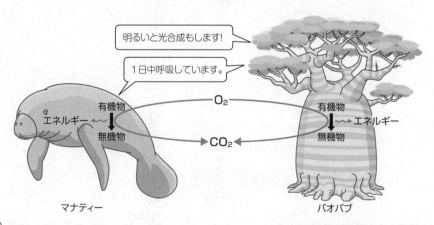

ではどうしたらいいのか，よーく考えてみよう。

　植物は，光合成と同時に呼吸もしているので，呼吸で酸素を吸収すると共
に二酸化炭素を放出しているよね。だから，明るいところにいる植物に吸収
された二酸化炭素の量は，**光合成で吸収された二酸化炭素の量から呼吸で放
出された二酸化炭素の量を差し引いたもの**になるね。これを見かけの光合成
量といい，単位時間あたりの見かけの光合成量を<u>見かけの光合成速度</u>といい
ます。だから，見かけの光合成速度に<u>呼吸速度</u>を加えれば，<u>光合成速度</u>にな
ります。わかる？　これを式で表すと，次のようになります。

$$\boxed{光合成速度} = \boxed{見かけの光合成速度} + \boxed{呼吸速度}$$

　じゃあ，呼吸速度はどうすればわかるんだろう？
　植物は光がないと光合成を行いません。だから，**暗所に置かれた植物は，光
合成を行わず，呼吸のみを行う**ので，呼吸量に相当する量の二酸化炭素が放
出されます。この二酸化炭素の単位時間あたりの放出量が<u>呼吸速度</u>を表して
いると考えればいいんだね。

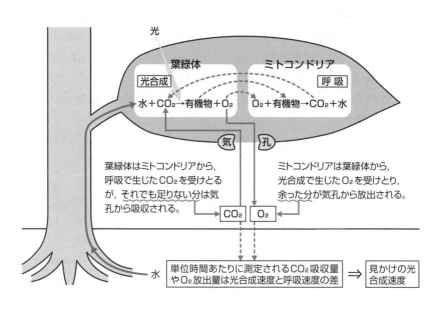

　葉緑体はミトコンドリアから，
呼吸で生じたCO_2を受けとる
が，それでも足りない分は気
孔から吸収される。

ミトコンドリアは葉緑体から，
光合成で生じたO_2を受けとり，
余った分が気孔から放出される。

単位時間あたりに測定されるCO_2吸収量
やO_2放出量は光合成速度と呼吸速度の差 ⇒ 見かけの光
合成速度

▲図4：見かけの光合成速度と光合成速度と呼吸速度の関係

4 光-光合成曲線

　温度や二酸化炭素濃度を一定にして，いろんな光の強さにおける，単位時間あたりの二酸化炭素の吸収量（二酸化炭素の吸収速度）を測定すると，その結果は右ページのようなグラフになるよ。このような光の強さと光合成速度の関係を示したグラフを，**光-光合成曲線**といいます。

　このグラフで，二酸化炭素の吸収速度がマイナス（－）になっている部分は，二酸化炭素を放出したことを示しているんだ。そして，光の強さが０のとき，つまり暗所での二酸化炭素吸収速度（y 切片に相当）の値は呼吸速度を表しています。この**呼吸速度は，光の強さが変化しても変わらない**と覚えておいてね。では，グラフを読んでいきましょう。

呼吸速度は，真っ暗（光の強さ０）にしたときの CO_2 放出速度で表せるんだ。そして，その値は明るくしても，明るさを増しても変わらないんだよ。

▼光補償点

　光が弱いときには，光合成による二酸化炭素吸収速度（＝光合成速度）よりも呼吸による二酸化炭素放出速度（＝呼吸速度）の方が大きいので，植物は二酸化炭素を放出しているように見えます。

　光を０から少しずつ強くしていくと，ある光の強さで二酸化炭素の吸収速度が０になるんだ。このときの光の強さを光補償点といいます。光補償点では，**呼吸速度と光合成速度が等しい**んです。光の強さが光補償点より弱いと，光合成によって吸収した二酸化炭素の量よりも呼吸によって放出した二酸化炭素の量の方が多いから，赤字の状態だね。このままだと，植物は生活を続けることができないので，枯れてしまうんだ。

▼光飽和点

　光補償点よりもさらに光を強くしていくと，光合成速度は上昇していきます。でも，光がある強さになると，**それ以上光を強くしても，光合成速度が変化しなくなる**んだ。このときの光の強さを光飽和点といいます。また，このときの光合成速度は最大光合成速度とよばれます。

　なんで光合成速度が変化しなくなるかというと，材料の二酸化炭素が不足したり，光合成で働く酵素がそれ以上働けなかったりするからなんだよ。

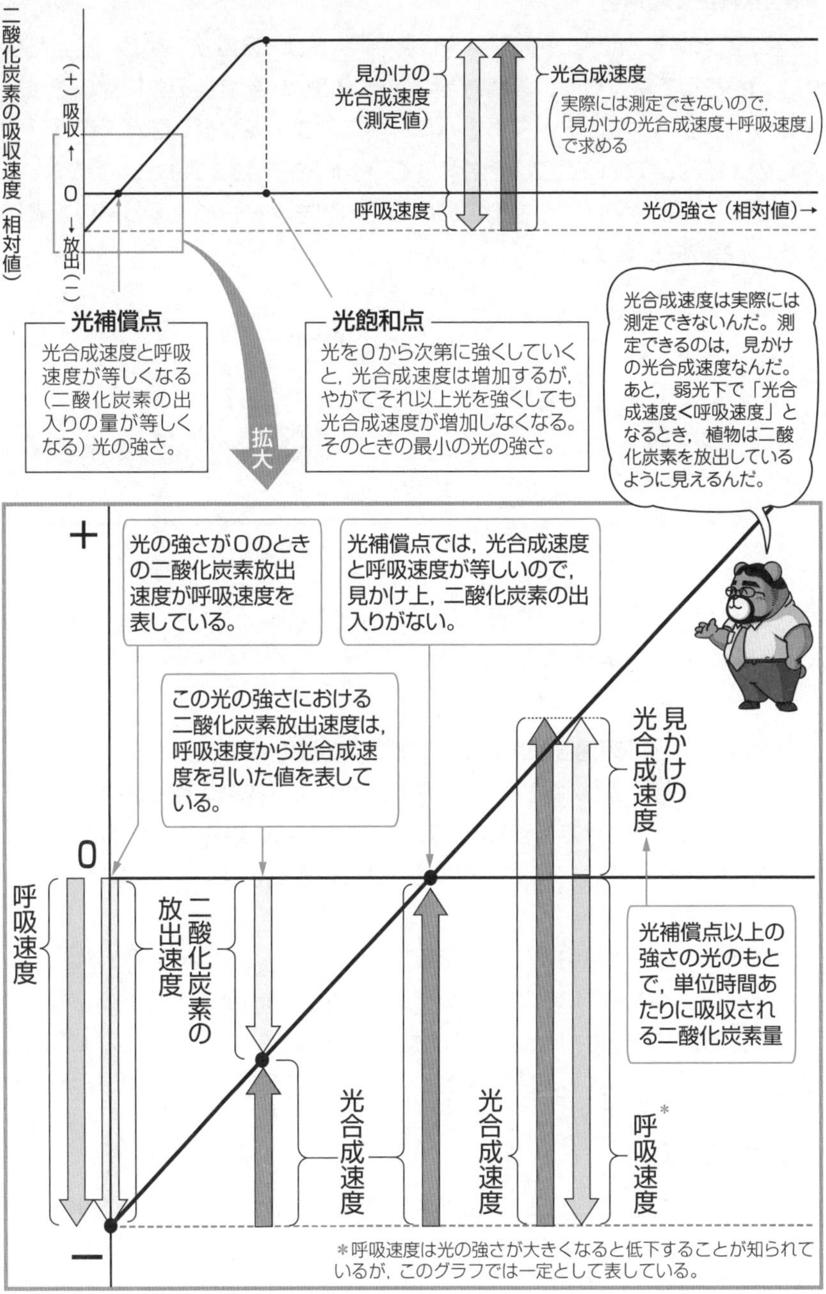

二酸化炭素の吸収速度（相対値）

（＋）吸収 ↑ 0 ↓ 放出（−）

光の強さ（相対値）→

見かけの光合成速度（測定値）

光合成速度（実際には測定できないので，「見かけの光合成速度＋呼吸速度」で求める）

呼吸速度

光補償点
光合成速度と呼吸速度が等しくなる（二酸化炭素の出入りの量が等しくなる）光の強さ。

光飽和点
光を0から次第に強くしていくと，光合成速度は増加するが，やがてそれ以上光を強くしても光合成速度が増加しなくなる。そのときの最小の光の強さ。

拡大

光合成速度は実際には測定できないんだ。測定できるのは，見かけの光合成速度なんだ。あと，弱光下で「光合成速度＜呼吸速度」となるとき，植物は二酸化炭素を放出しているように見えるんだ。

＋

光の強さが0のときの二酸化炭素放出速度が呼吸速度を表している。

光補償点では，光合成速度と呼吸速度が等しいので，見かけ上，二酸化炭素の出入りがない。

この光の強さにおける二酸化炭素放出速度は，呼吸速度から光合成速度を引いた値を表している。

0

呼吸速度

二酸化炭素の放出速度

光合成速度

光合成速度

見かけの光合成速度

呼吸速度[*]

光補償点以上の強さの光のもとで，単位時間あたりに吸収される二酸化炭素量

−

＊呼吸速度は光の強さが大きくなると低下することが知られているが，このグラフでは一定として表している。

10

♣ 植生と遷移

▲図5：光−光合成曲線（光の強さと光合成速度の関係）

【備考】　相対値…比較の対象があって，その比較対象との差において計られた値のこと。
　　　　　絶対値…（数直線上で）原点（0）からある数までの距離のこと。必ず「0」以上の値になる。

223

▼陽生植物と陰生植物

　クロマツ・ヤシャブシ・ススキ・イネ・イタドリ・アカマツなど，日当たりのよいところで生育している植物を陽生植物といいます。それに対して，アオキ・ヤブツバキ・コミヤマカタバミ・ベニシダ・ドクダミなど，森林の中などの比較的弱い光のところで生育している植物を陰生植物といいます。

　下図は，陽生植物と陰生植物における光の強さと光合成速度の関係を表した光−光合成曲線です。

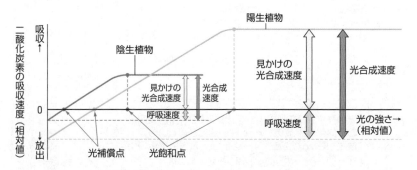

▲図6：陽生植物と陰生植物の光−光合成曲線

　陽生植物は，**呼吸速度が大きく，光補償点が高い**ので，光が弱いと生育できません。一方，陰生植物は，**呼吸速度が小さく，光補償点も低い**ので，弱い光のところでも生育できるんだ。でも，光飽和点は陽生植物の方が高いので，明るいところでは，陽生植物の方が速く成長します。

　それから，1つの植物体でも，日当たりのよいところにある葉を陽葉といい，日当たりのよくないところにある葉を陰葉といいます。だから，陽葉と陰葉の**光−光合成曲線**は，上図と同じようになります。つまり，陽葉は陽生植物のようなグラフになり，陰葉は陰生植物のようなグラフになるんだ。

5 森林の土壌

　一般に「土」とよばれている土壌は，草本や木本が根を伸ばし，植物体を支持し，水分や養分を吸収する場で，**母岩**が**風化**して生じた砂や粘土と，生物の遺体が分解されて生じた有機物が混ざり合ったものです。

　母岩とは岩石のことです。風化は，岩石が風，氷雪，温度の変化，水など

の物理的・化学的作用によって次第に破壊されていくことです。風化する前の岩石が母岩と考えればいいね。岩石の風化によって生じた破片（粒子）のうち，比較的小さいものを砂といい，非常に小さいものを粘土*といいます。

森林の土壌では，落葉・落枝の層（落葉層），腐植層（腐植土層），岩石が風化した層の3層がよく発達しています。一方，草原では層状の構造があまり見られず，荒原では落葉・落枝の層と腐植層がほとんど発達しません。

種々の土壌粒子からなる集合体（団粒）を主要な構成要素とする土壌構造を団粒構造といいます。団粒構造は保水力が高く，間隙が多いので通気性が高く，根の発達に適していて，発達した土壌に多く存在しています。

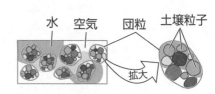

▲図7：団粒構造

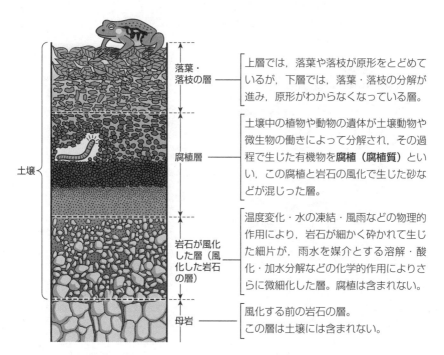

落葉・落枝の層	上層では，落葉や落枝が原形をとどめているが，下層では，落葉・落枝の分解が進み，原形がわからなくなっている層。
腐植層	土壌中の植物や動物の遺体が土壌動物や微生物の働きによって分解され，その過程で生じた有機物を腐植（腐植質）といい，この腐植と岩石の風化で生じた砂などが混じった層。
岩石が風化した層（風化した岩石の層）	温度変化・水の凍結・風雨などの物理的作用により，岩石が細かく砕かれて生じた細片が，雨水を媒介とする溶解・酸化・加水分解などの化学的作用によりさらに微細化した層。腐植は含まれない。
母岩	風化する前の岩石の層。この層は土壌には含まれない。

▲図8：土壌の構造

*砂は粒子径が約0.06〜2.0mmであり，粘土は粒子径が約0.004mm未満である。

●ラウンケルの生活形

　植物の**生活形**は，P.214〜215に示したように，葉の形態・落葉の有無などにもとづいてグループ分けされたけど，デンマークの**ラウンケル**さんは，植物の生活形を，<u>休眠芽</u>の位置によって分けたんだよ。

　休眠芽とは，形成されたあとそのまま成長を停止し，一定期間発芽しない芽のことです。植物は冬季や乾季に休眠芽を形成するけど，休眠芽が形成される位置は，植物によって違うんだよ。ラウンケルさんは，この違いが生育に適していない時期や土地に対する植物の適応の結果と考えて，**休眠芽の地上からの高さによって，植物をグループ分け**（下図）しました。

　このグループ分けで世界の植物を調べた結果，乾燥が厳しい**砂漠**（☞ P.257）では，硬い種皮に覆われた種子で乾燥に耐える**一年生植物**が多く，気温が低い**ツンドラ**（☞ P.259）では，草丈が低く，休眠芽が地表付近にできる**地表植物**や**半地中植物**が多いことがわかったんです（ツンドラは，地中に永久凍土があるので，地中植物は生育しにくいんだよね）。

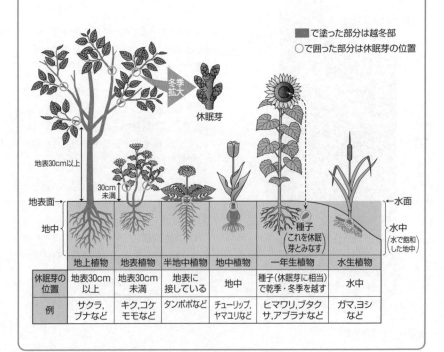

■で塗った部分は越冬部
〇で囲った部分は休眠芽の位置

	地上植物	地表植物	半地中植物	地中植物	一年生植物	水生植物
休眠芽の位置	地表30cm以上	地表30cm未満	地表に接している	地中	種子(休眠芽に相当)で乾季・冬季を越す	水中
例	サクラ，ブナなど	キク，コケモモなど	タンポポなど	チューリップ，ヤマユリなど	ヒマワリ，ブタクサ，アブラナなど	ガマ，ヨシなど

●水辺の植生

　植物は生育地の水分条件によって，大きく**水生植物**と陸生植物の２つに分けられるんだ。水生植物とは，一生の間の少なくとも一時期に，植物体全体あるいは一部の器官を水中に存在させて生育する植物だよ。

　水生植物は，さらに**抽水植物**，**浮葉植物**，**沈水植物**，**浮水植物**の４つに分けられます。

❶**抽水植物**：根は水底に固着しているが，一部の葉や茎が水面上に出ている。
　　　　　　㋕　ヨシ（アシ），ガマなど
❷**浮葉植物**：根は水底に固着し，葉が水面に浮いている。
　　　　　　　㋕　スイレン（ヒツジグサ），ヒシなど
❸**沈水植物**：根は水底に固着し，植物体のすべてが水面下にある。
　　　　　　　㋕　クロモ，セキショウモなど
❹**浮水植物**：根は水底に固着せず，水中や水面を浮遊している。
　　　　　　　㋕　ウキクサ，ホテイアオイなど

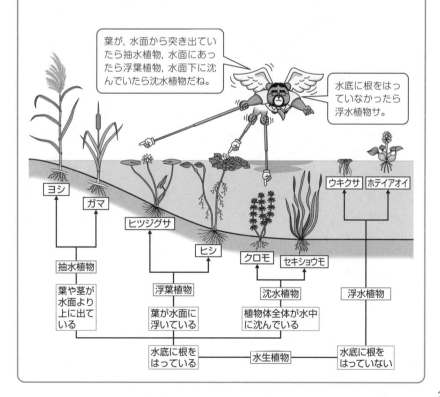

葉が，水面から突き出ていたら抽水植物，水面にあったら浮葉植物，水面下に沈んでいたら沈水植物だね。

水底に根をはっていなかったら浮水植物サ。

植生の遷移

　日本では，自然現象や人間の活動などによって，ある地域の植生が破壊されてなくなってしまったとしても，その地域には長い年月をかけて，荒原・草原を経て森林が形成されることが多いんだよ。

　このように，ある場所において，植生が形成され，**時間と共に移り変わっていく現象**を，遷移（植生遷移）といいます。

　遷移が進行すると，**植生が大きな変化を示さない状態，つまり安定した状態**になるんだ。この状態を極相（クライマックス）といい，極相で多く見られる種を**極相種**（樹木の場合は極相樹種）といいます。

　ある地域の極相がどのような植生になるかは，その地域の気候条件（主に**気温と降水量**）によって，大きな影響を受けます。例えば，日本のように気温が極端に低くはなく，降水量が比較的多い地域では，極相として**森林**が形成されることが多く，この森林を極相林というんだ。

遷移とは，植生が時間と共に，
極相というゴール（方向）に向かって
変化していくことなんだナ。

　ここで注意を1つ！　空き地なんかで見られる，「春に土壌中の種子が発芽し，様々な植物の芽生えが現れ，それらがどんどん成長し，夏には草むらを形成し，秋には葉の緑色が色あせ，冬には枯れてしまう」という変化を，「植生の移り変わりだから，遷移だ」と考えてはダメだよ。これは，毎年繰り返される植物の生活サイクルであって，極相に向かうという方向性がないよね。だから，遷移ではないんだよ。

◼️遷移の種類

　遷移は，そのはじまりの状態によって，一次遷移と二次遷移に分けられます。
　一次遷移は，次の❶〜❺のような場所，つまり**土壌の形成がなく，植物の種子，地下茎や根が存在していない場所**から始まる遷移です。

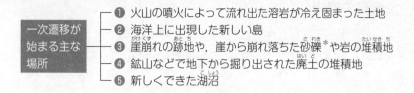

一次遷移が
始まる主な
場所

❶ 火山の噴火によって流れ出た溶岩が冷え固まった土地
❷ 海洋上に出現した新しい島
❸ 崖崩れの跡地や，崖から崩れ落ちた砂礫*や岩の堆積地
❹ 鉱山などで地下から掘り出された廃土の堆積地
❺ 新しくできた湖沼

一次遷移のうち，上記の❶〜❹のように，陸上（陸地）の**裸地**が出発点となる遷移を<u>乾性遷移</u>，❺のように，**湖沼**が出発点となる遷移を<u>湿性遷移</u>といいます。

一次遷移が土壌の形成と植物の種子・地下茎などがない場所で始まるのに対し，<u>二次遷移</u>は右の❶〜❹のように，以前にあった**植生が破壊された場所**，つまりすでに**土壌が形成されていて，その土壌中に種子や地下茎などがある場所**で始まる遷移だよ。

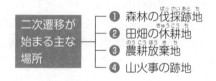

二次遷移が
始まる主な
場所

❶ 森林の伐採跡地
❷ 田畑の休耕地
❸ 農耕放棄地
❹ 山火事の跡地

さて，これまでに，いろんなタイプの遷移が出てきたけど，遷移をその出発点の状態で分類すると，以下のようになります。

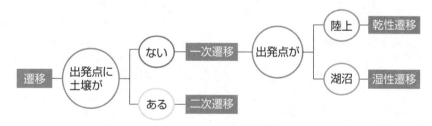

遷移に関する注意をもう1つ！ 一次遷移は火山の噴火や新島の出現などによって生じた裸地から始まるので，「自然現象によって生じた土地から始まるのが一次遷移」，二次遷移は森林の伐採や農耕放棄によって生じた土地から始まるので，「人為的な原因で生じた土地から始まるのが二次遷移」と考えてはイカンよ。人為的な原因で生じた土地（鉱山の廃土の堆積地）から始まる一次遷移もあれば，自然現象で生じた土地（落雷などによる山火事跡地）から始まる二次遷移もあるからね。**「二次遷移と一次遷移の違いは土壌の有無」**を忘れないようにネ。

＊砂礫とは砂や小石のこと。

2 一次遷移の過程

　一般に，一次遷移の進行に伴って，植生は次の❶〜❼のように変化します。暖温帯を例に，植生が変化するしくみについて順にお話ししましょう。

❶ 裸地 → ❷ 荒原 → ❸ 草原 → ❹ 低木林 → ❺ 陽樹林 → ❻ 混交林 → ❼ 陰樹林

❶ 裸地

　火山から流れ出た溶岩が冷えて固まることによってできた台地（溶岩台地）などは，土壌がない乾燥した裸地で，保水力や窒素・リンなどの栄養塩類が乏しく（貧栄養），生物体などの有機物もほとんど含まれていません。このような裸地では，草本や木本の種子が鳥や風などによって運ばれてきたとしても，発芽・生育することができないんだよ。なお，植物の種子の散布様式（散布型）は遷移に大きく関係しているんだ。これについてもお話ししますね。

▼図9：一次遷移の過程（P.230〜236）

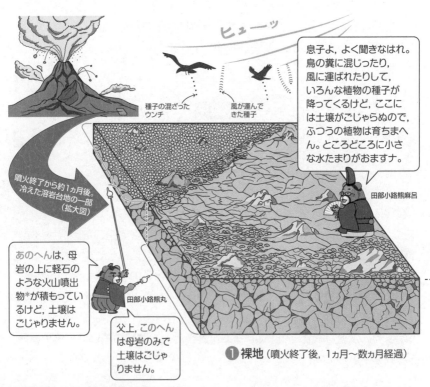

❶ 裸地（噴火終了後，1ヵ月〜数ヵ月経過）

＊軽石のような火山噴出物をスコリアという。

❷ 荒原

　地球上には，水分や栄養塩類に乏しい裸地のような厳しい環境下でも生育できる生物がいます。それは，<u>地衣類</u>や<u>コケ植物</u>なんだ。地衣類とは，水分を確保する能力は高いけど，光合成能力がない**菌類**と，光合成はできるけど，乾燥には滅法弱い**緑藻類**や**シアノバクテリア**が共生したものです。この地衣類やコケ植物が最初に裸地に侵入し，定着していくんだよ。

　場所によっては，イタドリ（草本）が生育している周辺に土壌が形成され，そこにススキが侵入してきます。また，遷移の初期には，オオバヤシャブシなどのハンノキ類の低木が生育＊することもあるんだよ。

　こうして，**裸地は植物がまばら（島状）に生育している**<u>荒原</u>**へと変化して**いくんだ。遷移の初期に侵入・定着する種を<u>先駆種（パイオニア種）</u>といい，特にイタドリ・ススキ・オオバヤシャブシなどを**先駆植物（パイオニア植物）**といいます。

　この頃はまだ土壌が薄いので，根を深くはってからだを支える木本はあまり生育できないんだよ。

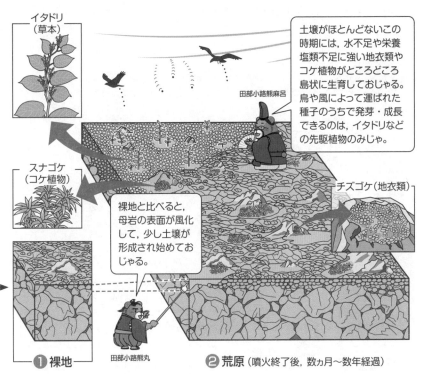

イタドリ（草本）

スナゴケ（コケ植物）

チズゴケ（地衣類）

田部小路熊麻呂

土壌がほとんどないこの時期には，水不足や栄養塩類不足に強い地衣類やコケ植物がところどころ島状に生育しておじゃる。鳥や風によって運ばれた種子のうちで発芽・成長できるのは，イタドリなどの先駆植物のみじゃ。

裸地と比べると，母岩の表面が風化して，少し土壌が形成され始めておじゃる。

田部小路熊丸

❶ 裸地

❷ 荒原（噴火終了後，数ヵ月〜数年経過）

＊ハンノキ類は，N_2（窒素分子）からNH_3（アンモニア）をつくることができる窒素固定細菌と共生することによって，栄養塩類不足を補うことができるので，遷移初期の栄養塩類に乏しい裸地でも生育できる。

❸ 草原

　風雨などの作用の他に，植物の根の侵入などによって母岩（岩石）の**風化**が進むと，それによって生じた砂や粘土が，先駆種の枯死体・落ち葉などの分解でできた有機物と混ざり合って，薄い**土壌**が形成されていきます。

　これによって，地中に水分や有機物，有機物の分解で生じた栄養塩類が保たれるようになって，**草本や低木が生育**できるようになり，荒原はススキ・イタドリなどの草原に変化していくんです。

　島状に分布していたイタドリの周辺に生育していたススキは，やがてイタドリの生育場所を乗っとり，ススキ自身が枯死体や落ち葉などを供給することにより，土壌形成が促進され，**あたり一面が土壌となり，草原が形成**されるんだよ。この草原には，ヤシャブシやアカマツなどの木本もところどころに生育していて，遷移の初期に現れる木本は先駆樹種ともよばれるんだ。

　この時期に出現する植物の種子は，小型で，風によって運ばれるタイプ（風散布型）が多いんだ。また，ススキのように冠毛*をもったり，イタドリのように翼*をもったりして，風に運ばれやすい種子もいるんだナ。

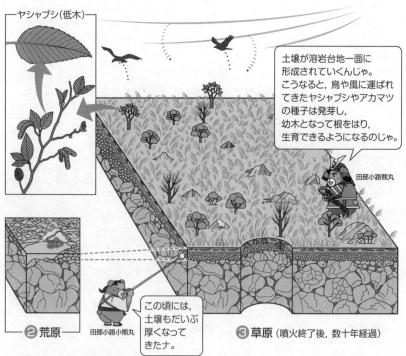

ヤシャブシ（低木）

土壌が溶岩台地一面に形成されていくんじゃ。こうなると，鳥や風に運ばれてきたヤシャブシやアカマツの種子は発芽し，幼木となって根をはり，生育できるようになるのじゃ。

田部小路熊丸

この頃には，土壌もだいぶ厚くなってきたナ。

田部小路小熊丸

❷ 荒原

❸ 草原（噴火終了後，数十年経過）

*冠毛は，タンポポの種子の綿毛のように，種子（果実）上端のふさ状の毛。翼は，種子を包む果皮の一部が薄く翼状に伸びたものであり，これをもつカエデの種子は，風により回転しながら遠くに運ばれる。

❹ 低木林

　草原の形成過程の進行に伴って，風化によって生じた砂や粘土と混ざり合う生物（主に草本）の枯死体の量が増し，土壌が発達して厚くなります。その結果，根をはるために厚い土壌の必要な**木本が草原に侵入し始める**んだ。

　このとき，はじめに侵入する木本は，**明るい環境で速く成長することができる陽樹**がほとんどなんだよ。陽樹というのは，**芽生え**（赤ちゃんの木）の頃，**幼木**（幼年期の木）の頃，**成木**の頃のいずれの時期においても，**陽葉**（☞P.224）だけをもつ樹木（木本）のことだよ。だから，陽樹は，強い光の当たる日なたでしか生育できないのね。また，陽樹には，発芽の際に，強い光を必要とするものが多いんダ。

　草原は高木がないから，日陰が少なく，陽樹の生育には最適の環境なんだ。やがて，草原はヤシャブシ・アカマツ・クロマツ・コナラ・ヤマツツジ・ヤマザクラなどの**陽樹の低木林へと変化**していきます。ヤマザクラの種子は動物に食べられることによって運ばれるタイプ（動物散布型[*]）です。

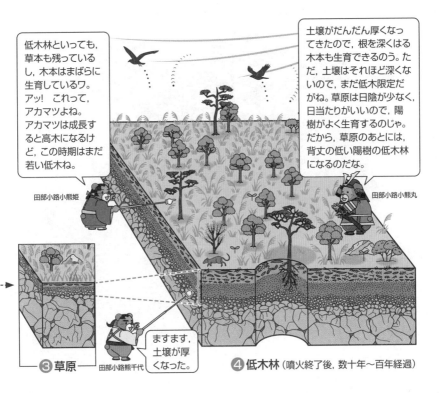

低木林といっても，草本も残っているし，木本はまばらに生育しているワ。アッ！ これって，アカマツよね。アカマツは成長すると高木になるけど，この時期はまだ若い低木ね。

田部小路小熊姫

土壌がだんだん厚くなってきたので，根を深くはる木本も生育できるのう。ただ，土壌はそれほど深くないので，まだ低木限定だがね。草原は日陰が少なく，日当たりがいいので，陽樹がよく生育するのじゃ。だから，草原のあとには，背丈の低い陽樹の低木林になるのだな。

田部小路小熊丸

❸ 草原

ますます，土壌が厚くなった。

田部小路熊千代

❹ 低木林（噴火終了後，数十年〜百年経過）

---

[*]動物散布型には，オナモミのように動物の毛に付着して散布されるものもある。

❺ 陽樹林

　低木林には，ヤマツツジなどのように低木の状態で樹高の伸長成長が止まるものと，アカマツ・クロマツ・コナラのようにさらに成長を続けて高木になるものとが含まれています。

　低木林の土壌がさらに厚くなり，より多くの水分や栄養塩類を保つことができるようになると，アカマツなどの**陽樹はさらに成長して**高木となり，**優占種**となります。こうして，**低木林は**陽樹林（陽樹の高木林）**へと変化**していくんだ。

　陽樹林内の日陰では，陽樹の低木や陽生植物の草本は生育しにくいけど，陰樹はちゃんと発芽・成長できます。

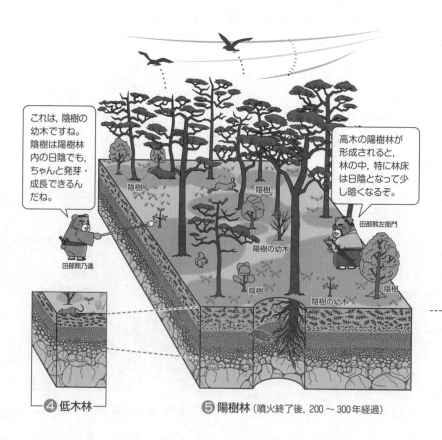

これは，陰樹の幼木ですね。陰樹は陽樹林内の日陰でも，ちゃんと発芽・成長できるんだね。

田部熊乃進

高木の陽樹林が形成されると，林の中，特に林床は日陰となって少し暗くなるぞ。

田部熊左衛門

陰樹

陰樹

陽樹の幼木

陰樹

陰樹の幼木

陰樹

❹ 低木林

❺ 陽樹林（噴火終了後，200〜300年経過）

❻ 混交林

　陽樹林では，**林冠**で高木の葉が重なり合う（林冠が閉鎖する）から，**林床**に到達する光の量が減少します。陽樹の芽生えや幼木は，**光補償点が高い**ので，林床のような暗い（照度の低い）環境下では生育できません。一方，陰樹の芽生えは陰葉をもっていて**光補償点が低い**ため，林床でも生育できるんだよ。さらに，陰樹は成長すると陽葉ももつようになるので，強い光でも成長でき，林冠を占めることができます。

　このため，陽樹林の内部ではスダジイやアラカシやタブノキなどの陰樹が高木まで成長し，**陽樹の高木と陰樹の高木が混ざった混交林**が形成されるんだ。これらのような遷移の後期に現れる木本は極相樹種ともよばれます。混交林の「混交」は「こんこう」と読み，「様々なものが入り混じること」で，「玉石混交」などにも使われる語だよ。

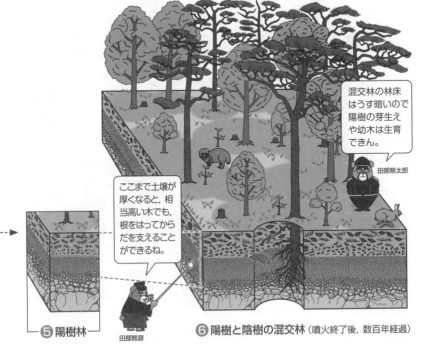

混交林の林床はうす暗いので陽樹の芽生えや幼木は生育できん。

田部熊太郎

ここまで土壌が厚くなると，相当高い木でも，根をはってからだを支えることができるね。

田部熊彦

❺ 陽樹林

❻ 陽樹と陰樹の混交林（噴火終了後，数百年経過）

❼ 陰樹林

　陰樹は，成長すると日光が当たる部分に**陽葉**をつけるようになるので，成木になると光が強い環境でよく生育するという性質をもっているんだ。だから，混交林では，陽樹の高木が枯死するのに従って，陰樹の高木に置き換わっていくんだよ。その結果，アラカシなどのカシ類や，スダジイ，タブノキなどの**陰樹が優占する**<u>陰樹林</u>が形成されます。

　カシ類やシイ類の種子は，一般にドングリとよばれ，親木の下に落下するタイプ（重力散布型）が多いんだ。このタイプは重いために移動性が低く，分布を広げる速度も遅いけど，貯蔵養分が多いので光が少ない場所でも発芽して，しばらくの間は生育できるという強みももっているんだよ。

　陰樹林の林床も照度が低いため，陽樹の芽生えや幼木は生育できないけど，陰樹の芽生えや幼木は生育することができるので，**陰樹林**が安定した状態の<u>極相林</u>となるんだ。

極相林になると，陽樹の芽生えや幼木はほとんど見あたらナイワ。

極相林の林床はうす暗いけど，陰樹の芽生えや幼木は頑張って生きているんだゾ。

❻ 混交林

❼ 陰樹林 （噴火終了後，数百〜千年以上経過）

下図は，一次遷移の進行に伴う植生の変化のまとめです。

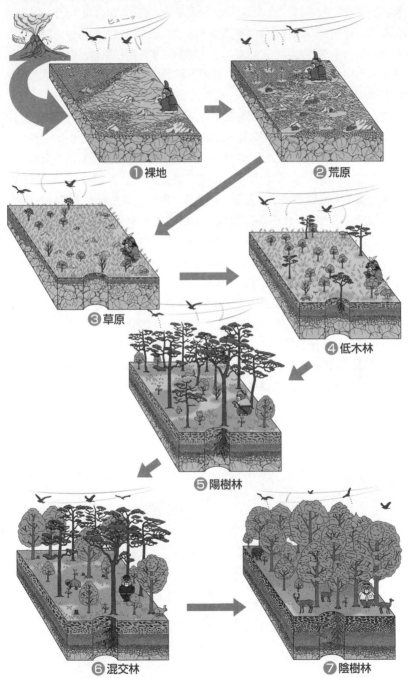

① 裸地

② 荒原

③ 草原

④ 低木林

⑤ 陽樹林

⑥ 混交林

⑦ 陰樹林

▲図10：一次遷移（まとめ）

3 ギャップ

　極相林は安定しているといっても，全く変化が見られないというわけではないんだ。極相林の林冠を構成する高木のうちの1〜数本が寿命（数十年〜数百年）や台風などで倒れたりすると，**林冠にすき間が生じ，林床に光が差し込む**ようになります。このような場所（林冠のすき間，光が差し込む森林内の空間や林床のすべて）を**ギャップ**といいます。

　ギャップが小さい場合は，森林内に差し込む光の量が少し増加するので，森林の下層に生育していた**陰樹の幼木が成長して，ギャップを埋める**んだ。

　大きなギャップが生じると，森林内の林床に差し込む光が著しく増加するので，土壌中に埋まっていた種子（これを埋土種子といいます）や，外部から飛来してきた**陽樹の種子が発芽・成長し，ギャップを埋めます。**その後，陽樹は陰樹に置き換わっていくんだ。このようなギャップでの森林の再生を**ギャップ更新**といいます。つまり，極相林では，陰樹の高木で林冠が閉鎖している部分，ギャップが生じている部分，陰樹や陽樹の高木によってギャップが埋まりつつある部分などが，モザイク状に存在しているんだね。

　山火事や森林伐採などによって，非常に大きなギャップができると，大規模な遷移が始まることもあります。この遷移は P.229 にも書いたけど，以前にあった植生が破壊されてはいるけど，すでに**土壌が形成されている場所で**始まるので**二次遷移**だね。覚えているかな？図11の③からの過程も小規模な二次遷移といえるよ。**二次遷移**は，裸地から始まる一次遷移と比べたら，**進行が速い**のが特徴だね。

▼図11：ギャップ更新

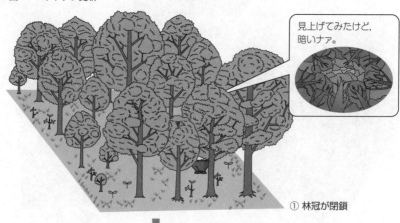

見上げてみたけど，暗いナァ。

① 林冠が閉鎖

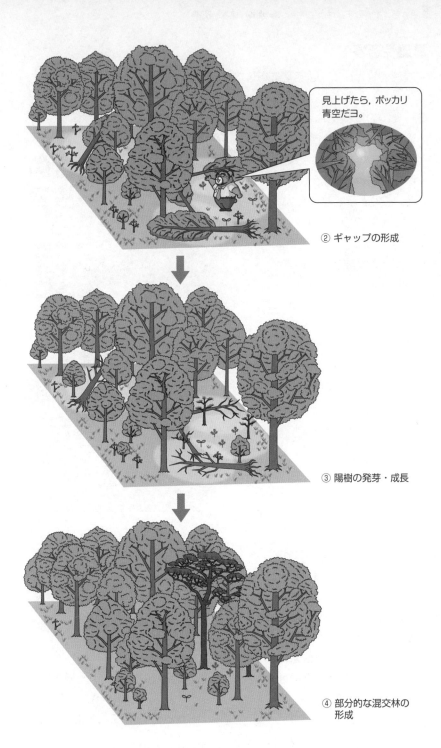

見上げたら, ポッカリ
青空だヨ。

② ギャップの形成

③ 陽樹の発芽・成長

④ 部分的な混交林の
形成

4 湿性遷移

湿性遷移(しっせいせんい)は，次のように進行します。

❶ 火山の噴火による溶岩流などで，川がせき止められてできた湖沼は，**水深が深く**，**栄養塩類(えいようえんるい)に乏しい**けど，このような湖でも，やがて植物プランクトンが繁殖し，ついで動物プランクトンや魚類など(☞ P.270)が繁殖するんだ。

❷ 次に，プランクトンや魚類の遺体の蓄積や周囲から入り込む土砂の堆積などによって，**湖沼の水深は浅くなり**，栄養塩類が増えるとクロモなどの<u>沈水植物(ちんすいしょくぶつ)</u> (☞ P.227) が生育するようになるよ。

❸ その後，ヒツジグサやヒシなどの<u>浮葉植物(ふようしょくぶつ)</u> (☞ P.227) が生育するようになると，水面下の光不足によって沈水植物は枯れてしまい，それらの**枯死体（植物の遺骸(いがい)）や土砂の堆積**が続き，水深がさらに浅くなります。

❹ 水深がさらに浅くなると，ヨ
シやガマなどの<u>抽水植物</u>（☞
P.227）やスゲ類が生育するよう
になるんだ。それらの枯死体と
周囲から入り込む土砂の堆積
で，**水深がさらにさらに浅くな
り，やがて湿原（湿地）が形成**
されます。

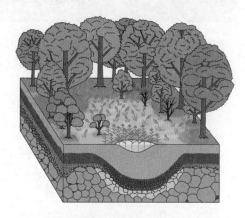

❺ 土壌の乾燥化が進むと，湿
原はスゲ類などの<u>草原</u>にな
ります。さらに土壌の乾燥化
が進むと，ハンノキなどの木
本が生育するようになり，**湖
沼のあったところに形成さ
れた草原は，低木林を経て，
陽樹林**となるんだ。

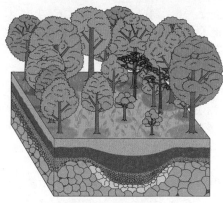

❻ 乾性遷移と同じように，陽
樹林は陰樹との混交林を経
て，<u>陰樹林</u>となります。つま
り<u>極相林</u>だね。いいかな？

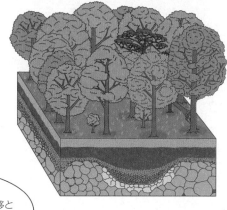

湿性遷移においても，
草原のあとは乾性遷移と
同じような経過をたどって
極相となるんだよ。

確認テスト

　植生が長い時間をかけて変化することを遷移といい，遷移は大きく一次遷移と二次遷移の２つに分けられる。A一次遷移の例として，溶岩台地から始まる遷移の過程を以下に示す。

　火山から溶岩が流れ出して形成された裸地には，土壌が存在しないので，1 力や栄養塩類が乏しく乾燥しており，2 もほとんど含まれていない。このような裸地では，まず 3 類や 4 植物が定着することが多い。やがて，これらの植物の枯死体が分解されてできた 2 と，岩石が風化してできた砂などが混ざり合って土壌が形成されると，草本や低木が侵入する。これらの植物の生育に伴って土壌の形成が進むと，5 が成長して森林を形成し，森林の上層の大部分を占める 6 種になる。さらに 5 の森林では，葉が繁茂して重なり合うために，林床に到達する光が減少し，5 の芽生えは成長できず枯死するが，7 の芽生えは幼木を経て高木にまで成長するようになる。その後 5 と 7 の混交林を経て，最終的には 7 を 6 種とする安定した状態の 8 林となるが，8 林のところどころに，台風による倒木などで森林が部分的に破壊された 9 とよばれる空間が見られる。

　なお，B二次遷移の例として，山火事の跡地から始まる遷移などがある。また，一次遷移と二次遷移のいずれにおいても，遷移の進行に伴い，生態系や生産者の生物量や物質生産に関する量も変化することが知られている。

問1　文中の空欄 1 ～ 9 に最も適する語を，次の**ア～タ**のうちからそれぞれ１つずつ選び，記号で答えよ。

ア 陰樹	**イ** 陽樹	**ウ** 地衣	**エ** 両生	**オ** 有機物
カ 無機物	**キ** 抵抗	**ク** 保水	**ケ** 独占	**コ** 優占
サ 究極	**シ** 極相	**ス** シダ	**セ** コケ	**ソ** ホール
タ ギャップ				

問2　下線部**A**について，一次遷移は２つに分けられることがある。以下の(1)，(2)に示す遷移は，それぞれ何とよばれるか。

(1) 火山の噴火によって生じた溶岩台地から始まる遷移

(2) 湖や沼などから始まる遷移

問3　下線部**B**について，一般に二次遷移では，一次遷移と比べて遷移開始後から草原や低木林が形成されるまでの時間（期間）が短い。この理由を簡単に述べよ。

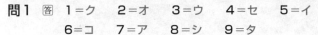

問1 答 1=ク　2=オ　3=ウ　4=セ　5=イ
　　　　6=コ　7=ア　8=シ　9=タ

▶溶岩台地などに生育する_ウ地衣（ __3__ ）類としては，チズゴケやキゴケ，ウメノキゴケなど，_セコケ（ __4__ ）植物としてはスナゴケなどが知られている。このような遷移の初期に侵入して定着する種を**先駆種（パイオニア種）**という。先駆種の枯死体と岩石の風化によって生じた砂礫が混ざり合って土壌が形成される。土壌の形成に伴って，植生は，**草原→低木林→_イ陽樹**（ __5__ ）の高木が_コ**優占**（ __6__ ）種となる**陽樹林**へと変化する。

　陽樹の芽生えや幼木は**光補償点が高い**ため，林床のような暗い（照度の低い）環境下では生育できない。一方，陰樹の芽生えや幼木は**光補償点が低い**ため，林床でも生育できる。このため，陽樹林の内部では，_ア**陰樹**（ __7__ ）がゆっくりと成長し，次第に陰樹の高木が陽樹に混ざる**混交林**が形成される。

　混交林では，陽樹の高木が枯死するにつれて，陰樹に置き換わっていく。その結果，タブノキやアラカシなどの陰樹が優占する**陰樹林**が形成される。陰樹林の林床も照度が低いため，陽樹は生育できず，陰樹の芽生えや幼木のみが生育する。このため，陰樹林が安定した状態の_シ**極相**（ __8__ ）**林**となる。なお，森林において，倒木などにより林冠の一部が破壊され，そこに空間が生じることがある。この空間を_タ**ギャップ**（ __9__ ）といい，極相林では，ギャップの形成とその後の再生（これを**ギャップ更新**とよぶ）により，**生物の多様性**が保たれている。

問2 答 (1)＝乾性遷移　　(2)＝湿性遷移

▶土壌の形成されていない裸地から始まる一次遷移のうち，溶岩台地などの陸上（陸地）で始まる遷移を**乾性遷移**という。これに対して，湖沼や河川のような水中から始まる遷移を**湿性遷移**という。

問3 答 二次遷移は植物の種子・根・地下茎などを含んだ土壌が存在する状態から始まるから。

▶**一次遷移**と**二次遷移**の違いをまとめると以下の表のようになる。

	場所	土壌	保水力	植物の種子・根	極相に達するまでの時間
一次遷移	溶岩台地海洋上の新島	なし	低い	なし	長い（土壌形成が必要なため）
二次遷移	山火事・洪水・森林伐採・耕作放棄等の跡地	あり	高い	あり	短い（土壌が存在するため）

10

♣ 植生と遷移

Theme 11

気候とバイオーム

Step 1　世界のバイオーム

　ある地域に生息している植物・動物・菌類(きんるい)・細菌(さいきん)など，**すべての生物のまとまりをバイオーム**（生物群系(ぶつぐんけい)）といいます。バイオームを構成している多種多様な生物のすべては，直接的にあるいは間接的に，植物に依存して生活してるよね。いいかえれば，**バイオームは**植生(しょくせい)**を基盤として成立**しているんだよ。だから，世界の陸上バイオームは，その地域の気候に適応(てきおう)した極相の**植生の**相観(そうかん)**によって分類されたり，区分されたりする**んです。

　世界各地の気候と植生（の相観）を調査し，それらのデータをもとに，ある地域の年降水量と年平均気温によって，そこに成立するバイオームがどのような種類であるかを表したものが，下の図１です。縦軸には年降水量(ねんこうすいりょう)（数十年間の平均値），横軸には年平均気温(ねんへいきんきおん)（数十年間の平均値）をとっているよ。なお，バイオームは，年降水量と年平均気温のみで厳密に決まるわけではないので，各バイオームの境界線はおよその区分を示していると考えてください。図１で，「～林」というのはすべて森林で，サバンナとステップは草原です。

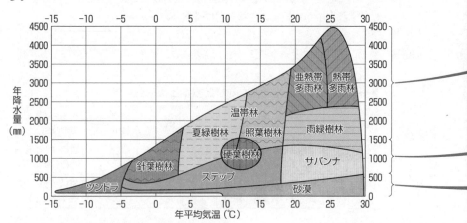

▲図１：世界のバイオームと気温・降水量との関係

生物の生存には，水が必要不可欠なんだ。特に植物は，土壌中の水分を根から吸収して生きていくので，雨や雪など空から降ってくる水分（降水）に依存しています。

図1を，**年降水量**の多少によって3つのグループに分けると，下の図2のようになります。図2は，次のようなことを示しているんだ。「木本は，大きいからだを維持するために多量の水分を必要とするので，**森林が極相となるのは降水量の多い地域**である。木本が生育できないような**降水量の少ない地域**でも，木本よりからだの小さい草本は生育することができるので，<u>草原</u>が極相となる。**極端に降水量が少ない地域**では，植物はほとんど存在しないか，まばらにしか存在しない<u>荒原（砂漠）が極相</u>となる」ということだね。

それと，森林となる年降水量の最低ラインは，左下がりになる傾向を示しているよ。これは，気温が低いほど蒸発する水分量が少なくなるため，より少ない降水量で樹木が生育し，森林まで遷移が進むことを表しているんだ。

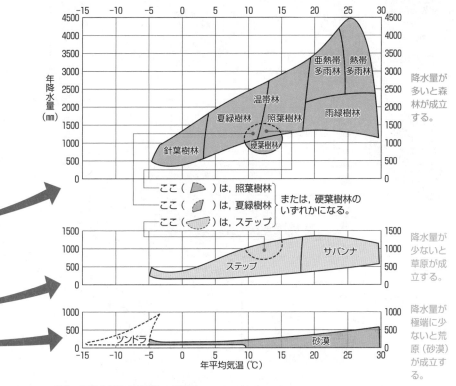

▲図2：年降水量によるグループ分け

245

　次に，図1を下の図3のように年平均気温の高低によって分けてみると，第
1〜第4の4つのグループに分けられるんだよ。これについてはまたあとで
詳しく説明するので，まずは全体のイメージをつかんでください。

第1グループ：年平均気温が約18℃以上で，1年中温暖な**熱帯や亜熱帯**。熱
　　　　　　　　帯や亜熱帯の温度条件下で，木本の生育に十分な年降水量が
　　　　　　　　ある地域には**熱帯多雨林**，**亜熱帯多雨林**，**雨緑樹林**などの
　　　　　　　　森林が，年降水量が比較的少ない地域には**サバンナ**とよばれ
　　　　　　　　る草原が，年降水量が非常に少ない地域には**砂漠**がそれぞれ
　　　　　　　　分布しています。

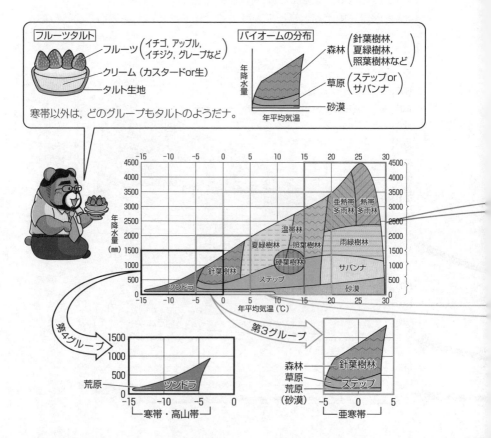

　▲図3：年平均気温によるバイオームのグループ分け

第2グループ：年平均気温が約4～18℃で，冬の寒さがそれほど厳しくない**温帯**。温帯はさらに，**暖温帯**と**冷温帯**に分けられることもあります。

温帯の温度条件下で，木本の生育に十分な年降水量がある地域には**照葉樹林**，**夏緑樹林**，**硬葉樹林**などの森林が，年降水量が比較的少ない地域には**ステップ**とよばれる草原が，年降水量が非常に少ない地域には**砂漠**がそれぞれ分布しています。

第3グループ：年平均気温が約－5～4℃で，冬の寒さが厳しい**亜寒帯**。このような温度条件下で，木本の生育に十分な年降水量がある地域には**針葉樹林**が，年降水量が比較的少ない地域には**ステップ**が，年降水量が非常に少ない地域には**砂漠**がそれぞれ分布しています。

第4グループ：年平均気温が約－5℃以下で，冬の寒さが非常に厳しい**寒帯**や**高山帯**。このような温度条件下では森林は成立せず，降水量の多少によらず**ツンドラ**とよばれる**荒原**が分布しています。高山帯の植生は高山植生ともよばれます。

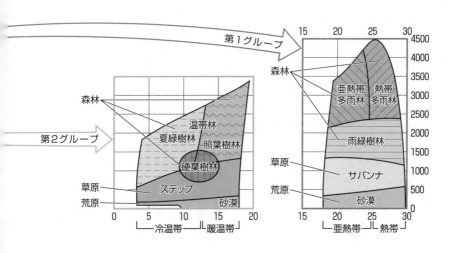

　これから世界のバイオームを種類別に詳しくお話ししていこうと思っているけど，その前にちょっとだけ地理（学）の基礎知識に関するクイズを出すから，下の地図を見て，答えてみて。もちろん『生物基礎』の教科書に出てくるバイオームが分布する地域についての確認が目的だからね。

― クイズ ―

インドクジャク

1 ロンドン，デリー，シンガポール，マニラ，メルボルンを緯度の高い順に並べてみよう。

コバルト
ヤドクガエル

2 熱帯，寒帯，温帯は，それぞれどのあたりかな？

メガネトリバネ
アゲハ

3 東南アジア，南アメリカ北部は，それぞれどのあたりかな？

ハリモグラ

4 北アメリカ太平洋岸南部，地中海沿岸，オーストラリア南西部は，それぞれどのあたりかな？

ハダカカメガイ

5 アラスカ，シベリア，スカンジナビア半島は，それぞれどのあたりかな？

マントヒヒ

6 アフリカ北部，中央アジアは，それぞれどのあたりかな？

ロンドン
デリー
マニラ
シンガポール
メルボルン

75°
60°
45°
30°
15°
0°
15°
30°
45°
60°
75°

【正解】

1 ロンドン（北緯約51°），メルボルン（南緯約38°），
デリー（北緯約29°），マニラ（北緯約15°），
シンガポール（北緯約1°）

（参考）

　地球上の位置は，**緯度**と**経度**を用いて表されるよ。ある地点の緯度は，その地点と地球の中心を結んだ直線が赤道面となす角度で示されるんだ。このとき，赤道面と北極方向の角度は**北緯**といい，赤道面と南極方向の角度は**南緯**といいます。

　赤道は緯度0°（0度）で，北極は北緯90°，南極は南緯90°ですから，緯度の高い順に並べると，上のようになります。

　また，ある地点の経度は，イギリスのグリニッジ天文台跡の経度を0°とし，東への角度（**東経**180°まで）または西への角度（**西経**180°まで）で表します。ちなみに，富士山はおよそ東経139°，北緯35°の位置にあるんだよ。

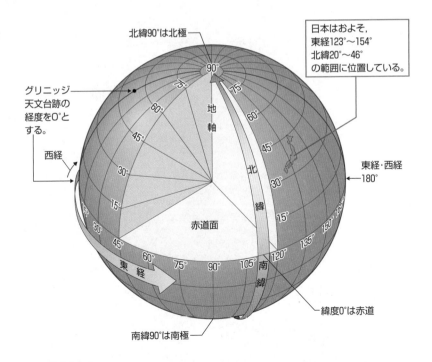

▲図4：緯度と経度

11

♣ 気候とバイオーム

2

・地図上の熱帯は，赤道を中心にして南北両回帰線（緯度約23.4°）に挟まれた地帯。

・地図上の寒帯は，南緯・北緯それぞれ約66.6°から南極・北極までの地帯（極圏）。

・地図上の温帯は，南北の回帰線と南北の極圏との間の地帯。

3

・東南アジアは，インドシナ半島とマレー諸島からなる地域の総称であり，フィリピン（首都はマニラ），タイ，ベトナム，ラオス，カンボジア，マレーシア，インドネシア，ミャンマー，シンガポール，ブルネイ，東ティモールの諸国を含む地域。

・南アメリカ北部は，コロンビア，ベネズエラ，ブラジルなどの諸国を含む地域。この地域のアマゾン川流域の森林地帯をアマゾンといいます。

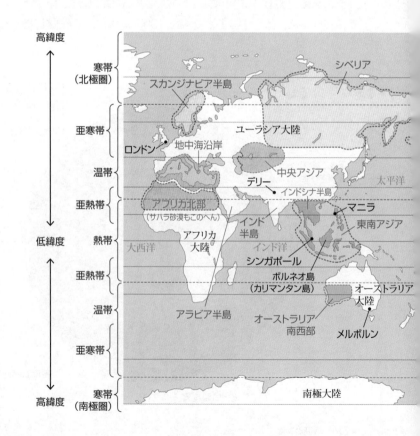

4
- 北アメリカ太平洋岸南部のカリフォルニア州には，サンフランシスコやロサンゼルスなどの都市があります。
- 地中海沿岸のヨーロッパ側にはギリシャ，イタリア，スペインなど，アフリカ側にはアルジェリア，リビアなどがあるよ。
- オーストラリア南西部にはパースなどの都市があります。

5
- アラスカはアメリカ合衆国の州の1つ，シベリアはロシア連邦の一地方，スカンジナビア半島は北欧のノルウェー，スウェーデン，フィンランドの一部などを含む半島なんだ。

6
- アフリカ北部には，アルジェリア，リビア，エジプトなどの国とサハラ砂漠があります。
- 中央アジアはカスピ海から東側の地域で，ヨーロッパとアジアや中東を結ぶ地域なんだ。

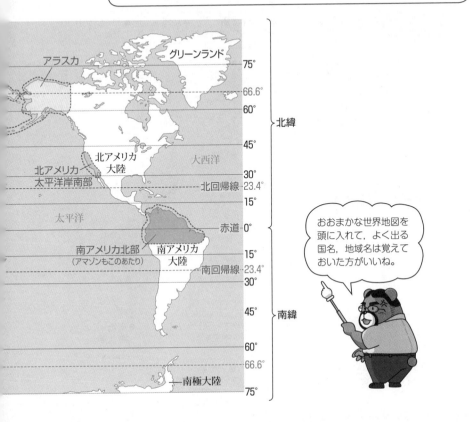

おおまかな世界地図を頭に入れて，よく出る国名，地域名は覚えておいた方がいいね。

1 熱帯・亜熱帯のバイオーム

まずは，P.246 の第1グループである，熱帯や亜熱帯のバイオームについてお話ししします。

熱帯や亜熱帯のうちで，降水量が多い地域では**熱帯多雨林**，**亜熱帯多雨林**，**雨緑樹林**などの森林が，降水量が比較的少ない地域では**サバンナ**とよばれる草原がそれぞれ成立しているんだ。また，降水量が非常に少ない地域は**砂漠**となります。

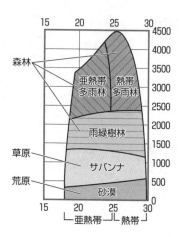

これらのバイオームが世界の陸地のどのあたりに分布しているかを示したのが，図5だよ。

▲図5：熱帯・亜熱帯のバイオームの分布

▼熱帯多雨林

　赤道に近く，降水量が多い（高温多雨の）地域（東南アジア・中南米・アフリカ中央部など）には，主に常緑広葉樹からなる熱帯多雨林が成立しています。熱帯多雨林には非常に多くの種の木本が存在していて，優占種がないこと，高さが50mをこえるような木本，つる植物，着生植物，ラン類などが見られます。南米にはジャガーなどの動物がいるんです。

オランウータン
（東南アジア）

　つる植物とは，他の植物に巻きついて伸びていく植物で，着生植物とは，土壌以外のもの（樹木や岩など）に根を付着させて生育していく植物のこと。東南アジアの熱帯多雨林の高木としては，フタバガキの仲間が多いね。

▼亜熱帯多雨林

　熱帯より年平均気温のやや低い亜熱帯（沖縄・台湾・東南アジア・ブラジル北部など）には，亜熱帯多雨林が成立しています。亜熱帯多雨林には，常緑広葉樹のアコウやガジュマル，シイ類の他，木生シダ類のヘゴやマルハチが生育しています。熱帯多雨林より樹高が低く，構成種数も少ないんだよ。

　熱帯や亜熱帯の河口などの汽水域には，根や茎の一部が海水中にあっても生育できる常緑広葉樹からなるマングローブ（林）が見られます。マングローブは，樹種名ではなく，発達した支柱根や呼吸根＊をもつオヒルギやメヒルギ，ヤエヤマヒルギなどのヒルギの仲間からなる樹林を指す用語なので，注意してね。

支柱根

オヒルギ

▼雨緑樹林

　熱帯や亜熱帯には，雨季と乾季がはっきりしていて，乾季には雨がほとんど降らない地域があるんだ。このような地域では，年降水量が熱帯多雨林・亜熱帯多雨林の成立する地域の半分ほどしかなく，雨緑樹林が成立します。東南アジアにはアジアゾウなどがいます。

エリマキトカゲ
（オセアニア）

　このバイオームは，「乾季に蒸散をおさえ，水分の損失を防ぐために落葉し，雨季にのみ緑色の葉をつける木本からなる森林」なので雨緑樹林とよばれます。雨緑樹林の優占種には落葉広葉樹のチークがあります。

＊支柱根は，地上の茎（幹）から出て空中に露出し，地面に達して茎を支える形をした根であり，呼吸根は，地下を伸びる根の一部が地上に突出し，酸素不足を補う役割をもつ根である。

▼サバンナ

　熱帯・亜熱帯で，雨緑樹林が成立する地域よりも降水量がさらに少ない地域では，森林は成立せず，イネの仲間の**草本**からなる<u>サバンナ</u>とよばれる草原となります。サバンナには乾燥に強いアカシアの仲間の**木本**が**点在**します。

▼砂漠

　サバンナが成立する地域よりも年降水量が非常に少ない地域では，森林どころか草原も成立できないので，<u>砂漠</u>になります。ここで注意！　「砂漠といえば砂丘とラクダ」と連想する人が多いけど，砂漠には水不足に強いトウダイグサの仲間などの**多肉植物や一年生草本がまばらに生育**しているところが多く，砂丘となっている地域は一部に限られるんだ。P.257 の砂漠の説明も参照してね。

フラットロック
スコーピオン
（アフリカ）

　砂漠は，ツンドラ（☞ P.259）と共に，<u>荒原</u>というバイオームに含まれます。荒原は，光・水・温度などの**環境要因のうちのいずれか1つ以上が劣悪な条件にある**ため，特別な植物がまばらにしか生育できず，被度 ＊ が小さいバイオームのことです。砂漠では，水分不足と共に，1日（昼夜）の気温差が大きいことなどにより，ふつうの植物は生育できないんだね。熱帯の砂漠としては，アフリカ北部のサハラ砂漠やアラビア半島の砂漠などが有名ですね。

　砂漠には，フェネック（キツネの仲間）やトビネズミなどがいるんだ。

＊植物の地上部が地表を覆っている度合いを被度という。

②温帯のバイオーム

　熱帯・亜熱帯の次は，温帯のバイオームです。P.247 の第 2 グループです。

　温帯は，亜熱帯よりやや高緯度で，冬季が比較的温暖な**暖温帯**と，暖温帯よりさらに高緯度で冬季の寒さが厳しい**冷温帯**に分けられるんだ。降水量の多い地域では，<u>照葉樹林</u>，<u>夏緑樹林</u>，<u>硬葉樹林</u>が，降水量の少ない地域では，<u>ステップ</u>とよばれる草原がそれぞれ成立します。そして，降水量の非常に少ない地域は<u>砂漠</u>となるんだね。

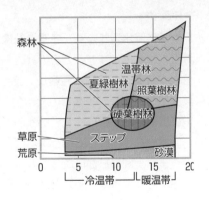

　これらのバイオームが世界の陸地のどのあたりに分布しているかを示したのが，図 6 です。

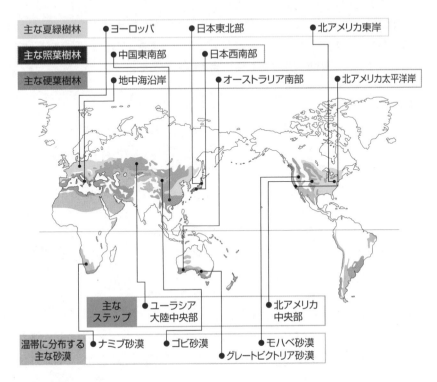

▲図 6：温帯のバイオームの分布

♣ 気候とバイオーム

▼照葉樹林

　夏季に降水量が多く，冬季に乾燥する暖温帯では，照葉樹林が成立しています。このバイオームは，蠟状の物質を主成分とするクチクラ層が発達し，硬くて光沢（「照り」）のある葉をもつ，スダジイなどのシイ類，カシ類，タブノキなどの常緑広葉樹から構成されているので，照葉樹林といいます。

キンシコウ（中国）

　照葉樹林を構成している木本は，乾燥した冬季にも葉をつけているけど，厚いクチクラ層のおかげで，必要以上の蒸散をおさえることができます。

　日本ではニホンザルなどが，中国ではジャイアントパンダなどがいます。

▼夏緑樹林

　暖温帯より高緯度で，冬季の寒さと乾燥の厳しい冷温帯では，夏緑樹林が成立しています。このバイオームは，冬季に一斉に落葉する，つまり夏季にのみ緑色の葉をつけるブナやミズナラ，カエデ類などの落葉広葉樹から構成されているので，夏緑樹林とよばれます。

トキ（日本・中国）

　日本では，ツキノワグマやヤマガラ（鳥類）などがいます。

　夏緑樹林を構成する木本は，冬季に落葉し，代謝などの生命活動を低下させることで，厳しい環境に適応しているといえるんだ。

▼硬葉樹林

　夏季と冬季がある地域では，一般に，降水量は夏季に多く，冬季には少ないんだ。これは，気温の高い夏季に，海や湖沼などから蒸発した多量の水蒸気が雲を経て雨となるからです。日本でも，梅雨や台風は気温の高い季節の現象であり，乾燥注意報が出るのは冬季に多いことからもわかるよね。

　ところが，大陸の西南部，例えば地中海沿岸（ユーラシア大陸の西南部），カリフォルニア（北アメリカ大陸の西南部の州），パース（オーストラリア大陸南西部の都市）などのように，夏季が高温・少雨で，冬季が比較的温暖で多雨な地域があるんだ。

コウノトリ
（ヨーロッパ）

　このような地域は人間にとっては夏も冬も過ごしやすく，世界的に有名なリゾート地になっているけど，植物にとっては夏季は気温が高く，日光が強

いけど水が足りないというヤッカイな季節になってしまうんだ。

　硬葉樹林を構成するオリーブ，コルクガシ，ゲッケイジュ，ユーカリなどは，水の蒸散を防ぐ**クチクラ層が発達**した硬く小さい葉をもつことで，夏を乗り切っているんだ。

　硬葉樹林には，アナウサギやムフロン（ヒツジの仲間）などがいるんです。

▼ステップ

アメリカバイソン

　温帯の内陸部で，降水量の少ない地域では，イネの仲間の草本からなる<u>ステップ</u>とよばれる草原が発達しています。サバンナには木本が点在しているけど，ステップには**木本はほとんど存在しない**んだ。アジアのステップにはモウコノウマやスナネズミなどがいます。

▼砂漠

ヒトコブラクダ
（北アフリカ）

　ステップが成立する地域よりも年降水量の少ない地域では，サボテンの仲間などの**多肉植物や一年生草本がまばらに生育**している<u>砂漠</u>になります。

　温帯の砂漠としては，アフリカ南部のナミブ砂漠，北アメリカ南西部のモハベ砂漠，オーストラリア南部のグレートビクトリア砂漠などが知られています。ここで注意を2つ！

　注意その1は，「砂漠」といえば「灼熱とのどの渇き」を連想しがちですが，「砂漠は熱帯のみ」と考えてはいけません！　砂漠は，温帯や亜寒帯などの冷涼な地にも分布しています。かつて，オーストラリアにある温帯の砂漠に行ったとき，「ここで道に迷って野宿すると凍死することがある」とガイドさんにいわれました。年降水量が約200〜300mm以下の地域では，気温によらず砂漠が成立するんです。ただし，約－4℃以下の地域はツンドラになるよ。

　注意その2は，「砂漠にはサボテンのみ」と考えてはいけません！

　サボテンは，南北アメリカ大陸の砂漠に生育する多肉植物の総称なので，P.252の図5にあるアフリカ大陸のサハラ砂漠などには，多肉植物はあるけどサボテンは自生*していないんだ。南北アメリカ大陸以外の砂漠には，トウダイグサやベンケイソウの仲間が生育しています。

　砂漠には，植物は少ないのに，注意は多いんだね。

*アフリカやオーストラリアには外来種としてサボテンが侵入している。

3 亜寒帯・寒帯のバイオーム

今度は，P.247 の第3グループと第4グループである亜寒帯と寒帯のバイオームを見ていきましょう。

亜寒帯のうちで，降水量が多い地域では**針葉樹林**が，降水量が比較的少ない地域では**ステップ**がそれぞれ成立するんだ。また，降水量が非常に少ない地域では**砂漠**となります。

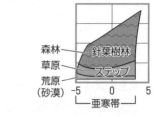

寒帯の気温では，年降水量の多少によらず**ツンドラ**とよばれる荒原が成立します。また，高山帯の植生もこの気温条件に含まれます。

これらのバイオームが世界の陸地のどのあたりに分布しているかを示したのが，下図になります。

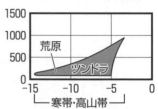

▲図7：亜寒帯・寒帯のバイオームの分布

▼針葉樹林

シベリアやアラスカ，スカンジナビア半島などの亜寒帯
や，日本の北海道東部などでは，**針葉樹林**が発達していま
す。冬季が長く，寒さの厳しい環境で生育する針葉樹は，広
葉樹と比べて，形態的・生理的に低温や乾燥に対して適応
しています。

アラスカヒグマ

針葉樹林は，**種の多様性が低く**，シラビソなどのモミ類やエゾマツなどのト
ウヒ類など常緑針葉樹の木本で構成されています。シベリアの東部では，落
葉針葉樹であるカラマツが優占種となっています。

シベリアにはシベリアトラなどが，アラスカにはアラスカヒグマやヘラジ
カなどがいます。

▼ステップ

モンゴルやカザフスタンなど中央アジアの亜寒帯では，針葉樹林に隣接し
た地域に**ステップ**が成立しています。

▼ツンドラ

アラスカ，シベリア，カナダ北部など，年平均気温
が約−5℃以下で，冬の寒さが非常に厳しい北極圏など
の寒帯では，森林も成立しません。寒帯では，降水量
の多少によらず，地下には<u>永久凍土</u>の層が存在するん
だ。永久凍土とは，1年中温度が0℃以下で，含まれ
ている水が氷結し，夏季にも融解しない土壌のことです。

トナカイ

とにかく，寒帯は極端な低温のために微生物による落葉・落枝の分解が遅
いので，**土壌中の栄養塩類が非常に少ない**んだよ。だから，寒帯には高木は
見られず，**地衣類やコケ植物が生育する**<u>ツンドラ</u>とよばれる**荒原**が分布して
いるんだ。

アラスカにはトナカイなどが，カナダにはジャコウウシなどが，北極地方
にはホッキョクギツネやホッキョクグマなどがいます。

砂漠のように乾燥した地域に見られる荒原に対して，ツンドラは寒冷地に
見られる荒原なんだナ。P.264〜265で詳しくお話しする高山帯でも，この
ような寒冷地の荒原（高山植生）が見られることがあるヨ。

4 世界のバイオーム（まとめ）

現在，地球上の陸地は，国境によって約200ヵ国に分けられているけど，植物には国境がありません。世界のバイオームは，植物の生育に強い影響を与える気温と降水量によって，P.244の図1のように，11種類に分けられています。熱帯多雨林と亜熱帯多雨林を1つにまとめると，10種類になるね。

世界各地のうちから，いくつかの都市や地域を選び，図1に書き加えたものが下図です。この図から，地理的に離れた異なった国でも，**年平均気温と年降水量が同じような地域には，同じようなバイオームが成立する**ことがわかるよね。

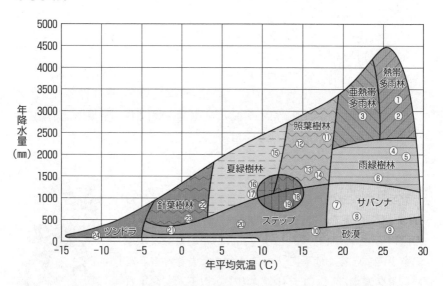

①マダン（パプアニューギニア）
②シンガポール
③奄美（日本・鹿児島）
④コルカタ（インド）
⑤ダーウィン（オーストラリア）
⑥リオデジャネイロ（ブラジル）
⑦ナイロビ（ケニア）
⑧アリススプリングス（オーストラリア）
⑨アンマン（ヨルダン）
⑩ダマスカス（シリア）
⑪鹿児島（日本）
⑫富山（日本）
⑬東京（日本）
⑭大阪（日本）
⑮秋田（日本）
⑯チューリッヒ（スイス）
⑰札幌（日本）
⑱ローマ（イタリア）
⑲サンフランシスコ（アメリカ）
⑳ウルムチ（中国）
㉑ウランバートル（モンゴル）
㉒オスロ（ノルウェー）
㉓イルクーツク（ロシア）
㉔バーロー（アメリカ・アラスカ）

▲図8：世界のバイオームと気温・降水量との関係（まとめ）

例えば，日本（東アジアの国）の札幌と，スイス（中央ヨーロッパの国）のチューリッヒ（ドイツ語圏）を見てみましょう。

	気候		生育している主な樹種名（学名） 〔　〕内は現地での呼称
	年平均気温	年降水量	
札幌 東経 141°, 北緯 43°	8.9℃	1107mm	・*Fagus crenata*〔日本語ではブナ〕 ・*Betula platyphylla*〔日本語ではシラカンバ〕
チューリッヒ 東経9°, 北緯 47°	9.4℃	1129mm	・*Fagus sylvatica*〔ドイツ語で buche〕 ・*Betula pendula*〔ドイツ語で Weiß birke〕

　樹種名からわかるように，札幌の*Fagus crenata*とチューリッヒの*Fagus sylvatica* は別の種ですが，葉の形，樹形，幹の表面などがよく似ています。札幌の*Betula platyphylla*とチューリッヒの*Betula pendula* も種は異なるけど，姿形は非常によく似ているんだ。そして，これらはいずれも冬に落葉する広葉樹です。このような落葉広葉樹からなるバイオームが**夏緑樹林**です。つまり，札幌とチューリッヒのように，地理的に（経度が）離れていても，**年平均気温と年降水量が近い２つの地域**では，生育している植物の種は異なっても，**成立するバイオームは同じになる**ということなんだ。

　下図に，世界のバイオームの主な分布を２つずつ示しました。これだけは，必ず覚えておきましょう。

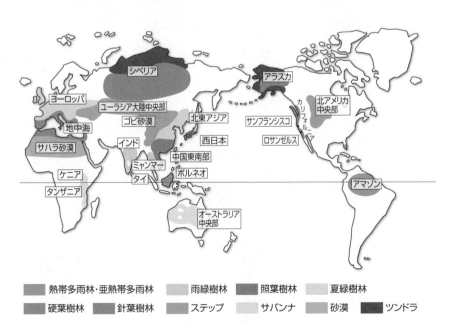

凡例：
■ 熱帯多雨林・亜熱帯多雨林　■ 雨緑樹林　■ 照葉樹林　■ 夏緑樹林
■ 硬葉樹林　■ 針葉樹林　■ ステップ　■ サバンナ　■ 砂漠　■ ツンドラ

▲図9：世界のバイオームの主な分布

日本のバイオーム

Step 2

▼水平分布

　日本のバイオームに注目してみましょう。日本では，どの地域の降水量も植物の生育には十分なので，高山や砂浜などの一部の地域を除けば，**森林**が成立する条件が備わっています。

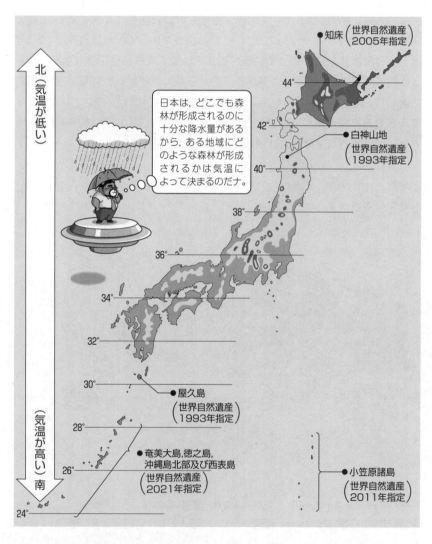

　▲図10：日本のバイオーム（水平分布）

そのため，日本のバイオームの分布は，気温の違いによって決まるといえるんだ。世界のバイオームで学習したように，気温は緯度によって異なります。したがって，南北に長い日本列島では，**南から北へ向かうにつれて気温が低下し，亜熱帯多雨林，照葉樹林，夏緑樹林，針葉樹林が見られます。**

　このように，緯度の違いによって生じる水平方向のバイオームの分布を，**水平分布**といいます。前ページの図は，日本の水平分布を表したものです。

針葉樹林

【分布域】
北海道東北部の低地
【代表的な樹種】
エゾマツ，トドマツ
(注) ■のように■と□の中間色で塗った地域は針葉樹と落葉広葉樹の混交林である。

夏緑樹林

【分布域】
北海道西南部と東北地方の低地
【代表的な樹種】
ブナ，ミズナラ，カエデ類

照葉樹林*

【分布域】
関東地方・中部地方・近畿地方・中国地方・四国地方・九州地方の低地
【代表的な樹種】
スダジイ（シイ類），アラカシ（カシ類），タブノキ・クスノキ（クスノキ類）

亜熱帯多雨林

【分布域】
九州南部・沖縄・小笠原諸島
【よく見られる樹種】
アコウ・ガジュマル・ビロウ・アダン（高木），ヘゴ（木生シダ類），ソテツ（低木），マングローブ（河口付近）
(注) 日本の亜熱帯多雨林には，スダジイ・タブノキなどの常緑広葉樹も見られる。

暖かさの指数

　一般的に，植物の生育には，5℃以上の月平均気温が必要とされるんだ。1年間のうち月平均気温が5℃以上の各月について，月平均気温から5℃を引いた値の合計値（積算値）を，**暖かさの指数**といいます。

　例えば，富山県富山市（北緯約36.7°，東経約137.2°）の気温の月別平均値（℃）を下表に示すね。

1月	2月	3月	4月	5月	6月
2.7	3.0	6.3	12.1	17.0	20.9
7月	8月	9月	10月	11月	12月
24.9	26.6	22.3	16.4	10.8	5.7

　この表より，5℃以上の月は3月〜12月であり，それらの月の平均気温から5℃を引いた値を合計すると，

$(6.3-5)+(12.1-5)+(17.0-5)+(20.9-5)+(24.9-5)+(26.6-5)+(22.3-5)+(16.4-5)+(10.8-5)+(5.7-5)=113.0$ ですね。

　生育するバイオームと暖かさの指数の間には，下表のような関係があります。富山市のバイオームは照葉樹林だね。

バイオーム	暖かさの指数	例
亜熱帯多雨林	240〜180	那覇市(216.4)
照葉樹林	180〜85	富山市(113.0)
夏緑樹林	85〜45	札幌市(73.9)
針葉樹林	45〜15	根室市(46.7)

*二次遷移によって成立した里山（☞ P.284）などの二次林では，コナラやクヌギなどの落葉広葉樹やアカマツが見られる。

11
♣ 気候とバイオーム

▼垂直分布

　気温は，標高（海抜）が 100 m 増すごとに 0.5～0.6℃低くなるので，標高の違いによって陸上のバイオームの分布は異なります。このように，標高に応じた垂直方向のバイオームの分布は，**垂直分布**とよばれ，**高度の低い方から**，**丘陵帯**（低地帯），**山地帯**，**亜高山帯**，**高山帯**に分けられます。

　垂直分布について，中部地方の富山県を例に説明するね。なぜ，富山県かというと，富山県には，ほぼ同じ緯度に（平均）海抜数十mの富山市と，3000 m級の山々が連なる飛騨山脈（北アルプス）を構成している白馬岳（長野県境，海抜 2932 m），立山（海抜 3015 m）などがあるからなんだ。

　下図に，白馬岳の垂直分布を模式的に示します。なお，（　　）内の数値は白馬岳の各高度における年平均気温を，富山市の年平均気温（14.1℃）をもとに推定（100 m上昇するごとに− 0.6℃で計算）したものです。

　この図からわかるように，白馬岳では標高 500 mまでは**丘陵帯**でスダジイ・アラカシなどが優占する**照葉樹林**が分布しているよね。標高 500～1700 mの**山地帯**には，ブナ・ミズナラなどが優占する**夏緑樹林**，標高 1700～2500 mの**亜高山帯**には，オオシラビソ・コメツガなどが優占する**針葉樹林**が分布しているね。亜高山帯の上限は**森林限界**とよばれ，これより高いところでは低温と強風により，高木の森林が見られなくなるんだ。

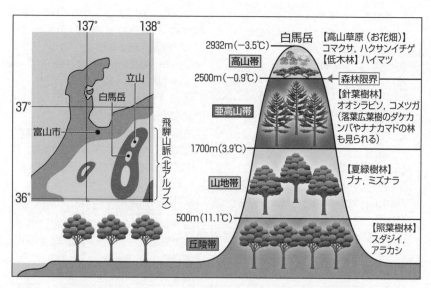

▲図11：白馬岳の垂直分布

森林限界より高いところは**高山帯**とよばれ，ハイマツやシャクナゲ，コケモモなどの低木林や，コマクサ・ハクサンイチゲ・クロユリなどの高山植物からなる〝**お花畑**〟とよばれる**高山草原**が広がっているんだ。

　このような高山帯にみられる植生は<u>高山植生</u>といい，一般に葉は小形で厚く，草丈が低い植物が多いんです。

▼日本のバイオームの水平分布と垂直分布

　P.262の図をよく見てください。低地に照葉樹林が分布している九州地方，中国・四国地方，近畿地方，中部地方は▢▢▢で塗られているけど，そのところどころに▢▢や▢▢のようなパッチ（あて布）模様があるよね。また，東北地方や北海道では，夏緑樹林の分布を示す▢▢▢のところどころに▢▢や▢▢のようなパッチ模様が見られるんだ。これらのパッチ模様は図12に示したような山岳地帯のバイオームの分布を表しているんだよ。

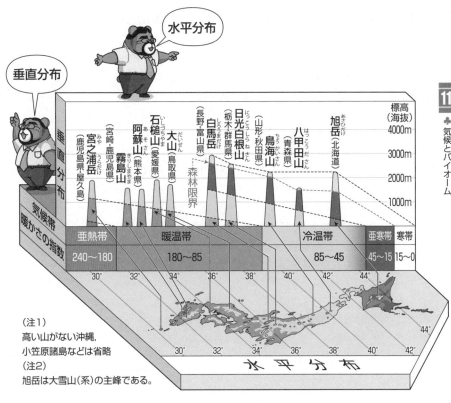

▲図12：日本のバイオームの分布

確認テスト

右図は，世界の陸上に見られる各種のバイオームと，それらが分布する地域の年降水量，および年平均気温の関係を表した図の一例である。

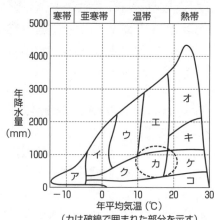

（カは破線で囲まれた部分を示す）

問1 次の**A**〜**D**の各バイオームは，図の**ア**〜**コ**の各区分のどれにあてはまるか。記号で答えよ。

A 熱帯多雨林

B 雨緑樹林

C 夏緑樹林

D 硬葉樹林

問2 問1にあげた**A**〜**D**の各バイオームの特徴にあてはまる記述を，次の㋐〜㋔から1つずつ選び，記号で答えよ。

㋐ 常緑樹が優占し，世界のバイオームのうちで植物の種類数が最多である。

㋑ 常緑樹が優占し，世界のバイオームのうちで植物の種類数が最少である。

㋒ 常緑樹が優占し，降水量が夏季に少なく冬季に多い地域に分布する。

㋓ 落葉樹が優占し，雨季と乾季が交代する地域に分布する。

㋔ 落葉樹が優占し，夏季と冬季が交代する地域に分布する。

問3 問1にあげた**A**〜**D**の各バイオームのうち，現在の日本でふつうに見られるものを1つ選び，記号で答えよ。

問4 次の植物は，どのバイオームを代表するものか。それぞれ図の**ア**〜**コ**から選び，記号で答えよ。

① アカガシ・スダジイ・タブノキ

② ブナ・ミズナラ

③ トウヒ・コメツガ

④ フタバガキ・メヒルギ

⑤ チーク

⑥ コルクガシ・オリーブ

問1 答 A＝オ B＝キ C＝ウ D＝カ

▶世界のバイオームを下図にまとめた。**ア**はツンドラ，**イ**は針葉樹林，**ウ**は夏緑樹林，**エ**は照葉樹林，**オ**は熱帯・亜熱帯多雨林，**カ**は硬葉樹林，**キ**は雨緑樹林，**ク**はステップ，**ケ**はサバンナ，**コ**は砂漠である。

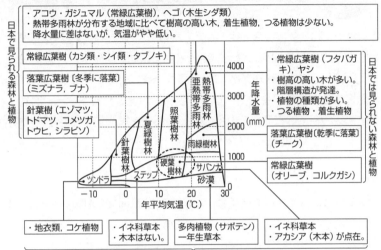

問2 答 A＝㋐ B＝㋑ C＝㋒ D＝㋒

▶雨季と乾季が交代する地域では，雨季にのみ緑色の葉が茂る樹木からなる森林が分布する。これを**雨緑樹林**という。なお，世界のバイオームのうちで植物の種類数が最少なのは，砂漠である。

問3 答 C

▶**A：熱帯多雨林**は，アマゾン（南米），ボルネオ（東南アジア），中央アフリカなどに分布。**B：雨緑樹林**は，熱帯・亜熱帯多雨林の周辺に分布。**D：硬葉樹林**は，大陸の西側（地中海沿岸，カリフォルニアなど）に分布。

問4 答 ①＝エ ②＝ウ ③＝イ ④＝オ ⑤＝キ ⑥＝カ

▶ヒルギの仲間（メヒルギ・オヒルギなど）は，海水のような高い塩類濃度の環境にも耐え，**支柱根**（茎や幹を物理的に支える特別な構造の根）や**呼吸根**（CO_2やO_2が出入りする特別な構造の根）をもち，熱帯や亜熱帯地方の海岸や河口に**マングローブ林**を形成する。アカガシはカシ，スダジイはシイの仲間であり，タブノキはタブ，クスノキはクスともよばれる。

Theme 12

生態系とその保全

Step 1　生態系の成り立ちと生物どうしのつながり

　自然界には，多種多様な生物が，それらをとり巻き影響を及ぼす外界，すなわち環境と密接に関係し合って生きているよね。生物をとり巻く環境は，<u>生物的環境</u>と<u>非生物的環境</u>とに分けられます。生物的環境の要素はその生物に影響を与える他の生物であり，非生物的環境の要素は，光・温度・水・土壌・大気の組成などで，これらのような環境を構成する要素を<u>環境要因</u>といいます。ここまでいいかな？

▼生態系

　ある地域に住むすべての生物と，それらの周囲の環境（非生物的環境）を1つのまとまりとしてとらえたとき，このまとまり（系）を<u>生態系</u>といいます。生態系には，水草を入れて金魚を飼育している水槽のような小さいものから，地球のように大きいものまであるんだよ。

▼作用と環境形成作用

　生態系において，非生物的環境が生物に及ぼす影響を<u>作用</u>といいます。これに対して，生物が非生物的環境に及ぼす影響を<u>環境形成作用</u>といいます。例えば，光の強さや温度が上昇すると，光の強さや温度の作用によって，植物の光合成が促進されて植物に吸収される二酸化炭素の量が増加するんだよ。一方，植物の光合成が盛んになると，植物の環境形成作用により，植物の周囲の二酸化炭素濃度が低下するんだ。

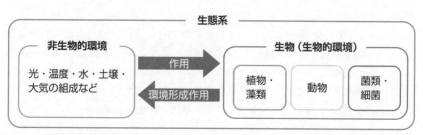

▲図1：生態系の構成とその要素

▼生態系における生物

　生態系を構成する生物は，その働きによって大きく2つに分けられます。その1つは生産者で，もう1つは消費者なんだ。

　生産者とは，光合成などによって，二酸化炭素などの**無機物から有機物をつくることができる独立栄養生物**（植物・藻類など）のこと。消費者とは，**生産者のつくった有機物を直接あるいは間接的に養分として利用する従属栄養生物**（動物・菌類・細菌）のことです。また，消費者のうち生物の遺体や排出物などの有機物を無機物に分解する過程に関わっている生物は，分解者とよばれることもあるんだ。

　消費者のうち，主な生産者である植物を食べる動物は，**一次消費者**とよばれます。この一次消費者を食べる動物は，**二次消費者**とよばれるんだ。さらに，これらを食べる動物である**三次消費者**や四次消費者などの**高次消費者**もいます。なお，一次消費者は主に植物を食べる動物なので，**植物食性動物（植食性動物）**ということもあります。かつては，「草食動物」といったんだけど，実際には草本以外に，木本も食べる動物も含まれるので，植物食性動物といわれるようになったわけ。二次消費者や高次消費者は，動物を食べるので，**動物食性動物（肉食性動物）**とよばれます。

▼様々な生態系と生物多様性

　生態系には小さいものから大きいものまであると言ったけど，生態系は大きさだけじゃなくて，成立している場所や環境など，とらえ方によっても様々です。地球には陸地と水界（海洋，湖沼，河川など）があるので，地球上に形成される生態系は，大きく陸上の生態系と水界の生態系に分けることもできるんだ。また，陸上の生態系は森林生態系や草原生態系などの他，土壌に着目した土壌生態系や，ヒトが生活する都市や農村も生態系としてとらえることができるし，水界の生態系は**海洋生態系**や**湖沼生態系**，河川生態系に分けることもできます。

　各生態系では，それぞれの環境に適応した多種多様な生物が生息しています。生物が多様であることを生物多様性といい，そのうちある生態系における生物の種の多様さを種多様性といいます。種多様性の主な指標には，生態系内の種数とそれぞれの種の個体数の偏りなどがあって，一般に，種数が多くてそれらが均等な割合で存在しているほど種多様性が高いといえます。

12

♣　生態系とその保全

269

▼身近な生態系の観察

　ここでは，身近な生態系で種数を調べる一例として，土壌生態系を構成する土壌動物の調査方法について説明していきましょう。

　土壌動物＊を採集する際には，まず調査地の土壌を白い布の上やバット内に広げ，ピンセットなどを使って分けながら，動物を探します。次に，図2に示すような**ツルグレン装置**に，調査地の土壌を入れ，白熱電球を点灯（半日～1日程度）すると，土壌動物は熱と光から遠ざかるように下へ移動し，やがて金網（またはガーゼ）を通ってエタノール入りのビーカーの中に落ちます。

　このようにして採集した土壌動物を，双眼実体顕微鏡などを使って観察し，肢や翅の特徴ごとに分類したり種名を調べたりします。このような調査を，いろんな環境の調査地で行うと，種多様性が実感できると思うよ。

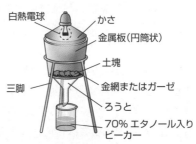

白熱電球
かさ
金属板（円筒状）
土塊
金網またはガーゼ
三脚
ろうと
70% エタノール入り
ビーカー

▲図2：ツルグレン装置

▼水界生態系

　次に生態系の例として，水界生態系を見てみましょう。水界の生産者は植物プランクトンや水生植物で，水中では植物プランクトンを摂食する動物プランクトンや，それらを捕食する魚類などが消費者として生息しています。

　水生植物については，P.227 で詳しく説明しています。見直しといてね。

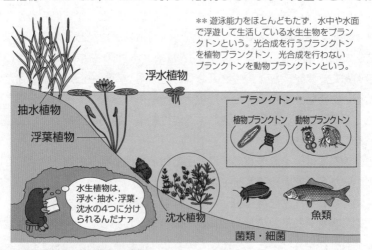

＊＊ 遊泳能力をほとんどもたず，水中や水面で浮遊して生活している水生生物をプランクトンという。光合成を行うプランクトンを植物プランクトン，光合成を行わないプランクトンを動物プランクトンという。

浮水植物
抽水植物
浮葉植物
プランクトン＊＊
植物プランクトン　動物プランクトン
水生植物は，浮水・抽水・浮葉・沈水の4つに分けられるんだナァ
沈水植物
魚類
菌類・細菌

▲図3：水界生態系（湖沼生態系の一例）

＊土壌中（主に腐植層中）で生活するすべての動物を土壌動物という。ただし，モグラなどの脊椎動物は含まず，ムカデ，カニムシ，トビムシ，ミミズ，センチュウ（☞P.272）などを指す場合が多い。

水は光の吸収率が高いので，透明な水でも水深100mまでの間に99%の光が吸収されます。このため，水界では光合成に必要な十分量の光が届くのは表層域に限られるんだ。水中で生育する生産者の1日当たりの光合成量と呼吸量がほぼ一致している水深を**補償深度**といって，補償深度より上側の表層域を生産層，補償深度より深い部分を分解層といいます。生産者が光合成を行えるのは生産層なので，補償深度より深い分解層ではこれらの生産者は生育できなくなるんだよ。

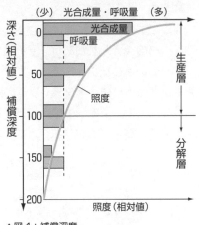

▲図4：補償深度

▼食物連鎖

　生態系において，ある生物が他の生物を食べることを**捕食***，他の生物に食べられることを**被食**といい，他の生物を食べる生物を**捕食者**，他の生物に食べられる生物を**被食者**とよぶんだ。

　例えば右の図5に示したように，生産者である植物がまず一次消費者に食べられ，一次消費者は植物を食べる捕食者になったり二次消費者に食べられる被食者になったりします。二次消費者もまた被食者にもなるんだ。

　このように，生物間の捕食・被食の関係は一連の鎖のようにつながっていて，このつながりを<u>食物連鎖</u>といいます。

▲図5：食物連鎖（イメージ図）

*ただし，動物が植物や藻類を食べる場合は「摂食」ということも多い。

▼食物網

　実際の生態系では，捕食者と被食者との関係は，１本の鎖のようではなく，いくつもの枝分かれがあり，それらが複雑につながって，網目のような関係になっているんだよ。例えば，モグラ・ネズミ・ウサギ・リス・カエルなどを捕食するヘビは，イタチやワシに捕食されるのです。

　このように，実際の生態系における食物連鎖は複雑な網目のようになっているので，食物網とよばれます。

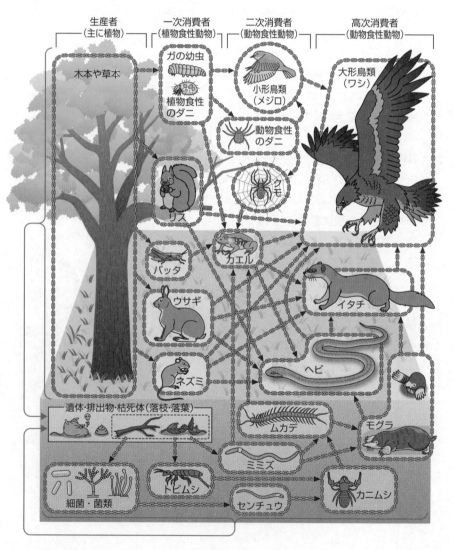

生産者
（主に植物）

一次消費者
（植物食性動物）

二次消費者
（動物食性動物）

高次消費者
（動物食性動物）

木本や草本

ガの幼虫

植物食性
のダニ

小形鳥類
（メジロ）

動物食性
のダニ

大形鳥類
（ワシ）

リス

クモ

バッタ

カエル

ウサギ

イタチ

ネズミ

ヘビ

遺体・排出物・枯死体（落枝・落葉）

ムカデ

モグラ

ミミズ

細菌・菌類

トビムシ

センチュウ

カニムシ

▲図６：食物網

▼栄養段階

　食物連鎖の各段階を<u>栄養段階</u>といいます。別のいい方をすれば，栄養段階は，**生産者を第一段階として，生態系を構成する生物を，栄養分のとり方に従って，段階的に分けたもの**なんだ。

▼生態ピラミッド

　捕食者と被食者との関係が成り立っている生物間では，ふつう，捕食者の個体数は被食者の個体数より少なくなります。だから，生産者，一次消費者，二次消費者，…というふうに，それぞれの個体数に比例した体積をもつ直方体を，生産者を一番下にして栄養段階の順に積み重ねてみると，栄養段階が高くなるにつれて小さくなっていき，図7のようにピラミッド状になることが多いんだ。これを，<u>個体数ピラミッド</u>といいます。

　また，**生物量**も個体数と同様に栄養段階の順に積み重ねてみると，図8のようなピラミッド状になるね。これを<u>生物量ピラミッド</u>といいます。なお，生物量とは，ある時点での一定の空間に存在する生物体の総量を，乾燥重量などで表したもので，現存量ともよばれます。個体数ピラミッドや生物量ピラミッドなどをまとめて<u>生態ピラミッド</u>といいます＊。

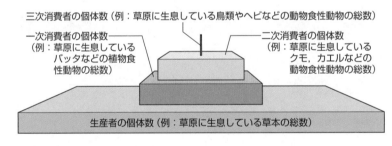

三次消費者の個体数（例：草原に生息している鳥類やヘビなどの動物食性動物の総数）

一次消費者の個体数
（例：草原に生息している
　　バッタなどの植物食
　　性動物の総数）

二次消費者の個体数
（例：草原に生息している
　　クモ，カエルなどの
　　動物食性動物の総数）

生産者の個体数（例：草原に生息している草本の総数）

▲図7：個体数ピラミッド

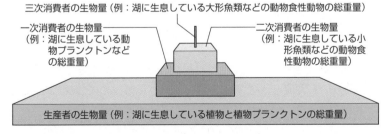

三次消費者の生物量（例：湖に生息している大形魚類などの動物食性動物の総重量）

一次消費者の生物量
（例：湖に生息している動
　　物プランクトンなど
　　の総重量）

二次消費者の生物量
（例：湖に生息している小
　　形魚類などの動物食
　　性動物の総重量）

生産者の生物量（例：湖に生息している植物と植物プランクトンの総重量）

▲図8：生物量ピラミッド

＊個体数ピラミッドと生物量ピラミッドは，逆転した形になる場合もある。

12

♣ 生態系とその保全

▼種多様性と生物間の関係

　一般に，生態系内では，複雑な**食物網**が形成されているんだ。このため，ある生態系から，1〜2種の生物がいなくなっても，他の食物連鎖の経路によって食物網が維持されるので，その生態系は大きな影響を受けないと考えられているんだ。でも，特定の種が存在しなくなることによって，生態系の種多様性に大きな影響が現れることがあるんです。このような例をお話ししましょう。

❶ 海岸の岩場の食物網

　アメリカの北太平洋岸の岩場には，図9に示すような生物*からなる食物網が形成されていました。

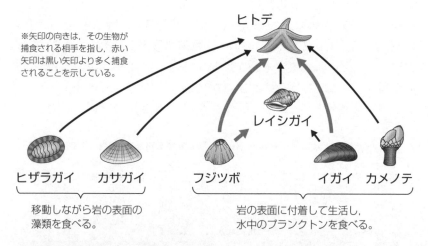

※矢印の向きは，その生物が捕食される相手を指し，赤い矢印は黒い矢印より多く捕食されることを示している。

ヒトデ

レイシガイ

ヒザラガイ　カサガイ　　フジツボ　　　　イガイ　カメノテ

移動しながら岩の表面の藻類を食べる。

岩の表面に付着して生活し，水中のプランクトンを食べる。

▲図9：海岸の岩場に見られる食物網

　ペインさんはこのような食物網で，食物網の一番上位にいて他の生物（主にフジツボとイガイ）を捕食しているヒトデを除去し続ける実験を行ったんだ。

　すると，捕食者のヒトデがいなくなったことで，3か月後には岩場の表面でフジツボが最も多くなったんだけど，1年後にはフジツボも減って岩場の大部分がイガイに埋めつくされて，カメノテとレイシガイが少しだけ散在している状態になってしまったんだ。

　何でこんなことになったのか，考えてみましょう。

＊ヒトデは棘皮動物，レイシガイ・ヒザラガイ・カサガイ・イガイは軟体動物，フジツボ・カメノテは節足動物（甲殻類）である。

除去前，ヒトデは岩の表面を移動しながら図9に示す他の生物（ヒザラガイ，カサガイ，フジツボ，イガイ，レイシガイ*，カメノテ）を捕食していました。これらの生物のうち，フジツボ・イガイ・カメノテは岩の表面に付着して生活していますが，ヒザラガイ・カサガイ・レイシガイは移動しながら生活しています。また，ヒザラガイ・カサガイは藻類を摂食していました。

　このような食物網で捕食者のヒトデを除去すると，ヒトデに捕食されていた生物が捕食されなくなってその個体数が増加します。

　実はフジツボとイガイは他の生物に比べて個体数の増加速度が大きく，さらに他の生物よりも多くヒトデに捕食されていたので，ヒトデを除去した後は，これらの個体数が最も増加しました。

　さらに，フジツボの方がイガイよりも個体数の増加速度が大きかったので，3か月後にはまずフジツボが一番多くなったと考えられるんだ。その後，イガイの個体数も増加していくと，フジツボとイガイはどちらも岩の表面に付着して生活するので，生活場所をめぐる争いが激しくなります。この争いでは，イガイの方が強かった結果，1年後にはイガイが岩場を覆ったと考えられます。

　また，ヒトデの除去後には，ヒザラガイとカサガイの個体数も増加したので，これらの摂食によって藻類は減少したと考えられます。さらに，その後フジツボやイガイが岩場を覆ったことで，藻類は生育する空間がなくなって激減してしまい，その結果，藻類を摂食していたヒザラガイとカサガイもほとんど見られなくなったと考えられます。

　以上のような結果から，ヒトデがいる状態の食物網では，フジツボとイガイがヒトデに捕食されて個体数が減ることで，他の生物の生活場所が奪われなくなり，多くの種類の生物が生息できていたと考えられるんだ。

　この実験を行ったペインさんは，このヒトデのように，生態系において食物網の上位にあり，その生態系の種多様性などの維持に大きな影響を与える種を**キーストーン種**とよびました。

　また，ある生物間の捕食・被食などの関係が，その関係と直接つながっていない生物に対して及ぼす影響を**間接効果**といいます。この食物網では，ヒトデは藻類を食べないけど，藻類の生育にも影響を与えていたことがわかるよね。これは，ヒトデと他の生物との捕食・被食の関係が藻類へ与える間接効果といえます。

＊レイシガイのかわりに，レイシガイの仲間の特徴である「巻貝」や，レイシガイと同じ仲間に属しているが別種の「イボニシ」という記載もある。

❷ ジャイアントケルプの森の海域の食物連鎖

　北太平洋のアリューシャン列島近海では，ラッコがウニを捕食し，ウニがジャイアントケルプ（大形のコンブの一種）を摂食する食物連鎖が成立しています。

いる海域（ジャイアントケルプの森）があります。ジャイアントケルプの森には，そこを生活場所とする魚類や甲殻類（カニの仲間など）も多く生息していました。

　この海域で，1990年代に人間による捕獲やシャチによる捕食の増加によってラッコが急速に減少しました。その結果，それまでラッコに捕食されていたウニの個体数が爆発的に増加してケルプを食い荒らし，ケルプが激減してしまいました。さらに，そこで生活していた魚類などの他の生物も減少し，それらを捕食していたアザラシなども見られなくなって生態系が著しく変化してしまったんだ。

　この海域におけるラッコも，生態系での種多様性に大きな影響を与える**キーストーン種**で，ラッコの個体数の増減によってケルプの個体数が変化するのは，ラッコがウニを捕食することによる**間接効果**なんです。

ラッコ

捕食

ウニ

摂食（捕食）

間接効果

ジャイアントケルプ

▲図10：ジャイアントケルプの森の海域の食物連鎖と間接効果

　ところで，キーストーン（keystone）というのはね，右図のように，アーチ状の天井や屋根の頂上部にある建築要素のことで，日本語では要石などといいます。この言葉は，理論や組織などの大きな構造を，その中心で支えていて，それがなくなると構造全体が崩壊するものに対して，比喩的に使われています。

　将来，君が「あなたはこの会社のキーストーン社員だ」といわれるようになるといいね。

Step 2 生態系のバランスと保全

▼生態系の復元力とバランス

生態系やその一部を破壊するような外的要因を**かく乱（攪乱）**といいます。自然災害や人間の活動などによるかく乱＊が起こると，生態系は変化（変動）しますが，多くの場合，生態系がもっている，「**もとの状態に戻ろうとする力**」により，その変動の幅は一定の範囲内に保たれるんだ。このような力（性質）を，**生態系の復元力（レジリエンス）**といい，生態系の復元力によって変動の幅が一定範囲内に保たれている状態を，「**生態系のバランスが保たれている状態**」といいます。例えば，極相林は，台風・山火事などの自然災害や伐採などによるかく乱で，その一部が破壊されギャップが生じても，再びもとの状態に戻るんだったね。一般に，種多様性が高いほど生態系のバランスは崩れにくくなると考えられています。

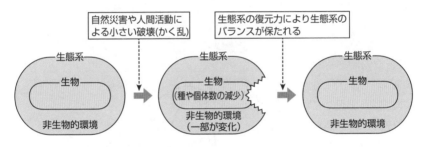

▲図11：生態系の復元力とバランスの概念図

個体数のバランスが保たれている例を見てみよう。図12は，実験室で捕食者（カブリダニ）と被食者（コウノシロハダニ）の個体数の変化を観察した結果で，被食者が増えると，それを食べることで捕食者が増え，食べられる被食者は減ることを示しています。また，被食者が減ると，食べ物が減ったため捕食者も減ります。このように，被食者と捕食者の個体数は周期的に変動するんだけど，ある範囲内でバランスが保たれていることがわかるね。

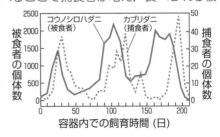

▲図12：捕食者と被食者の個体数の変動

＊人間活動によって引き起こされるかく乱を人為的かく乱という。

▼自然浄化

　工場や家庭などから排出された有機物や有害物質などの汚濁物質を多量に含んでいる水を，**汚水**といいます。少量の汚水が河川や海に流入してかく乱（人為的かく乱）が起こっても，汚濁物質は多量の水による希釈，岩・砂礫への吸着，泥中への沈殿，微生物による分解などによってその量は減少していくんだ。これは**生態系の復元力**の一種で，**自然浄化**とよばれます。でも，自然浄化の範囲をこえる量の汚水が河川や海に流入すると，汚濁物質の蓄積，有機物の分解に伴う酸素の大量消費などにより，水質が悪化するんです。

　自然浄化について詳しく調べるために，下水口から汚水が流入し続けている河川に含まれる種々の物質の量と生物の個体数を測定し，その結果をグラフにしたものが下図です。このグラフは次のようなことを示しています。

　汚水には，大量の浮遊物質が含まれているので，汚水流入地点では，浮遊物質濃度は急増し，透明度も低下するけど，下流にいくに従って希釈され，浮遊物質濃度は低下して，透明度も回復していきます。

　また，汚水には，大量の有機物が含まれているので，流入地点付近では，細菌やイトミミズなどが有機物を栄養源としてとり込み，増殖するんだ。細菌を捕食するゾウリムシなども増殖します。

　細菌の増殖に伴って有機物が分解され，アンモニウムイオンなどの**無機塩類**が生じます。

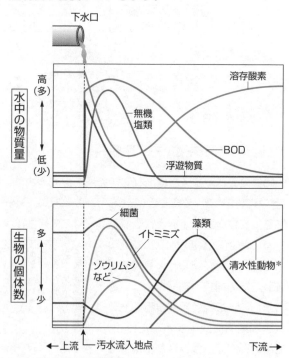

▲図13：河川での自然浄化

＊清水性動物とは，清澄な水域にのみ生息する動物のことであり，サワガニ（甲殻類），カワゲラ類，カゲロウ類，トビケラ類，ヘビトンボ類などの昆虫の幼虫，カワニナ類（貝類），イモリ（両生類）などがよく知られている。

汚水流入地点から離れ，透明度が回復し，多量の光が水中に届くようになった流域では，藻類が無機塩類を栄養塩類としてとり込み，光合成を行って増殖し，サワガニなどの<ruby>清水性動物<rt>せいすいせいどうぶつ</rt></ruby>も増加します。

　なお，汚水流入地点付近では光合成を行う藻類が減少し，細菌・イトミミズ・ゾウリムシなどが増加するので，溶存酸素濃度（水中に溶けている酸素の濃度）が低下します。また，**微生物が特定の温度で一定期間中に水中の有機物を分解するときに消費する酸素量をBOD（生化学的酸素要求量，生物学的酸素要求量）**＊といい，この値が汚水流入点付近では上昇します。つまり，BOD の値が大きいほど，有機物を多く含み，汚れた水ということになります。

▼富栄養化

　水界の生態系は，有機物の量の他，無機物である栄養塩類の量にも影響を受けます。栄養塩類は，生物が成長，増殖するのに必要とする塩類の総称だったね。**N（窒素），P（リン）などを含む栄養塩類**は，植物プランクトンの増殖を促進するんです。

　ある水域で**栄養塩類が増えること**を，<ruby>富栄養化<rt>ふえいようか</rt></ruby>といいます。通常，火山活動などで新しくできた湖は，栄養塩類の少ない**<ruby>貧栄養湖<rt>ひんえいようこ</rt></ruby>**であることが多いけど，時間が経つにつれて，生物の遺体や排出物が分解されて生じる栄養塩類が増え，栄養塩類の多い**富栄養湖**となっていくんだ。

　また，人間の活動で生じた化学肥料や生活排水などによって富栄養化が進み，問題になることがあるんだよ。富栄養化が極端に進むと，<ruby>赤潮<rt>あかしお</rt></ruby>や**アオコ（<ruby>水の華<rt>みずのはな</rt></ruby>）**が生じることがある。**赤潮**は，<ruby>渦鞭毛藻類<rt>うずべんもうそうるい</rt></ruby>などのプランクトンの大発生により，**水面が赤色になる**現象で，**アオコ**は，シアノバクテリアなどのプランクトンの大発生により，**水面が青緑色になる**現象です。赤潮が発生すると，プランクトンがつくる毒素や酸素不足により，魚類などの水生生物が死滅するなど，水界の生態系に<ruby>甚大<rt>じんだい</rt></ruby>な影響をもたらすことがあります。

　このように，生態系のバランスは，どのような場合でも保たれるとは限らないんだ。生態系の復元力をこえるような過度のかく乱が起こると，以前とは異なる状態に移行してしまうことがあるんだよ。

＊水中の有機物を酸化するのに必要な酸素量をCOD（化学的酸素要求量）といい，水質調査ではこの値を測定することも多い。

Step 3 人間の活動による生態系への影響

　近年，科学技術の進歩などによって急激に拡大した人間の活動が，生態系にその復元力をこえる影響を与えていることについてお話ししていきます。

▼地球温暖化

　大気中の**二酸化炭素**，**メタン**，**フロン**，水蒸気，窒素酸化物などは，赤外線として地表から放出（放射）される熱エネルギーを吸収し，その一部を地表に再放出することで，地表や大気の温度を上昇させるんだ。このような気体の働きを<u>温室効果</u>，温室効果をもつ気体を<u>温室効果ガス</u>といいます。

　人間による石油・石炭などの**化石燃料の大量燃焼**により，大気中への二酸化炭素放出量が増大したことと，**森林の大規模な伐採**により，大気中からの二酸化炭素除去量が減少したことが，大気中の温室効果ガスの濃度の上昇，特に二酸化炭素濃度上昇の原因の１つではないかと考えられているんだ。

　地球に出入りするエネルギーがつり合っていれば，地球の温度は上昇しないハズ。でも近年，地球全体の平均気温は，過去100年で約0.7℃上昇しているんだ。このように地球規模で平均気温が上昇する現象は，<u>地球温暖化</u>とよばれ，二酸化炭素濃度上昇に伴う温室効果の増大と関連があるとされています。地球温暖化は，海水面の上昇などを引き起こし，その環境の変化に適応できない生物の絶滅の可能性が危惧されています。

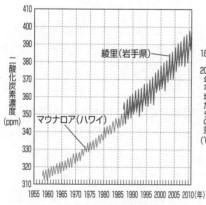

▲図14：大気中の二酸化炭素濃度の変化

※岩手県の綾里（りょうり）は，人口密集地から離れているので，この地に本州で唯一の大気環境観測所が設置され，人間活動の影響が少ない大気の状態が測定されている。

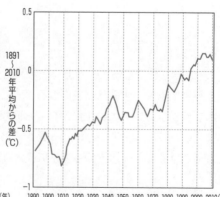

▲図15：地球の年平均気温の変化

※グラフは，ある年とその年の前後2年間（合計5年間）の平均値（平年値）と，その値との差を示している。

▼外来生物

　人間活動によって，ある生物が本来の生息地から他の地域に運ばれ，そこで継続的に生存・繁殖するようになることがあります。このような生物は**外来生物**（外来種）とよばれ，特に生態系や生物の多様性に大きな影響を及ぼすものは，**侵略的外来生物**とよばれます。外来生物に対して，ある地域に古くから生息する生物は，**在来生物**（在来種）とよばれます。

　注意したいのは，外来生物が在来生物の生存にいろんな影響を及ぼすため，生態系のバランスを変化させる可能性があるということだよ。在来生物が外来生物によって捕食されることで，個体数を減らすこともあるけど，特に，外来生物と在来生物の食性・生活空間・生活時間などの生活様式が似ていると，両者が要求している同じ資源のとり合いが起こり，在来生物の生存が強く脅かされることになるんだよ。

　日本では，**外来生物法**（特定外来生物による生態系等に係る被害の防止に関する法律）によって，生態系や人の生命・身体，農林水産業へ被害を及ぼす，または及ぼす可能性のある外来生物を**特定外来生物**に指定し，それらの飼育や輸入などを禁止しています。

動物	哺乳類：アライグマ，フイリマングース，タイワンザル，ハリネズミ 鳥　類：ガビチョウ，ソウシチョウ ハ虫類：グリーンアノール，カミツキガメ，タイワンハブ 両生類：ウシガエル，オオヒキガエル 魚　類：オオクチバス（ブラックバス），ブルーギル，カダヤシ 節足動物：セイヨウオオマルハナバチ，ヒアリ，セアカゴケグモ 軟体動物：アフリカマイマイ，カワホトトギスガイ
植物	アレチウリ，ボタンウキクサ，オオハンゴンソウ，オオキンケイギク

▲表1：特定外来生物

　また，地球上でも特定の地域にしか生息していない種を**固有種**といいます。生育している維管束植物*のうち1500種以上が固有種であり，もともとその地域に成立していた植生（自然植生）の70%以上が失われている地域は，**生物多様性ホットスポット**という地域に選定されているんだ。

　種多様性を維持するためには，このような地域を優先的に保全することが大切なんだ。日本もその地域の一つなので，固有種を含めた生態系を守っていかなければいけないよね。

*植物のうち，シダ植物と種子植物はまとめて維管束植物とよばれる。

12

♣ 生態系とその保全

281

▼森林の破壊と共に失われる生物の多様性

　世界の森林は，年平均約 3.3 万 km²（長野県・新潟県・岐阜県の合計面積とほぼ同じ）～5.5 万 km²（四国・九州の合計面積とほぼ同じ）のペースで減少しているそうなんだ。特に**熱帯多雨林の減少の割合が大きい**んだ。

　熱帯多雨林をはじめとして世界の森林には，多様な植物と，それらの植物に依存している多様な動物・菌類・細菌が生息しています。現在，大規模な森林伐採，農地への転用，焼畑耕作，森林火災，宅地開発や道路建設*などの増加によって，多くの植物が枯死・消失するだけではなく，多くの動物が生活場所を失い，中には**絶滅**の危機に瀕している動物もいます。

　ある地域で小規模な伐採や焼畑を行い，生態系の復元力によって森林が回復するまで，その地域には手をつけず，次の伐採や焼畑を別の場所で行うようにすれば，生態系のバランスは保たれ，熱帯多雨林は維持されます。でも，大規模な伐採や短い間隔での焼畑が行われると，生態系のバランスはくずれ，樹木がほとんど生えない草原や砂漠となることがあるんだ**。

▼生物濃縮

　生物体内で分解されにくい物質や，生物体内から排出されにくい物質は，**生物体内に蓄積されやすい**んです。このような物質が**外部の環境より高濃度で生物体内に蓄積する現象**を，生物濃縮といいます。

　水に溶けにくく脂肪に溶けやすい物質は，食物連鎖の過程を通して，栄養段階が高い生物ほど体内に高濃度に蓄積されるので生物濃縮されやすいんだ。このような物質には，DDT，PCB（ポリ塩化ビフェニール）の他，有機水銀（水俣病の原因物質）などがあり，これらのうち PCB は，絶縁剤や熱媒体などとして広く使用されてきた物質だけど，発がん性があるなどその有害性が明らかになったため，1974 年までに日本での製造・使用・輸入が禁止されました。

　この他，近年では，海洋中に流出したプラスチックが**マイクロプラスチック**（直径 5mm 以下の微小なプラスチック）になり，これが生物の体内にとり込まれることで，マイクロプラスチックに含まれたり付着したりしていた有害物質の生物濃縮が起こることも懸念されています。

＊宅地開発や道路建設などによって，生物の連続した生息地が小さな生息地に分かれていくことは，生息地の分断化とよばれる。生息地の分断化は，生物の移動を妨げ，生存に有益な様々な生物間の関係を遮断するので，動植物ともに多様性が低下する可能性がある。

**熱帯多雨林の大規模な破壊は，大気の成分や気候に対して深刻な影響を及ぼす可能性も指摘されている。

生態系の保全の取り組み

Step 4

▼生態系サービス

　生態系から人間に対してもたらされる恩恵(おんけい)は，**生態系サービス**とよばれ，表2のように大きく4つに分けられます。これらの生態系サービスを持続的に受け取るためには，生態系における生物多様性の保全が必要と考えられています。生物多様性は，地球全体に生存している生物の生命維持や進化に役立ち，人間にとっては生物資源の持続可能な利用に役立つからなんだ。

サービスの種類	例	生物多様性の保全の意義
供給サービス（人間の生活に重要な資源を供給するサービス）	食料，木材，繊維，化石燃料，医薬品，水など	生物多様性の保全は，現在利用している資源の持続利用や，現時点では発見されていない有用な資源の利用の可能性を高めることにつながる。
調整(調節)サービス（環境を制御するサービス）	気候変動の緩和，洪水・土壌流出の抑制，害虫の大発生の制御，水質の浄化，汚染物質の分解など	生物多様性が高いことは，気候変動，洪水の発生，土壌流出，害虫の大発生などのかく乱要因に対する生態系の安定性や復元力を高めることにつながる。
文化的サービス（文化的，精神的な面で人間生活を豊かにするサービス）	レクリエーション，美術，宗教，社会制度の基盤，教育など	生物多様性の低下は，ある地域に固有の生態系や生物種によって支えられているその地域固有の文化や宗教を失うことにつながる可能性がある。
基盤サービス（他のサービスの基盤となるサービス）	植物などの生産者による物質生産，光合成による酸素の放出，分解者による有機物の分解，土壌形成，栄養塩類の循環，水循環など	

▲表2：生態系サービス

▼絶滅と絶滅危惧種

　これまでに何度か**絶滅**(ぜつめつ)という用語が出てきたけど，この絶滅というのは，進化の途上においてある生物種が子孫を残さずに滅びることの他に，特定の地域においてある生物種の集団が滅びることもいいます。

　絶滅のおそれのある生物を**絶滅危惧種**(ぜつめつきぐしゅ)といい，絶滅危惧種について絶滅の危険性の高さを判定して分類したものを**レッドリスト**といいます。それから，レッドリストにもとづいて，その生物の分布や生息状況，絶滅の危険度を具体的に記したものを**レッドデータブック**といいます。

　日本では，環境省や各都道府県などによって各種のレッドリストが作成されていて，絶滅危惧種*は，絶滅する確率が高い順に，絶滅危惧Ⅰ類，絶滅危惧Ⅱ類，準絶滅危惧に区分して記載されています。国際的には，国際自然保護連合（IUCN）が作成しています。また，1992年には，絶滅のおそれのある野生生物の保護を目的として，**種の保存法**が制定されました。

▼里山の生態系

　1960年頃までの日本の人里近くの森林では，燃料としての炭をつくるための木の切り出し，シイタケの栽培，肥料としての堆肥をつくるための落葉や下草集めなどが行われていました。このような雑木林と**人の居住地域に接した水田，丘陵，谷間，小川，ため池などを含めた一帯を里山**といいます。

　里山は，上で話した目的（用途）のために人が管理する生態系だけど，生物の多様性を保つために重要な生態系でもあります。

　里山では，定期的に行われる人の管理がかく乱となって環境が維持されていたので，近年，このかく乱が減少することにより，それまでに見られた多様性が失われてきています。このため，里山の雑木林で間伐を行うなど，人の手による適度なかく乱を入れることで保全する試みがなされています。

▼干潟の生態系

　満潮時には海面下の海底となり，干潮時になると海面上の陸地となるような砂泥地帯を，干潟といいます。

　川に運ばれる有機物の量が増加すると，川や河口の栄養塩類が増加し，ケイ藻類などの植物プランクトンが増えます。干潟に生息するアサリやアナジャコなどは，栄養分としてこれらのケイ藻類を海水と共に体内にとり入れたあと，浮遊物質などをろ過して吐き出すので，水は浄化されます。また，生物の遺体や排出物に由来する細かな有機物は，ゴカイや貝類などの餌になるんだ。これらの生物も潮が満ちてきたとき，沖合からやってくる魚類に食べられたり，干潮時にやってくるシギなどの鳥類に食べられたりして，栄養塩類や有機物の一部は，干潟の生態系の外へもち出されるんだ。このようにして，干潟は水質を浄化する働きをもっています。また，干潟を含む湿地は，渡り

---

*日本の絶滅危惧種：〔鳥類〕ヤンバルクイナ，アホウドリ，シマフクロウ，トキ，タンチョウ，イヌワシ，ライチョウなど　〔哺乳類〕イリオモテヤマネコ，ツシマヤマネコ，ニホンアシカ，アマミノクロウサギ，ダイトウオオコウモリ，ニホンカモシカなど

鳥の中継地や生息地としても重要なんだ。その保全を目的として，1971 年に**ラムサール条約**が締結されています。

　この他にも，国際的には，絶滅のおそれのある野生動植物の種の国際取引を禁止し，乱獲などによる種の絶滅を防ぐ目的で，1973 年に**ワシントン条約**が採択されています。さらに，ラムサール条約やワシントン条約を補い，世界的に生物多様性を保全し，持続可能な生物資源の利用を目的として，1992 年の地球サミットにおいて**生物多様性条約**が採択されています。

▼持続可能な開発

　これまでみてきたように，人間活動による天然資源の過剰な利用や自然破壊などが環境への負荷となって様々な問題を引き起こしているので，人間活動の生態系への影響を少なくして，持続可能な開発と循環型社会を目指す取り組みが行われています。

❶ 環境アセスメント

　日本では，一定規模以上の開発を行う際には，生態系に与える開発の影響を事前に予測・評価することが求められています。この事前の予測・評価を**環境アセスメント**（環境影響評価）といいます。これによって，工事による野生生物の生息地の分断や消失を防ぐなどのため，開発計画の変更や開発そのものの中止も検討されます。また，事前の予測と結果は異なることがあるので，開発後の監視（モニタリング）を行うことも重要なんだよ。

❷ 持続可能な開発目標（SDGs）

　現在，持続可能な開発を目指す様々な取り組みが世界的に行われているんだ。**持続可能な開発目標**（**SDGs**）は，2015 年に国連サミットで採択された行動計画に記載された，2030 年までに持続可能でよりよい世界を目指す国際目標です。SDGs では，「気候変動に具体的な対策を」，「海の豊かさを守ろう」，「陸の豊かさも守ろう」などの 17 の目標が設けられています。

　はい，では，背筋をピンと伸ばしてください。
　まだ「確認テスト」と「第 4 部 CHECK TEST」が残ってはいますが，とりあえずこれで授業を終わります。これからは何度も本書を復習して，知識を完璧にしてください。
　とにかく，よく頑張ったね。では，また！

確認テスト

日本では，古くから農村の(a)里山にみられるように，地域のもつ生物多様性を維持する活動が行われてきた。最近では，(b)生態系サービス（右図）という考え方に基づいた新しい自然保護活動が始まっている。

生態系サービスとは，人間が，生態系のもつ機能をサービスとして活用し，経済価値に結びつける考え方である。生態系による物質循環や

土壌形成などは (①) サービスとよばれ，生態系サービスの土台となる。この (①) サービスの上に，人間生活に必要なサービスとして，供給サービス，調整 (調節) サービス，そして (②) サービスがあると考えられている。

問1 下線部(a)に関する次の文章中の空欄に最も適する語を，下の〔選択肢〕①～⑯からそれぞれ1つずつ選び，番号で答えよ。

里山では，燃料や（ **ア** ）を得るために，ヒトによる定期的な樹木の伐採や（ **イ** ）が行われるので，アカマツやコナラなどからなる（ **ウ** ）林の状態が維持され，様々な環境に多様な生物が生息することができる。

しかし，里山が放置されると，遷移が進行して（ **エ** ）が増えることによって（ **オ** ）環境に適応した生物が生息できなくなったり，林床がササなどで覆われたりすることによって生息できる生物種数が極端に減少するなど，生物の多様性が低下し，山が荒れた状態になる。

〔選択肢〕

① 肥料　　② 水　　③ 空気　　④ 焼畑　　⑤ 下草刈り　　⑥ 植林

⑦ 土壌調査　⑧ 陽樹　　⑨ 陰樹　　⑩ 硬葉樹　　⑪ 雨緑樹

⑫ 針葉樹　⑬ 気温の高い　⑭ 気温の低い　⑮ 明るい　⑯ 暗い

問2 下線部(b)について次の(1)・(2)に答えよ。

(1) 文章中の空欄 (①) (②) に最も適する語をそれぞれ答えよ。

(2) 次の**ア～ケ**は，図の生態系サービスを構成する供給サービス，調整 (調節) サービス，(②) サービスの3つのいずれかにあてはまる。それぞれにあてはまるものをすべて選び，記号で答えよ。また，これらの3つのサービスのうち，生物多様性が重要であるものには○を，重要でないものには×を書け。

ア 食料　　**イ** 気候制御　　**ウ** 木材　　**エ** 美術　　**オ** 水の浄化

カ 燃料　　**キ** 治水　　**ク** 教育　　**ケ** レクリエーション

問1 答 ア＝① イ＝⑤ ウ＝⑧ エ＝⑨ オ＝⑮

▶昔から日本では，集落の背後の山林を利用し，燃料となる炭の原料や薪，農作業に必要な**肥料（ア）**となる落ち葉や下草を調達してきた。このようにして利用される山林は，コナラやクヌギ，アカマツなどの陽樹からなる雑木林（**陽樹（ウ）**林）であることが多く，集落を取り巻く丘陵地や谷間，小川やため池などと合わせて**里山**とよばれる。いろいろな環境から構成されている里山には多様な生物が生息している。

　一般に里山では，薪や炭にするための高木の伐採が10～20年に一度の割合で繰り返されてきた。伐採前は薄暗かった林内が，伐採後は明るくなるため，アカマツやコナラなどの陽樹林は10～20年かけて元の林に戻っていく。

　里山の林内では**下草刈り（イ）**や落ち葉かきも行われるため，里山の林床付近も比較的**明るい（オ）**環境が維持されていた。このように里山では，定期的に行われる燃料や肥料の収穫が里山の手入れの役割をはたし，**遷移が途中段階で停止している状態**を維持していたのである。

　しかし，里山が放置され，雑木林が手入れされなくなり放置された場合，林床は暗いままであるため，林床に存在していた**陰樹（エ）**の芽生えが成長し，植生はその地域の気候に応じた**極相林へ向かって遷移していくこと**が考えられる。それによって里山に生息していた様々な種が，**絶滅してしまう可能性**も高まる。このような可能性を低下させるために，現在日本各地で里山の保全の取り組みがなされている。

問2 答 (1) ①＝基盤 ②＝文化的

　　　　(2) **供給サービス**＝ア，ウ，カ ○　　　**調整（調節）サービス**＝イ，オ，キ ○　　　**文化的サービス**＝エ，ク，ケ ○

▶生態系サービスの分類と例を下表にまとめておく。

サービスの種類		例
供給サービス	（人間の生活に重要な資源を供給するサービス）	食料，木材，繊維，水，燃料（石油・石炭・炭・薪）など
調整（調節）サービス	（環境を制御するサービス）	気候変動の緩和，水質の浄化，治水（洪水の抑制），汚染物質の分解など
文化的サービス	（文化的，精神的な面で人間生活を豊かにするサービス）	レクリエーション，美術，宗教，教育，社会制度の基盤など
基盤サービス	（他のサービスの基盤となるサービス）	土壌形成，栄養塩類の循環，植物による物質生産，水循環など

　供給サービス，調整（調節）サービス，文化的サービスのいずれにおいても，より豊かなサービスのためには生物多様性が重要であると考えられる。

第4部 CHECK✓TEST

ここまでやってきた内容をちゃんと理解しているかな？
試験で重要になる箇所をチェックするから，答えられない
部分はもう一度本文に戻ってやり直すんだぞ!!

Theme 10：植生と遷移

□□□① 植生，相観，優占種とはそれぞれ何のこと？ (☞ P.216)

□□□② 発達した森林で見られる階層構造の層の名前を，5つ言って！

(☞ P.218)

□□□③ 見かけの光合成速度，光合成速度，呼吸速度の関係を，式で表して！

(☞ P.221)

□□□④ 光–光合成曲線の光補償点と光飽和点とはそれぞれ何のこと？

(☞ P.222)

□□□⑤ 陽生植物と陰生植物の特徴をそれぞれ言って！ (☞ P.224)

□□□⑥ 団粒構造とは何？　説明して！ (☞ P.225)

□□□⑦ 遷移，極相とはそれぞれ何のこと？ (☞ P.228)

□□□⑧ 一次遷移と二次遷移が始まる主な場所の例を，それぞれ3つずつ言って！ (☞ P.229)

□□□⑨ 一次遷移の進行順序を示した下の（1）～（4）のそれぞれに入る植生を答えて！ (☞ P.230～237)

裸地→（1）→草原→（2）→（3）→（4）→陰樹林

□□□⑩ 地衣類とは何のこと？ (☞ P.231)

□□□⑪ 種子の散布様式を3つに分けて，例をあげて説明して！

(☞ P.232, 233, 236)

□□□⑫ 極相林で見られるギャップとは何のこと？ (☞ P.238)

□□□⑬ 湿性遷移の進行について説明して！ (☞ P.240～241)

Theme 11：気候とバイオーム

□□□① バイオームとは何のこと？ (☞ P.244)

□□□② 熱帯・亜熱帯の森林のバイオームの名前を3つ言って！

(☞ P.252～253)

□□□③ 温帯の草原のバイオームの名前を1つ言って！ (☞ P.255, 257)

□□□④ 亜寒帯・寒帯のバイオームの名前を3つ言って！ (☞ P.258～259)

Theme 12：生態系とその保全

索引
INDEX

※本書に収録された赤太字（または**黒太字**）を中心に主な生物用語を五十音順に掲載しています。用語の右にある数字は頁数です。

大学受験　名人の授業シリーズ

田部の生物基礎をはじめからていねいに【改訂版】

発行日：2024年　6月18日　　初版発行
　　　　2024年　8月20日　　第2版発行

著者：**田部眞哉**
発行者：**永瀬昭幸**

編集担当：和久田希
発行所：**株式会社ナガセ**
〒180-0003 東京都武蔵野市吉祥寺南町 1-29-2
出版事業部（東進ブックス）
TEL：0422-70-7456／FAX：0422-70-7457
URL：http://www.toshin.com/books（東進WEB書店）
※本書を含む東進ブックスの最新情報は東進WEB書店をご覧ください。

校閲・制作協力：中井邦子
校正協力：片山朔杜　森下聡吾　山田萌乃香
カバーデザイン：山口勉
カバーイラスト（影絵）：新谷圭子
本文デザイン：東進ブックス編集部
印刷・製本：日経印刷株式会社

※落丁・乱丁本は着払いにて当社出版事業部宛にお送りください。
　新本にお取り替えいたします。
※本書を無断で複写・複製・転載することを禁じます。

© Shinya Tabe 2024
Printed in Japan
ISBN978-4-89085-956-6 C7345

東進の実力講師陣
数多くのベストセラー参考書を執筆!!

東進ハイスクール・東進衛星予備校では、そうそうたる講師陣が君を熱く指導する!

　本気で実力をつけたいと思うなら、やはり根本から理解させてくれる一流講師の授業を受けることが大切です。東進の講師は、日本全国から選りすぐられた大学受験のプロフェッショナル。何万人もの受験生を志望校合格へ導いてきたエキスパート達です。

英語

本物の英語力をとことん楽しく!日本の英語教育をリードするMr.4Skills.

安河内 哲也先生
[英語]

100万人を魅了した予備校界のカリスマ。抱腹絶倒の名講義を見逃すな!

今井 宏先生
[英語]

爆笑と感動の世界へようこそ。「スーパー速読法」で難解な長文も速読即解!

渡辺 勝彦先生
[英語]

雑誌『TIME』やベストセラーの翻訳も手掛け、英語界でその名を馳せる実力講師。

宮崎 尊先生
[英語]

いつのまにか英語を得意科目にしてしまう、情熱あふれる絶品授業!

大岩 秀樹先生
[英語]

全世界の上位5%(PassA)に輝く、世界基準のスーパー実力講師!

武藤 一也先生
[英語]

関西の実力講師が、全国の東進生に「わかる」感動を伝授。

慎 一之先生
[英語]

数学

数学を本質から理解し、あらゆる問題に対応できる力を与える珠玉の名講義!

志田 晶先生
[数学]

論理力と思考力を鍛え、問題解決力を養成。多数の東大合格者を輩出!

青木 純二先生
[数学]

「ワカル」を「デキル」に変える新しい数学は、君の思考力を刺激し、数学のイメージを覆す!

松田 聡平先生
[数学]

明快かつ緻密な講義が、君の「自立した数学力」を養成する!

寺田 英智先生
[数学]

国語

「脱・字面読み」トレーニングで、「読む力」を根本から改革する！

輿水 淳一先生
[現代文]

明快な構造板書と豊富な具体例で必ず君を納得させる！「本物」を伝える現代文の新鋭。

西原 剛先生
[現代文]

東大・難関大志望者から絶大なる信頼を得る本質の指導を追究。

栗原 隆先生
[古文]

ビジュアル解説で古文を簡単明快に解き明かす実力講師。

富井 健二先生
[古文]

縦横無尽な知識に裏打ちされた立体的な授業に、グングン引き込まれる！

三羽 邦美先生
[古文・漢文]

幅広い教養と明解な具体例を駆使した緩急自在の講義。漢文が身近になる！

寺師 貴憲先生
[漢文]

小論文、総合型、学校推薦型選抜のスペシャリストが、君の学問センスを磨き、執筆プロセスを直伝！

正司 光範先生
[小論文]

文章で自分を表現できれば、受験も人生も成功できますよ。「笑顔と努力」で合格を！

石関 直子先生
[小論文]

理科

正しい道具の使い方で、難問が驚くほどシンプルに見えてくる！

宮内 舞子先生
[物理]

化学現象を疑い化学全体を見通す"伝説の講義"は東大理三合格者も絶賛。

鎌田 真彰先生
[化学]

「なぜ」をとことん追究し「規則性」「法則性」が見えてくる大人気の授業！

立脇 香奈先生
[化学]

「いきもの」をこよなく愛する心が君の探究心を引き出す！生物の達人。

飯田 高明先生
[生物]

地歴公民

歴史の本質に迫る授業と、入試頻出の「表解板書」で圧倒的な信頼を得る！

金谷 俊一郎先生
[日本史]

つねに生徒と同じ目線に立って、入試問題に対する的確な思考法を教えてくれる。

井之上 勇先生
[日本史]

"受験世界史に荒巻あり"と言われる超実力人気講師！世界史の醍醐味を。

荒巻 豊志先生
[世界史]

世界史を「暗記」科目だなんて言わせない。正しく理解すれば必ず伸びることを一緒に体感しよう。

加藤 和樹先生
[世界史]

どんな複雑な歴史も難問も、シンプルな解説で本質から徹底理解できる。

清水 裕子先生
[世界史]

わかりやすい図解と統計の説明に定評。

山岡 信幸先生
[地理]

政治と経済のメカニズムを論理的に解明しながら、入試頻出ポイントを明確に示す。

清水 雅博先生
[公民]

「今」を知ることは「未来」の扉を開くこと。受験に留まらず、目標を高く、そして強く持て！

執行 康弘先生
[公民]

合格の秘訣2 ココが違う 東進の指導

01 人にしかできないやる気を引き出す指導

夢と志は志望校合格への原動力!

夢・志を育む指導

東進では、将来を考えるイベントを毎月実施しています。夢・志は大学受験のその先を見据える、学習のモチベーションとなります。仲間とワクワクしながら将来の夢・志を考え、さらに志を言葉で表現していく機会を提供します。

一人ひとりを大切に 君を個別にサポート

担任指導

東進が持つ豊富なデータに基づき君だけの合格設計図をともに考えます。熱誠指導でどんな時でも君のやる気を引き出します。

受験は団体戦! 仲間と努力を楽しめる

チーム制

東進ではチームミーティングを実施しています。週に1度学習の進捗報告や将来の夢・目標について語り合う場です。一人じゃないから楽しく頑張れます。

現役合格者の声

東京大学 文科一類
中村 誠雄くん
東京都 私立 駒場東邦高校卒

林修先生の現代文記述・論述トレーニングは非常に良質で、大いに受講する価値があると感じました。また、担任指導やチームミーティングは心の支えでした。現状を共有でき、話せる相手がいることは、東進ならではで、受験という本来孤独な闘いにおける強みだと思います。

02 人間には不可能なことを AI が可能に

学力×志望校 一人ひとりに最適な演習をAIが提案!

AI演習

東進の AI演習講座は 2017年から開講していて、のべ100万人以上の卒業生の、200億題にもおよぶ学習履歴や成績、合否等のビッグデータと、各大学入試を徹底的に分析した結果等の教務情報をもとに年々その精度が上がっています。2024年には全学年に AI演習講座が開講します。

■AI演習講座ラインアップ

高3生 苦手克服&得点力を徹底強化!

「志望校別単元ジャンル演習講座」
「第一志望校対策演習講座」
「最難関4大学特別演習講座」

高2生 大学入試の定石を身につける!

「個人別定石問題演習講座」

高1生 素早く、深く基礎を理解!

「個人別基礎定着問題演習講座」

2024年夏 新規開講

現役合格者の声

千葉大学 医学部医学科
寺嶋 伶旺くん
千葉県立 船橋高校卒

高1の春に入学しました。野球部と両立しながら早くから勉強をする習慣がついていたことは僕が合格した要因の一つです。「志望校別単元ジャンル演習講座」は、AIが僕の苦手を分析して、最適な問題演習セットを提示してくれるため、集中的に弱点を克服することができました。

03 本当に学力を伸ばすこだわり

楽しい！わかりやすい！そんな講師が勢揃い

実力講師陣

わかりやすいのは当たり前！おもしろくてやる気の出る授業を約束します。1・5倍速×集中受講の高速学習。そして、12レベルに細分化された授業を組み合わせ、スモールステップで学力を伸ばす君だけのカリキュラムをつくります。

パーフェクトマスターのしくみ

合格したら次の講座へステップアップ

授業	確認テスト	講座修了判定テスト
知識・概念の **修得**	知識・概念の **定着**	知識・概念の **定着**

毎授業後に確認テスト　　最後の講の確認テストに合格したら挑戦！

英単語1800語を最短1週間で修得！

高速マスター

基礎・基本を短期間で一気に身につける「高速マスター基礎力養成講座」を設置しています。オンラインで楽しく効率よく取り組めます。

本番レベル・スピード返却学力を伸ばす模試

東進模試

常に本番レベルの厳正実施。合格のために何をすべきか点数でわかります。WEBを活用し、最短中3日の成績表スピード返却を実施しています。

現役合格者の声

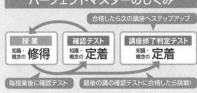

早稲田大学 基幹理工学部
津行 陽奈さん
神奈川県 私立 横浜雙葉高校卒

私が受験において大切だと感じたのは、長期的な積み重ねです。基礎力をつけるために「高速マスター基礎力養成講座」や授業後の「確認テスト」を満点にすること、模試の復習などを積み重ねていくことでどんどん合格に近づき合格することができたと思っています。

ついに登場！ 高等学校対応コース

君の高校の進度に合わせて学習し、定期テストで高得点を取る！

目指せ！「定期テスト」20点アップ！「先取り」で学校の勉強がよくわかる！

楽しく、集中が続く、授業の流れ

1. 導入

授業の冒頭では、講師と担任助手の先生が今回扱う内容を紹介します。

2. 授業

約15分の授業でポイントをわかりやすく伝えます。要点はテロップでも表示されるので、ポイントがよくわかります。

3. まとめ

授業が終わったら、次は確認テスト。その前に、授業のポイントをおさらいします。

付録 4

合格の秘訣3 東進模試

学力を伸ばす模試

▍本番を想定した「厳正実施」
統一実施日の「厳正実施」で、実際の入試と同じレベル・形式・試験範囲の「本番レベル」模試。
相対評価に加え、絶対評価で学力の伸びを具体的な点数で把握できます。

▍12大学のべ42回の「大学別模試」の実施
予備校界随一のラインアップで志望校に特化した"学力の精密検査"として活用できます（同日・直近日体験受験を含む）。

▍単元・ジャンル別の学力分析
対策すべき単元・ジャンルを一覧で明示。学習の優先順位がつけられます。

▍最短中5日で成績表返却 WEBでは最短中3日で成績を確認できます。※マーク型の模試のみ

▍合格指導解説授業 模試受験後に合格指導解説授業を実施。重要ポイントが手に取るようにわかります。

2024年度
東進模試 ラインアップ

共通テスト対策
■ 共通テスト本番レベル模試 …… 全4回
■ 全国統一高校生テスト 〈全学年統一部門〉〈高2生部門〉〈高1生部門〉 全2回

同日体験受験
■ 共通テスト同日体験受験 …… 全1回

記述・難関大対策
■ 早慶上理・難関国公立大模試 全5回
■ 全国有名国公私大模試 全5回
■ 医学部82大学判定テスト 全2回

基礎学力チェック
■ 高校レベル記述模試 〈高2〉〈高1〉 全2回
■ 大学合格基礎力判定テスト 全4回
■ 全国統一中学生テスト 〈全学年統一部門〉〈中2生部門〉〈中1生部門〉 全2回
■ 中学学力判定テスト 〈中2生〉〈中1生〉 全4回

※ 2024年度に実施予定の模試は、今後の状況により変更する場合があります。
  最新の情報はホームページでご確認ください。

大学別対策
■ 東大本番レベル模試 …… 全4回
■ 高2東大本番レベル模試 全4回
■ 京大本番レベル模試 全4回
■ 北大本番レベル模試 全2回
■ 東北大本番レベル模試 全2回
■ 名大本番レベル模試 全3回
■ 阪大本番レベル模試 全3回
■ 九大本番レベル模試 全3回
■ 東工大本番レベル模試 [第1回]
  東京科学大本番レベル模試 [第2回] 全2回
■ 一橋大本番レベル模試 全2回
■ 神戸大本番レベル模試 全2回
■ 千葉大本番レベル模試 全1回
■ 広島大本番レベル模試 全1回

同日体験受験
■ 東大入試同日体験受験 …… 全1回
■ 東北大入試同日体験受験 全1回
■ 名大入試同日体験受験 全1回

直近日体験受験 …… 各1回
■ 京大入試 直近日体験受験
■ 北大入試 直近日体験受験
■ 阪大入試 直近日体験受験
■ 九大入試 直近日体験受験
■ 東京科学大入試 直近日体験受験
■ 一橋大入試 直近日体験受験

2024年 東進現役合格実績
受験を突破する力は未来を切り拓く力!

現役生のみ!
講習生を含みます!

東大 現役合格 実績日本一 ※1 6年連続800名超!

※1 2023年東大現役合格実績をホームページ・パンフレット・チラシ等で公表している予備校の中で最大(2023年JDnet調べ)。

東大 834名

文科一類 118名	理科一類 300名		
文科二類 115名	理科二類 121名		
文科三類 113名	理科三類 42名		
学校推薦型選抜 25名			

現役合格者の36.5%が東進生!
東京大学 現役合格 おめでとう!!

東進生現役占有率
834 / 2,284
36.5%

全現役合格者に占める東進生の割合
2024年の東大全体の現役合格者は2,284名、東進の現役合格者は834名、東進生の占有率は36.5%。現役合格者の2.8人に1人が東進生です。

学校推薦型選抜も東進!
東大 25名
学校推薦型選抜
現役合格者の**27.7%**が東進生! 27.7%

法学部 4名	工学部 8名	
経済学部 1名	理学部 4名	
文学部 1名	薬学部 2名	
教育学部 1名	医学部医学科 1名	
教養学部 3名		

京大 493名 昨対+21名

総合人間学部 23名	医学部人間健康科学科 20名
文学部 37名	薬学部 14名
教育学部 10名	工学部 161名
法学部 56名	農学部 43名
経済学部 49名	特色入試(上記に含む) 24名
理学部 52名	
医学部医学科 28名	

493名 史上最高!※2
現役生のみ!講習生を含みます!
468名 '22 / 472名 '23 / '24

早慶 5,980名 昨対+239名

早稲田大 3,582名 史上最高!※2	慶應義塾大 2,398名 史上最高!※2
政治経済学部 472名	法学部 290名
法学部 354名	経済学部 368名
商学部 297名	商学部 487名
文化構想学部 276名	理工学部 576名
理工3学部 752名	医学部 39名
他 1,431名	他 638名

5,980名 史上最高!※2
現役生のみ!講習生を含みます!
5,678 '22 / 5,741 '23 / '24

医学部医学科
1,800名 昨対+9名

国公立医・医 1,033名 防衛医科大学校を含む	
私立医・医 767名 史上最高!	

1,800名 史上最高!※2
現役生のみ!講習生を含みます!
1,658 '22 / 1,791 '23 / '24

国公立医・医 1,033名 防衛医科大学校を含む

東京 43名	筑波大 28名	横浜市立大 21名	神戸大 30名
京都大 28名	大阪大 25名	千葉大 21名	浜松医科大 19名	その他
北海道大 24名	九州大 23名	東京医科歯科大 21名	大阪公立大 12名	国公立医・医 700名
東北大 28名			

私立医・医 767名 昨対+40名 史上最高!

自治医科大 32名	慶應義塾大 39名	東京慈恵会医科大 30名	関西医科大 49名	その他
国際医療福祉大 80名	順天堂大 54名	日本医科大 42名		私立医・医 443名

旧七帝大 +東工大・一橋大・神戸大 4,599名

東京大 834名	東北大 389名	九州大 487名	一橋大 219名
京都大 493名	名古屋大 379名	東京工業大 219名	神戸大 483名
北海道大 450名	大阪大 646名		

上理明青立法中 21,018名

上智大 1,605名	青山学院大 2,154名	法政大 3,833名
東京理科大 2,892名	立教大 2,730名	中央大 2,855名
明治大 4,949名		

国公立大 16,320名

※2 史上最高…東進のこれまでの実績の中で最大。

関関同立 13,491名

関西学院大 3,139名	同志社大 3,099名	立命館大 4,477名
関西大 2,776名		

国公立 総合・学校推薦型選抜も東進!

旧七帝大 +東工大・一橋大・神戸大 434名	東京大 25名	大阪大 57名
	京都大 24名	九州大 38名
	北海道大 24名	東京工業大 30名
国公立医・医 319名	東北大 119名	一橋大 10名
	名古屋大 65名	神戸大 17名

国公立大学の総合型・学校推薦型選抜の合格実績は、指定校推薦を除く、早稲田塾を含む東進ハイスクール・東進衛星予備校の現役生のみの合同実績です。

日東駒専 9,582名

日本大 3,560名	東洋大 3,575名	駒澤大 1,070名	専修大 1,377名

産近甲龍 6,085名

京都産業大 614名	近畿大 3,686名	甲南大 669名	龍谷大 1,116名

ウェブサイトでもっと詳しく 東進 🔍検索

各大学の合格実績は、東進ネットワーク(東進ハイスクール、東進衛星予備校、早稲田塾)の現役生のみ、高3時在籍者のみの合同実績です。一人で複数合格した場合は、それぞれの合格者数に計上しています。

付録 **7**

※2024年4月現在